# 路由与交换技术

刘丹宁 田果 韩士良 / 著

人民邮电出版社

北京

#### 图书在版编目（CIP）数据

路由与交换技术 / 刘丹宁, 田果, 韩士良著. -- 北京：人民邮电出版社, 2023.3
（ICT认证系列丛书）
ISBN 978-7-115-59689-5

Ⅰ. ①路… Ⅱ. ①刘… ②田… ③韩… Ⅲ. ①计算机网络—路由选择②计算机网络—信息交换机 Ⅳ. ①TN915.05

中国版本图书馆CIP数据核字（2022）第118513号

### 内 容 提 要

本书旨在帮助初级阶段的学生进一步学习网络技术的常用协议和对应的配置方法。

本书的结构为先交换后路由。本书首先介绍交换网络的基础知识，然后介绍 VLAN 和 STP 这两种网络中常用的技术和协议，最后详细介绍路由技术。路由是网络中必不可少的关键技术，因此，本书还介绍了网络中常用的协议，并展示了相应的配置命令和代码。此外，本书根据最新的 HCIA-Datacom 认证考试大纲，介绍了多协议标签交换（MPLS）和分段路由（SR）的相关内容。

本书不仅适合相关院校数通方向专业的学生使用，还适合备考华为认证的考生使用，也适合网络工程师在工作中使用。

◆ 著　　刘丹宁　田　果　韩士良
　　责任编辑　张晓芬
　　责任印制　马振武

◆ 人民邮电出版社出版发行　北京市丰台区成寿寺路11号
　　邮编　100164　电子邮件　315@ptpress.com.cn
　　网址　https://www.ptpress.com.cn
　　北京市艺辉印刷有限公司印刷

◆ 开本：787×1092　1/16
　　印张：24　　　　　　　　2023年3月第1版
　　字数：496千字　　　　　2025年1月北京第12次印刷

定价：99.80元

读者服务热线：(010)53913866　印装质量热线：(010)81055316
反盗版热线：(010)81055315

# 序

物联网、云计算、大数据、AI等技术的兴起，推动着社会的数字化演进。全球正在从"人人互联"发展至"万物互联"。在未来二三十年，人类社会将演变成以"万物感知、万物互联、万物智能"为特征的智能社会。

新技术快速渗透并推动企业加速向数字化转型，使企业业务应用系统趋于横向贯通，数据趋于融合互联，ICT正在发展为企业新一代公共基础设施和创新引擎，成为企业的核心生产力。华为GIV（全球ICT产业愿景）预测，到2030年，全球的连接总数将达到2 000亿，会有100万家企业建设自己的5G专用网络（含虚拟专网），云服务支出与企业应用支出的比例将达到87%，AI计算投资与企业信息技术投资的比例将达到7%。数字化发展为各行各业带来的纵深影响远超想象。

融合型ICT人才作为企业数字化转型中的关键使能者，将站在更新的高度，以更大的视角审视整个行业，依靠新思想、新技术驱动行业发展，因此，企业对融合型ICT人才的需求更为迫切。华为积累了20余年的ICT人才培养经验，对ICT行业发展现状及发展趋势有着深刻的理解。面对数字化转型背景下ICT人才短缺的情况，华为致力于构建良性ICT人才生态链。2013年，华为开始与高校合作，共同制订ICT人才培养计划，设立了华为ICT学院，依据企业对ICT人才的需求，将物联网、云计算、大数据等技术和实践经验融入课程与教学。华为希望通过与高校合作，让学生在校园内就能掌握新技术，积累实践经验，快速成长为有应用能力、会复合创新和能动态成长的融合型人才。

教材是传递知识、培养人才的重要载体，华为联合技术专家和高校教师，倾心打造"ICT认证系列丛书"精品教材，希望能帮助学生快速完成知识积累，奠定坚实的理论基础，助力学生更好地开启ICT职业道路，奔向更美好的未来。

亲爱的同学们，面对新时代对ICT人才的呼唤，请抓住历史机遇，拥抱精彩的ICT时代，书写未来职业的光荣与梦想吧！华为，将始终与你同行！

# 前　言

本书默认读者学习过《网络基础》或者计算机网络相关课程，对网络技术已有了解。

本书按照先交换后路由的顺序进行介绍。在交换部分，本书首先以交换机的基本工作原理为起点，介绍交换技术；然后用两章内容介绍交换网络中的常用技术，即 VLAN 技术和生成树协议（STP）。在路由部分，本书先介绍 VLAN 间路由技术，以帮助读者建立知识点间的联系。

本书的最后 4 章均与动态路由协议有关，介绍 RIP 和 OSPF 这两种常见的动态路由协议的原理及部署方法，其中，OSPF 是重点内容。针对 OSPF 这种常用且复杂的协议，本书将对其进行详细介绍。

## 本书的主要内容

本书共有 9 章，其中，第 1~3 章的内容为交换技术；第 4 章的内容以路由技术为主，同时涉及交换网络；第 5~9 章的内容为路由技术。各章的具体内容如下。

第 1 章：交换网络

本章首先介绍以太网的概念，包括共享型以太网、交换型以太网、冲突域、广播域等，同时介绍交换机在以太网中的工作方式。然后，本章对交换机的一些基本设置方法进行演示，包括如何设置交换机端口的速率、双工模式，以及如何修改交换机的 MAC 地址表。

第 2 章：VLAN 技术

本章完全围绕 VLAN 技术展开叙述。本章首先从网络需求出发，引出 VLAN 的原理和作用，介绍在实际网络中如何设计和划分 VLAN；然后介绍在一个包含多台交换机的交换网络中，如何设计和同步 VLAN；最后通过大量案例，演示如何在华为交换机上添加和删除 VLAN、修改端口的工作模式、配置 GVRP 等。

第 3 章：STP

本章对 STP 的各个版本进行介绍。本章首先从网络对冗余链路的需求与潜在风险之间的矛盾出发，引出 STP，介绍与 STP 有关的概念；然后对 STP 的工作原理，特别是不同端口角色的选举过程进行详细介绍；最后介绍两种常用的 STP 版本：快速生成树协议（RSTP）、多生成树协议（MSTP）。

第 4 章：VLAN 间路由

本章重点介绍如何在多个 VLAN 之间实现设备通信。本章首先提出物理拓扑与逻辑拓扑的对应关系，继而介绍 3 种 VLAN 间路由的实现方法；然后介绍三层交换技术的概念与配置；最后提出网络排错的整体思路，并通过 3 个不同的路由环境对排错思路进行演示。

第 5 章：动态路由协议

首先，本章对动态路由和动态路由协议进行概述，并从两个角度分别介绍路由协议的分类。其次，本章详细介绍距离矢量型路由协议 RIP，如 RIP 两个版本（RIPv1 和 RIPv2）的对比、RIP 的基本工作原理，以及 RIP 的环路避免机制。再次，本章以案例的形式展示在华为设备上配置 RIPv2 的方法，如 RIPv2 的基本配置、路由汇总配置、认证，以及公共特性的调试。最后，本章介绍链路状态型路由协议的信息交互，为后续内容打下理论基础。

第 6 章：单区域 OSPF

首先，本章介绍 OSPF 的基础知识，如 OSPF 使用的 3 个表（邻居表、LSDB 和路由表）、OSPF 消息的封装格式、OSPF 的报文类型，以及 OSPF 中的网络类型、路由器 ID、路由器角色（DR 和 BDR）。然后，本章重点介绍 OSPF 的工作流程，即路由设备之间发现 OSPF 邻居、形成 OSPF 邻居关系、建立完全邻接关系的过程。最后，本章通过一个单区域 OSPF 的配置案例，展示 OSPF 的具体应用。

第 7 章：单区域 OSPF 的特性设置

本章延续了第 6 章单区域 OSPF 的配置，在相同的环境中展示一些 OSPF 的高级特性的配置方法，如 OSPF 邻居认证、调整网络类型与 DR 优先级、调整 OSPF 计时器、设置 OSPF 静默接口和路由度量值。此外，本章还介绍一些在 OSPF 中常用的排错命令。

第 8 章：多区域 OSPF

本章重点介绍多区域 OSPF 的工作原理和配置，首先概述 OSPF 的分层结构，介绍 OSPF 路由器的类型；然后介绍 OSPF LSA 类型；最后，演示多区域 OSPF 的配置和排错方法。

第 9 章：多协议标签交换（MPLS）与分段路由（SR）

本章主要介绍 MPLS 和 SR 的基本框架，首先介绍 MPLS 的设计初衷和工作方式，概述 MPLS 的封装和应用场景；然后，通过分析 MPLS 的缺陷引出 SR 的设计理念，并阐述 SR 的工作原理和优势。

## 本书阅读说明

读者在阅读本书，尤其是教师使用本书进行授课时，需要注意以下事项。

（1）本书中有多处内容把路由器或计算机上网络适配器的连接口称为接口，把交换机上的网口称为端口,这种表述仅仅是称谓习惯上的差异。在平时的交流中,接口与端口完全可以混用。为了便于读者阅读,本书统一采用"端口"进行描述。

(2)在华为的资料中,串行链路常用虚线表示,以太链路用实线表示。而在本书的图中,链路主要用实线表示,只有具有特殊表意才会使用虚线表示,如数据包前进路线、区域范围,请读者注意区分。

(3)本书在各章中设置了学习目标,其中,对于要求了解的内容,读者只需了解对应的概念及其表意;对于要求理解的内容,读者应理解其工作原理,做到知其然,知其所以然;对于要求掌握的内容,读者应有能力对其进行灵活运用。

(4)本书中,章节名带星号(*)表示这部分内容为选学内容,读者可自行选择。

本书常用的图标如下。

路由器　　　　集线器　　　　交换机　　　　互联网　　　　终端

# 目　　录

**第1章　交换网络** ······································································· 0

  1.1　交换网络 ········································································· 3

    1.1.1　共享型以太网与冲突域 ················································ 3

    1.1.2　交换机简介 ······························································· 6

    1.1.3　交换型以太网与广播域 ················································ 7

    1.1.4　交换机转发数据帧的方式 ··········································· 10

    1.1.5　企业园区网设计示例 ················································· 14

  1.2　交换机的基本设置 ························································· 16

    1.2.1　速率与双工模式 ······················································· 16

    1.2.2　MAC 地址表 ···························································· 19

  1.3　本章总结 ······································································· 23

  1.4　练习题 ··········································································· 23

**第2章　VLAN 技术** ································································ 26

  2.1　VLAN 基本理论 ······························································ 29

    2.1.1　VLAN 的用途 ··························································· 29

    2.1.2　VLAN 的原理 ··························································· 32

    2.1.3　VLAN 在实际网络中的应用 ········································ 35

    2.1.4　划分 VLAN 的方法 ···················································· 37

  2.2　多交换机环境中的 VLAN ················································ 38

    2.2.1　跨交换机 VLAN 的原理 ············································· 38

    2.2.2　GVRP ····································································· 41

  2.3　VLAN 的配置 ································································· 44

    2.3.1　VLAN 的添加与删除 ················································· 45

    2.3.2　Access 端口与 Trunk 端口的配置 ································ 48

    2.3.3　Hybrid 端口的配置 ···················································· 50

    2.3.4　检查 VLAN 信息 ······················································· 53

    2.3.5　GVRP 的配置 ·························································· 56

  2.4　本章总结 ······································································· 59

  2.5　练习题 ··········································································· 60

## 第3章 STP ... 62

### 3.1 冗余性与STP ... 65
#### 3.1.1 冗余链路 ... 65
#### 3.1.2 STP 的由来 ... 68
#### 3.1.3 STP 的术语 ... 69
#### *3.1.4 树的基本理论 ... 71

### 3.2 STP 原理 ... 73
#### 3.2.1 STP 的工作流程 ... 74
#### 3.2.2 选举根网桥 ... 74
#### 3.2.3 选举根端口 ... 76
#### 3.2.4 选举指定端口 ... 78
#### 3.2.5 阻塞剩余端口 ... 79
#### 3.2.6 STP 的端口状态机 ... 80
#### 3.2.7 STP 的配置 ... 83
#### 3.2.8 修改 STP 计时器参数 ... 87

### 3.3 RSTP ... 89
#### 3.3.1 RSTP 的特点 ... 90
#### 3.3.2 RSTP 的快速收敛 ... 90
#### 3.3.3 RSTP 的端口状态 ... 96
#### 3.3.4 RSTP 的基本配置与验证 ... 97

### 3.4 MSTP ... 105
#### 3.4.1 MSTP 的基本原理 ... 105
#### 3.4.2 MSTP 的基本配置与验证 ... 108

### 3.5 本章总结 ... 111

### 3.6 练习题 ... 112

## 第4章 VLAN 间路由 ... 114

### 4.1 VLAN 间路由基础理论 ... 117
#### 4.1.1 物理拓扑与逻辑拓扑 ... 117
#### 4.1.2 VLAN 间路由环境 ... 120
#### 4.1.3 单臂路由与路由器子端口环境 ... 123

### 4.2 VLAN 间路由配置 ... 125
#### 4.2.1 VLAN 间路由的配置 ... 125
#### 4.2.2 单臂路由的配置 ... 128

### 4.3 三层交换技术 ... 132
#### 4.3.1 三层交换技术概述 ... 132
#### 4.3.2 三层交换机与 VLANIF 接口环境 ... 133

4.3.3　三层交换机 VLAN 间路由的配置 ………… 135
4.4　VLAN 间路由的排错 …………………………… 137
4.5　本章总结 ………………………………………… 145
4.6　练习题 …………………………………………… 145

## 第5章　动态路由协议 …………………………… 148

5.1　路由概述 ………………………………………… 151
　　5.1.1　静态路由与动态路由协议的对比 ………… 151
　　5.1.2　路由协议的分类（算法角度） …………… 154
　　5.1.3　路由协议的分类（掩码角度） …………… 156
5.2　距离矢量型路由协议 …………………………… 159
　　5.2.1　路由学习 …………………………………… 159
　　5.2.2　环路隐患 …………………………………… 161
5.3　RIP 原理 ………………………………………… 163
　　5.3.1　RIP 简史与 RIPv1 简介 …………………… 163
　　5.3.2　RIPv2 的基本原理 ………………………… 165
　　5.3.3　RIP 的环路避免机制 ……………………… 170
*5.4　RIP 配置 ………………………………………… 173
　　*5.4.1　RIPv2 的基本配置 ………………………… 176
　　*5.4.2　配置 RIPv2 路由自动汇总 ………………… 182
　　*5.4.3　配置 RIPv2 路由手动汇总 ………………… 187
　　*5.4.4　配置 RIPv2 下发默认路由 ………………… 193
　　*5.4.5　配置 RIPv2 认证 …………………………… 195
　　*5.4.6　RIP 公共特性的调试 ……………………… 199
5.5　链路状态型路由协议 …………………………… 217
　　5.5.1　信息交互 …………………………………… 217
　　5.5.2　链路状态型协议算法 ……………………… 219
5.6　本章总结 ………………………………………… 221
5.7　练习题 …………………………………………… 221

## 第6章　单区域 OSPF ……………………………… 224

6.1　OSPF 的特征 …………………………………… 227
　　6.1.1　OSPF 简介 ………………………………… 227
　　6.1.2　OSPF 的邻居表、LSDB 与路由表 ………… 228
　　6.1.3　OSPF 消息的封装格式 …………………… 231
　　6.1.4　OSPF 报文类型 …………………………… 233
　　6.1.5　网络类型 …………………………………… 237
　　6.1.6　路由器 ID …………………………………… 238

6.1.7　DR 与 BDR ............................................................................................................ 239
　6.2　单区域 OSPF 的原理与基本配置 ............................................................................... 243
　　6.2.1　OSPF 的邻居状态机 ................................................................................................ 244
　　6.2.2　链路状态消息的交互 ................................................................................................ 246
　　6.2.3　路由计算 .................................................................................................................. 248
　　6.2.4　单区域 OSPF 的基本配置 ........................................................................................ 252
　6.3　本章总结 ........................................................................................................................ 260
　6.4　练习题 ............................................................................................................................ 260

## 第 7 章　单区域 OSPF 的特性设置　262

　7.1　高级单区域 OSPF 配置 ................................................................................................ 264
　　7.1.1　配置 OSPF 认证 ...................................................................................................... 265
　　7.1.2　调整 OSPF 网络类型与 DR 优先级 ......................................................................... 270
　　7.1.3　调整 OSPF 计时器 .................................................................................................. 282
　　7.1.4　配置 OSPF 静默接口 .............................................................................................. 284
　　7.1.5　配置 OSPF 路由度量值 .......................................................................................... 287
　7.2　单区域 OSPF 的排错 ..................................................................................................... 291
　7.3　本章总结 ........................................................................................................................ 295
　7.4　练习题 ............................................................................................................................ 296

## 第 8 章　多区域 OSPF　298

　8.1　多区域 OSPF 概述 ........................................................................................................ 301
　　8.1.1　OSPF 分层结构概述 ................................................................................................ 301
　　8.1.2　OSPF 路由器的类型 ................................................................................................ 301
　　*8.1.3　OSPF 虚链路 .......................................................................................................... 303
　8.2　多区域 OSPF 的工作原理 ............................................................................................. 305
　　8.2.1　LSA 的类型 .............................................................................................................. 305
　　*8.2.2　OSPF 的特殊区域 .................................................................................................. 307
　8.3　配置多区域 OSPF ......................................................................................................... 310
　　8.3.1　多区域 OSPF 的配置 .............................................................................................. 310
　　*8.3.2　多区域 OSPF 的排错 ............................................................................................ 317
　8.4　本章总结 ........................................................................................................................ 329
　8.5　练习题 ............................................................................................................................ 329

## 第 9 章　多协议标签交换（MPLS）与分段路由（SR）　332

　9.1　MPLS 简介 .................................................................................................................... 334
　　9.1.1　MPLS 的由来 .......................................................................................................... 335

9.1.2　MPLS 的基本概念与应用 338
9.2　SR 简介 341
9.2.1　MPLS 的缺陷 341
9.2.2　SR 概述 343
9.3　本章总结 345
9.4　练习题 345

**附录 A　术语表** 348

**附录 B　延伸阅读与参考文献** 356

**附录 C　练习题答案及解释** 360

# 第1章
# 交换网络

1.1 交换网络

1.2 交换机的基本设置

1.3 本章总结

1.4 练习题

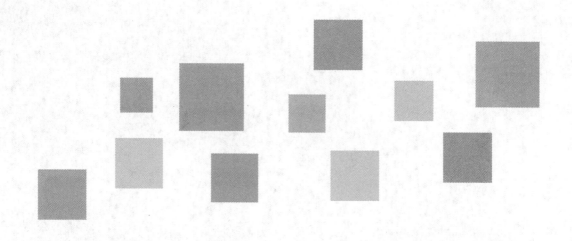

顾名思义，本书将会围绕着路由与交换的相关技术展开。在《网络基础》一书中，我们对局域网、以太网及交换技术的一些基础概念进行了介绍。本章主要帮助读者对《网络基础》中介绍的交换技术加深理解，建立各知识点之间的联系，以便更好地理解这些理论知识在网络环境中的作用。这些内容是为了给学习更加复杂的交换技术打下基础。

首先，我们从以太网最初的形态讲起，带领读者回忆冲突域的概念和冲突域给以太网带来的限制，并根据人们对解除这种限制的需求引出交换机的起源。接下来，我们介绍交换机的原理，解释交换机是如何解决冲突问题的；并以华为的一款交换机为例，介绍交换机重要的性能参数，继而由最简单的交换型以太网环境引出园区网的设计方案。

然后，我们介绍速率与双工模式的概念，以及在通用路由平台（Versatile Routing Platform，VRP）系统中修改交换机端口速率和双工模式的方法。我们会通过实验演示交换机如何在自己的介质访问控制（Medium Access Control，MAC）地址表中，为端口连接设备的 MAC 地址与对应端口的编号之间建立映射关系。在充分介绍交换机向 MAC 地址表中添加条目的流程后，我们会介绍交换机利用 MAC 地址转发数据帧的操作逻辑。

最后，我们会针对交换机的工作方式，分析交换型以太网中存在的一种隐患。

- 理解以太网的工作方式和冲突域的概念；
- 了解网桥的由来；
- 掌握交换机的工作原理；
- 理解双工模式和端口速率的概念；
- 理解华为交换机动态学习 MAC 地址的过程；
- 掌握在华为交换机上配置静态 MAC 地址条目的方法；
- 掌握交换机根据 MAC 地址条目对数据帧进行转发的逻辑；
- 了解发起 MAC 地址泛洪攻击的手段。

## 1.1 交换网络

如今,终端设备(简称终端)接入有线局域网的方式存在着惊人的同质性:对于步入信息技术(Information Technology,IT)行业时间不长的技术人员来说,似乎除了用一根线缆(多为铜线)连接终端适配器和二层交换机的某个端口外,从来没有其他方法能够把一台个人计算机通过有线的方式连接到以太网中。这种接入方式的垄断地位,恰恰证明了交换型以太网提供的工作效率和产生的效益是其他有线局域网技术无法企及的。

然而,这种交换型以太网并不是局域网或以太网最初的形式。无论是交换机,还是通过交换机连接建立的交换型以太网,都是由很多年前一些效率更低的技术演进而来。这个演进的过程可以作为交换机与交换型以太网技术优势的佐证。

### 1.1.1 共享型以太网与冲突域

最初的以太网采用的网络结构是总线型拓扑,具体做法是将一系列终端采用粗同轴电缆连接在一起。因为所有终端通过一根同轴电缆相互连接,所以当多台终端同时发送数据时,这些终端用来描述数据的电信号会在共享的传输介质上相互叠加,形成干扰,这种发送方发送的数据形成相互干扰的现象称为冲突。冲突的后果是每个发送方发送的数据无法被接收方正确识别,这是因为接收方无法通过叠加后的电信号还原出发送方发送的原始数据。冲突的产生如图 1-1 所示。

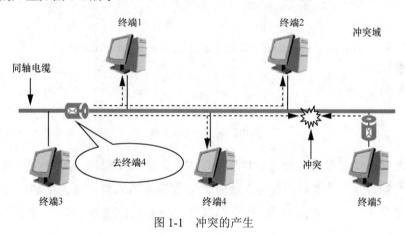

图 1-1 冲突的产生

**注释:**

同时发送数据就会造成冲突的设备即处于同一个冲突域中。

显然,在图 1-1 所示的这种以太网环境中,要保证发送方发送的数据能够不受干扰地被传送给接收方,就要有一种机制确保整个网络在同一时间只有一台终端在发送数据,这种为了避免冲突而设计的机制称为带冲突检测的载波监听多路访问（Carrier Sense Multiple Access with Collision Detection，CSMA/CD），其中多路访问指多个节点通过竞争的方式共享同一传输介质的网络通信方式。通过这种通信方式搭建以太网意味着在网络中，所有设备会使用相同的传输介质发送数据，同时由某一台设备发送给另一台设备的数据会被连接到网络中除发送设备之外的其他所有设备接收到，因此，这种以太网称为共享型以太网。

集线器的问世让星形网络成为流行的以太网物理连接方式。但是，由于**集线器只会不加区分地将数据向所有连接设备进行转发**，因此，用集线器搭建的以太网在数据转发层面上与同轴电缆搭建的以太网这种总线网络没有任何区别。这种网络依旧没有摆脱共享型以太网的窠臼，其原因是通过集线器相连的终端依旧处于同一个冲突域中，也依旧只能通过 CSMA/CD 机制避免因同时发送数据而造成的冲突。在逻辑上，集线器作为共享介质，会将数据盲目地转发给（除始发设备之外的）所连接的其他所有终端。因此，通过集线器搭建的网络结构为星形拓扑的共享型以太网，更像是一个装在盒子中的总线网络，如图 1-2 所示。

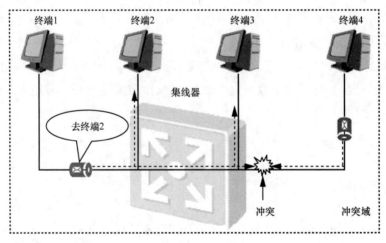

图 1-2　共享型以太网

在以太网日渐普及的过程中，共享型以太网的限制不可避免地突显出来。随着连接网络的终端数量的增加，多台终端同时需要发送数据的概率也会增加。因为同一时间只能有一台终端发送数据，所以共享型以太网的数据传输效率势必会随着网络规模的扩大而降低。

这种限制无疑是共享型以太网扩展的瓶颈。当人们开始越来越多地需要将两个甚至多个共享型以太网连接在一起时，这个问题就体现得淋漓尽致。两个局域网相连，势必会引入更多的集线器，并且合并之后的冲突域的规模会变得更大，终端的数量也会更多。

要想突破共享型以太网扩展性方面的限制，就要设法让连接各台终端的设备有能力将终端隔离在不同的冲突域中。于是，一种叫作网桥（Bridge）的设备应运而生。这种拥有两个端口的设备采用一种与集线器不同的数据转发方式，可以将端口隔离为独立的冲突域，这样两个冲突域中的终端同时发送数据时不会形成冲突。在网桥问世之后，连接两个共享型以太网的问题暂时得到了解决。用网桥连接两个共享型以太网的示例如图 1-3 所示。

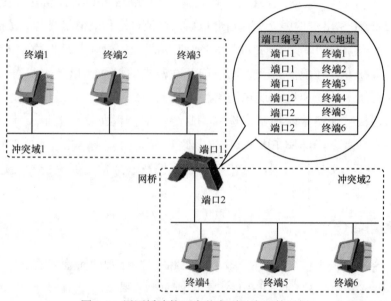

图 1-3　用网桥连接两个共享型以太网的示例

如图 1-3 所示，当终端第一次向网桥发送数据帧时，网桥会记录数据帧的源 MAC 地址和接收数据帧的端口，并为它们之间建立对应关系。这样做是为了方便网桥处理后面的数据转发：若网桥发现数据帧的目的 MAC 地址对应的端口正是接收数据帧的端口，那么就不会对这个数据帧进行转发处理，而是直接丢弃。这样一来，当图 1-3 中的终端 2 向终端 3 发送数据帧时，只有处于同一个冲突域中的终端 1 和终端 3 会接收到终端 2 发送的数据帧。因为当网桥通过端口 1 接收到数据帧之后，会查看自己的数据表，这时它就会发现终端 3 对应的端口也是端口 1，于是不会将数据帧通过端口 2 转发出去，而是直接丢弃，因而终端 4、终端 5 和终端 6 都不会接收到该数据帧。基于网桥的工作方式，即使终端 2 正在向终端 3 发送数据帧，终端 5 也可以向终端 6 发送数据帧，而且不会造成冲突，这就实现了将冲突域隔离在端口范围内的目标，即**网桥上每个端口连接的环境单独构成一个冲突域**。

如果在终端 2 向终端 3 发送数据帧的同时，终端 6 正在向终端 1 发送数据帧，那么网桥在接收到终端 6 发送给终端 1 的数据时会查询 MAC 地址表，发现以终端 1 的 MAC 地址作为目的 MAC 地址的数据应该通过自己的端口 1 转发出去。端口 1 通过

CSMA/CD 机制发现自己所在的传输介质，即冲突域 1 正忙——这当然是因为终端 2 正在向终端 3 发送数据帧，此时网桥会将终端 6 发送给终端 1 的数据帧缓存下来，等冲突域 1 空闲之后再将数据帧发送出去。所以，网桥的工作机制确保了只要发送数据的网络适配器（网卡或网络端口卡）没有连接在同一个冲突域中（网桥的同一个端口上），那么冲突就不会发生。

1990 年，Kalpana 公司推出了第一款带有 7 个端口的网桥，并命名这种多端口网桥为交换机（Switch）。这款交换机产品的名称为 EtherSwitch，实际上就是以太网交换机——Ethernet Switch 的缩合词。自此以后，交换机这种既像集线器一样拥有大量端口，又像网桥一样以端口分割冲突域的设备，开始成为组建以太网的"新宠"。

随着终端在办公环境的普及、网络间互联需求的增加，以及用户对网络提高转发效率需求的增多，交换机不仅在网络中的使用日趋频繁，并最终取代了低效的集线器，成为连接有线局域网的不二选择。此外，交换机在端口数量、功能特性、转发效率，甚至外观上已经和 EtherSwitch 呈现出显著的差别。在 1.1.2 节中，我们会以华为园区网接入交换机为例，对交换机的面板及一些常用的性能参数进行介绍和说明。

### 1.1.2 交换机简介

自 EtherSwitch 问世以来，以太网交换机已经发生了翻天覆地的变化。一台华为园区网接入交换机（型号为 S2700-52P-EI-AC）的前面板如图 1-4 所示。

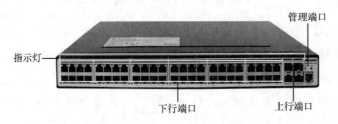

图 1-4　华为园区网接入交换机的前面板

如图 1-4 所示，交换机的前面板常常包含交换机提供的大多数端口，如上行端口、下行端口和管理端口（如 Console 端口），以及对应的指示灯。此外，有些交换机的前面板还包含电源端口。对于模块化交换机来说，其前面板还包含模块的插槽。

对于一台交换机来说，它的基本参数包括端口的数量与带宽、交换容量、转发性能，以及是否支持 PoE+（以太网端口供电）技术。华为 S2700-52P-EI-AC 交换机的基本参数见表 1-1。

通过表 1-1 可以看出，这款型号的交换机拥有 48 个下行端口，且这些端口皆为十兆/百兆以太网端口（10/100Base-TX）；同时拥有配置为 4 个千兆小型可热插拔（Small Form-Factor Pluggable，SFP）端口的上行端口。SFP 端口需要连接 SFP 模块，后者的作用是进行光信号与电信号的相互转换，实现光纤线缆对交换机的接入。

表1-1　　　　　　　华为S2700-52P-EI-AC交换机的基本参数

| 参数 | 描述 |
| --- | --- |
| 端口 | 下行48个10/100Base-TX以太网端口<br>上行4个千兆SFP端口 |
| 交换容量 | 32Gbit/s |
| 包转发率 | 17.7Mpacket/s |

交换容量是指整机交换容量。所谓整机交换容量是指交换机内部总线的传输容量。当一台交换机的端口都在工作时，这些端口的双向数据传输速率之和称为这台交换机的端口交换容量。在设计交换机时，交换机的整机交换容量总是大于交换机的端口交换容量。

华为S2700-52P-EI-AC交换机有48个百兆端口和4个千兆SFP端口，所以其端口交换容量为48×2×100Mbit/s + 4×2×1000Mbit/s = 17600Mbit/s≈17.6Gbit/s。表1-1中华为S2700-52P-EI-AC交换机的交换容量为32Gbit/s，大于该交换机的端口交换容量17.6Gbit/s。

包转发率是指这台交换机每秒可以转发数据包的数量，即整机包转发率。当一台交换机的端口都在工作时，这些端口每秒可以转发的数据包数量之和则称为这台交换机的端口包转发率。一个数据帧包含数据部分和前导码，其最短长度为72字节（72B）。此外，在传输过程中，每个数据帧还有12字节的数据帧间隙。由此可知，数据帧的最短长度为84字节，即672比特（672bit）。在极端的情况下，如果一个网络中传输的全部是最短长度的数据帧，那么一个百兆端口的包转发率为 $100\text{Mbit} \cdot \text{s}^{-1}/672\text{bit}$≈0.148809Mpacket/s，即每秒约转发148809个数据帧。同理，一个千兆端口的包转发率则为 $1000\text{Mbit} \cdot \text{s}^{-1}/672\text{bit}$≈1.488095Mpacket/s，即每秒转发约1488095个数据帧。以此类推，我们可以计算出华为S2700-52P-EI-AC交换机的端口每秒转发的数据帧为148809×48个+ 1488095×4个= 13095212个，即包转发率约为13.1Mpacket/s。交换机的整机包转发率同样必须大于这台交换机的端口包转发率，表1-1中这台交换机的包转发率为17.7Mpacket/s，确实大于该交换机端口包转发率13.1Mpacket/s。

除了上述基本参数外，交换机的其他技术规格参数与尚未介绍的功能有关，因此，等后文介绍至这些功能时，我们再进行说明。

### 1.1.3　交换型以太网与广播域

由于集线器只能将一台终端发送的信息不加区分地转发给其连接的其他所有设备，因此，使用集线器连接的交换型以太网尽管在物理上采用的是星形拓扑，但仍然有总线拓扑的所有缺点，这是因为**集线器连接的设备都处于同一个冲突域中**。

我们可以通过图1-5再来复习一下使用集线器连接的交换型以太网的相关内容。尽管终端 1 只是希望将数据传输给终端 3，但整个网络通过集线器相连，所有设备处于同一个冲突域中，因而与本次通信无关的终端 2 和终端 4 无法在同一时间发送数据帧。当网络的规模越大时，共享资源（即集线器）被占用的概率就越大。

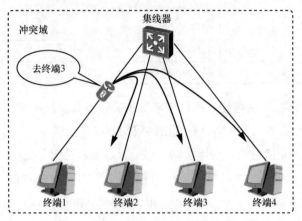

图 1-5　使用集线器连接的交换型以太网

取代集线器的交换机有能力查看数据帧的源/目的 MAC 地址，并将数据帧从与目的设备相连的端口转发出去，而不会像集线器那样，将数据帧发送给不需要的端口。换言之，在使用交换机连接终端的星形连接中，交换机的各个端口及其所连设备之间会构成一个独立的冲突域，使网络的转发效率得到极大提升。交换机通过端口隔离冲突域这种方式连接的交换型以太网如图 1-6 所示。

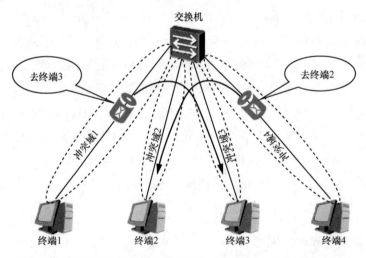

图 1-6　交换机通过端口隔离冲突域这种方式连接的交换型以太网

虽然交换机可以通过自己的端口隔离冲突域，但并不表示交换型以太网中连接的终端之间只能实现一对一的数据交互。有时，交换型以太网中的一台终端确实需要向网络中的其他所有终端发送消息。我们在《网络基础》中提到：当局域网中的一台设备需要了解同一个局域网中另一台设备的硬件地址时，这台设备就会以那台设备的互联网协议（Internet Protocol，IP）地址作为目的 IP 地址，以广播 MAC 地址（FF-FF-FF-FF-FF-FF）作为目的 MAC 地址，封装一个地址解析协议（Address Resolution Protocol，ARP）请求数据包并发送该数据包。交换机在接收到以广播 MAC 地址作为目的 MAC 地址的数据帧时，会将该数据帧从其他所有端口发送出去。诸如 ARP 请求这类**一台设备向同一个网络中其他所有设备发送消息的方式称为广播（Broadcast），为了实现这种发送方式而以网络层或数据链路层广播地址封装的数据称为广播数据包或广播帧，广播帧可达的区域称为广播域（Broadcast Domain）**。广播域分为二层广播域和三层广播域，其中，二层广播域是指广播帧可达的范围，三层广播域是指广播数据包可达的范围。我们在本章只讨论二层广播域。由于广播帧可达的范围传统上就是一个局域网的范围，因此，一个局域网往往就是一个广播域。交换机、广播域和冲突域之间的关系如图 1-7 所示，图中描述的场景为一个广播帧的传播。

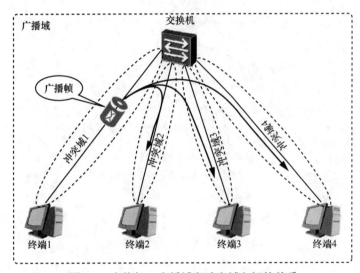

图 1-7　交换机、广播域和冲突域之间的关系

**注释：**

值得注意的是，交换机并非没有分割广播域的能力。实际上，一台交换机可以通过逻辑的方法，按照管理员的配置将自己的端口划分到多个不同的广播域。关于这种技术，我们会在第 2 章进行详细介绍。

我们在《网络基础》中介绍 MAC 地址和 IP 地址的异同时提到，扁平化结构决定了 MAC 地址难以实现大范围寻址，而层级化的 IP 地址更适合被用来满足这类需求。这两类地址的区别决定了人们会通过交换机将不同的设备连接为一个局域网。而当需要实现网络与网络之间的通信时，人们则会使用路由器通过查询 IP 路由表的方式为往返于不同网络的数据提供转发服务。

路由器作为局域网连接其他网络的出口，势必会起到隔离广播域的作用，也就是将广播域的范围限定在局域网内。使用路由器连接的网络如图1-8所示。

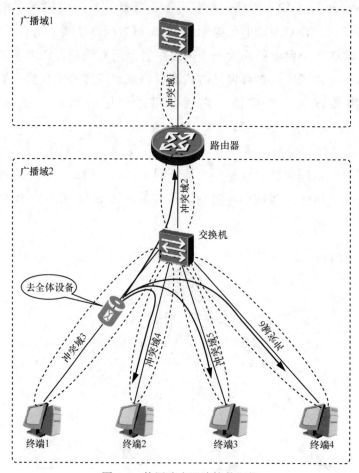

图1-8　使用路由器连接的网络

## 1.1.4　交换机转发数据帧的方式

在前文中，我们借助图1-3介绍了网桥转发数据帧的方式，并解释了这种方式如何通过端口隔离冲突域。在本节中，我们会对这部分内容进行扩充，详细解释交换机如何对数据帧进行转发。

交换机与网桥的工作原理基本相同。在初始状态下，交换机的MAC地址表为空，并不包含任何条目。交换机每每通过自己的某个端口接收到一个数据帧时，会将该数据帧的源MAC地址和接收该数据帧的端口编号作为一个条目，保存在自己的MAC地址表中，同时重置老化计时器的时间，这就是交换机为自己的MAC地址表动态添加条目的方式。交换机添加MAC地址条目如图1-9所示。

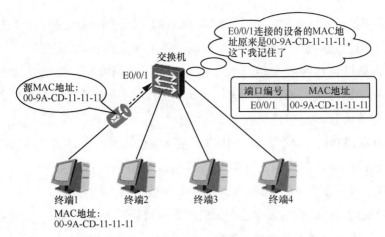

图 1-9　交换机添加 MAC 地址条目

在记录了这样一条 MAC 地址条目后，如果交换机再次通过同一个端口接收到以相同 MAC 地址作为源 MAC 地址的数据帧时，它就会重置这个 MAC 地址条目的老化计时器的时间，确保这个目前仍然活跃的条目不会老化。交换机如果在老化时间之内没有通过同一个端口再次接收到这个 MAC 地址发送的数据帧，它就会将这个老化的条目从自己的 MAC 地址表中删除。交换机删除老化的 MAC 地址条目如图 1-10 所示。在图 1-10 中，交换机长期没有再次接收到终端 1 发送的数据帧，因此删除了图 1-9 中记录的 MAC 地址条目。

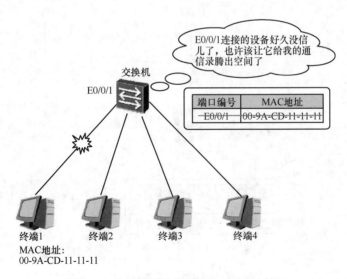

图 1-10　交换机删除老化的 MAC 地址条目

除了上述添加条目的方式外，MAC 地址表也可以通过管理员手动在交换机上添加条目。管理员手动添加的 MAC 地址条目不仅在优先级上高于交换机通过自己的端口动态学习到的条目，而且不受老化时间的影响，会一直保存在交换机的 MAC 地址表中。

在介绍了交换机如何添加、更新和删除 MAC 地址表的条目之后,我们接下来介绍交换机如何使用自己学习到的 MAC 地址表的条目来转发数据帧。

当交换机通过自己的某个端口接收到一个单播数据帧时,会查看这个数据帧的二层头部信息。这样做的原因有两方面:一方面是交换机需要用数据帧的源 MAC 地址和其他相关信息填充自己的 MAC 地址表;另一方面是查看数据帧的目的 MAC 地址,并且根据该目的 MAC 地址查找自己的 MAC 地址表。在查找 MAC 地址表之后,交换机会根据查找的结果,按以下 3 种情况对数据帧进行处理。

(1)交换机没有在自己的 MAC 地址表中找到数据帧的目的 MAC 地址。

由于交换机的 MAC 地址表中没有记录数据帧的目的 MAC 地址,交换机不知道以这个地址对应的目的设备连接在自己的哪个端口上,甚至不知道自己目前是否连接了这样一台设备,因而无法对以该目的 MAC 地址作为目的地址的数据帧执行有针对性的转发操作。于是,交换机只能将这个数据帧从除了接收到它的端口外的其他所有端口泛洪出去,期待这些端口包含了连接目的设备的那个端口。第一种情况中的交换机处理数据帧的过程如图 1-11 所示。

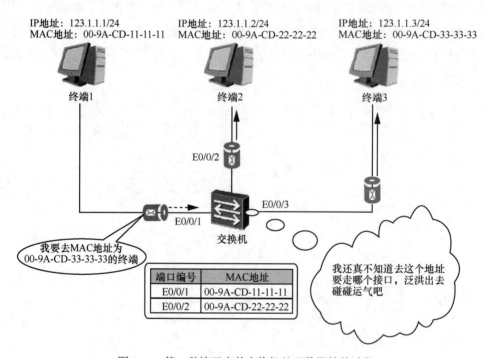

图 1-11 第一种情况中的交换机处理数据帧的过程

**注释:**

上述情形为交换机处理未知单播数据帧的一般方式。有些交换机会执行某种特殊策略,直接丢弃未知单播数据帧。

(2)交换机的 MAC 地址表中包含了数据帧的目的 MAC 地址,且其对应的端口不是接收到这个数据帧的端口。

在这种情况下,交换机明确地知道目的设备连接在自己的哪个端口上,因此会根据 MAC 地址表中的条目,将数据帧从与其目的 MAC 地址对应的端口转发出去,而与这台交换机相连的其他设备则不会接收到这个数据帧。第二种情况中交换机处理数据帧的过程如图 1-12 所示。

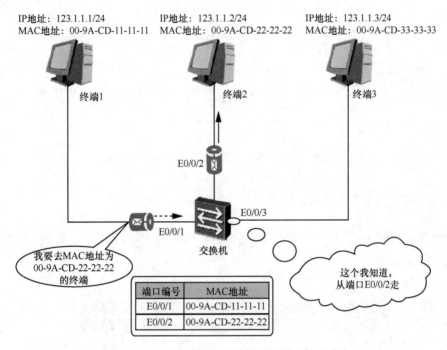

图 1-12　第二种情况中交换机处理数据帧的过程

(3)交换机的 MAC 地址表中有数据帧的目的 MAC 地址,且其对应的端口正是接收这个数据帧的端口。

在图 1-3 所示的环境中,如果终端 1 向终端 3 发送数据帧,那么就会出现这种情况。如果出现这种情况,交换机会认为数据帧的目的地址就在接收数据帧的端口所连接的范围之内,目的设备应该已经接收这个数据帧,且这个数据帧与其他端口的设备无关,没有必要将这个数据帧从其他端口转发出去,于是,丢弃这个数据帧。第三种情况中交换机处理数据帧的过程如图 1-13 所示。

我们对交换机根据 MAC 地址表转发数据帧的方式进行了详细介绍,但如今局域网环境的复杂程度远远超过本章的示例。在需求和环境更加复杂的情况下,我们不能仅仅依靠本章介绍的 MAC 地址表解决局域网的所有问题。在后文关于交换的内容中,我们会介绍交换机在面对这些需求和问题时所提供的更多的基本技术与机制。

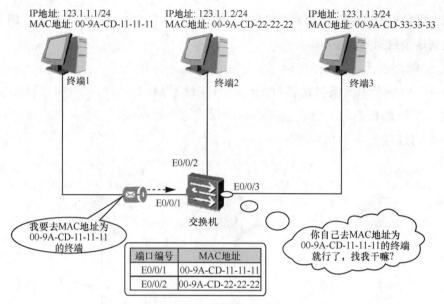

图1-13　第三种情况中交换机处理数据帧的过程

### 1.1.5　企业园区网设计示例

在设计企业网络时,对于规模不大的局域网,很多机构会采用图1-14所示的平面设计方法扩展局域网。

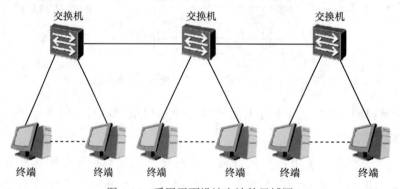

图1-14　采用平面设计方法的局域网

当网络规模进一步扩大时,建设网络常用的做法是采用**分层设计**（**Hierarchical Design**）,将一个企业园区网按照图1-15所示的方式,划分为以下3个层级,每个层级的交换机采用星形连接的方式与下一层级的交换机建立连接。

（1）**核心层**（**Core Layer**）：使用高性能的核心层交换机提供流量的快速转发服务。为了避免单点故障,核心层常常需要具有一定程度的冗余。

（2）**汇聚层**（**Aggregation Layer**）：也称为分布层（Distribution Layer）,这一层的交换机需要将接入层各个交换机发来的流量进行汇聚,并通过流量控制策略,对园区网中的流量转发进行优化。

（3）接入层（Access Layer）：为终端提供接入和转发服务。大型园区网往往拥有数量相当多的终端，所以接入层往往会部署那种端口数量很多的低端二层交换机，其目的是将这些终端连接到园区网中。

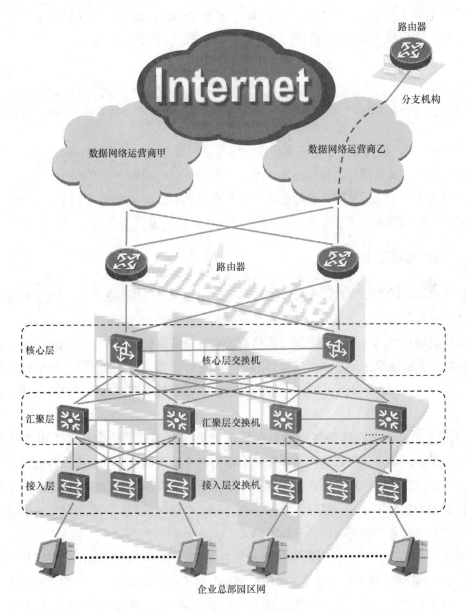

图1-15　大型企业园区网的分层示意

使用这种3层模型部署园区交换网络，既可以为将来进一步扩展网络提供方便，也可以更好地对流量实施管理和控制，还可以将网络故障产生的影响限制在一定的范围内。

通过图 1-15 可以看出，在这种大型园区网环境中，终端与园区网中的接入层交换机相连，接入层交换机通过汇聚层交换机和核心层交换机逐层连接到与数据网络运营商相连的路由器；这两台路由器则可以通过数据网络运营商连接到远端的分支机构和互联网中。目前院校搭建的网络大都可以抽象为这样一个网络环境。当然，也有一些中等规模的网络采用的是两层设计方案，即不部署中间的汇聚层，让提供高密度端口连接的接入层交换机直接连接到提供高性能流量处理的核心层交换机上。

## 1.2 交换机的基本设置

在 1.1 节中，我们对很多与交换型以太网有关的概念进行了回顾和介绍。在本节中，首先，我们会从具体操作的角度出发，通过一台交换机介绍两个与交换机端口有关的技术概念及其设置方法。然后，我们会在这台交换机上验证交换机学习 MAC 地址条目，以及管理员手动在 MAC 地址表中添加静态 MAC 地址的过程。

### 1.2.1 速率与双工模式

对于交换机的端口来说，它的转发效率在很大程度上取决于速率（Speed）和双工模式（Duplex）。

**交换机端口的速率**是指这个端口每秒能够转发的数据量，其单位是 **bit/s**。显然，管理员能够设置的速率上限是交换机端口的物理带宽，比如，一个百兆以太网端口能够设置的速率上限就是 100Mbit/s。此外，管理员可以设置的其他交换机端口速率与端口的类型有关。

**双工模式**是指端口传输数据的方向性。如果一个端口工作在全双工模式（**Full-Duplex**）下，则表示该端口的网络适配器可以同时在收发两个方向上传输和处理数据。如果一个端口工作在半双工模式（Half-Duplex）下，则表示该端口的网络适配器不能同时进行数据的接收和发送。显然，数据的收发是一个双向问题，因此，同一种传输介质连接的所有端口必须设置为同一种双工模式。

既然提到双工模式，我们在这里必须对冲突与冲突域的话题进行必要的补充。在图 1-6~图 1-8 所示网络中，交换机的每个端口与该端口的直连设备（网络适配器）处于同一个冲突域中。我们在前文中明确提到，连接在同一个冲突域中的网络适配器是不能同时发送数据的，否则就会产生冲突，那么，既然在这 3 幅图中，任何一个交换机的端口不能与自己的直连终端同时发送数据——当其中一方在发送数据时，另一方只能接收数据，那么读者应该能够结合双工模式的概念推断出：图 1-6~图 1-8 所示网络中描述的每个交换机的端口都工作在半双工模式下。

这里必须指出，图1-6～图1-8所示网络只是我们为了向读者介绍冲突、冲突域和广播域的概念而刻意设计的。在实际的当代交换型以太网环境中，除非管理员手动将交换机的端口设置为半双工模式，否则交换机的所有端口会自动工作在全双工模式下。所谓全双工模式，表示交换机的端口与其连接的那台终端可以不相互干扰的同时发送数据。既然交换机的端口与其直连终端可以同时发送数据而不会出现冲突，那么交换机的端口与其直连设备也就不会如图1-6～图1-8所示那样，处于同一个冲突域中。

综上所述，在交换型以太网中，只通过线缆连接一台设备（网络适配器）的交换机的端口默认工作在全双工模式下。这种工作在全双工模式下端口是没有冲突域的，它们可以与对端设备同时发送数据而不用担心线缆上因信号叠加而产生冲突，此时这个端口的 CSMA/CD 机制不会启用。如果一个交换机端口连接的是共享型介质，那么这个交换机的端口就只能工作在半双工模式下，共享型介质连接的所有网络适配器（包括交换机的这个端口）共同构成一个冲突域，此时交换机端口的 CSMA/CD 机制就会启用。

除了双工模式需要保持一致外，传输介质两侧端口的工作速率也要保持一致，否则网络无法实现通信。

如果网络中链路两端的设备都是华为交换机，则管理员通常不需要因为速率和双工模式的匹配问题而对交换机端口进行配置。在默认情况下，华为交换机的以太网端口会执行自动协商机制，链路两端的端口会协商通信可以采用的最佳速率和双工模式。

若管理员因某种原因（如华为交换机某个端口的对端设备已经设定了某种速率和双工模式，或者管理员希望修改为协商的速率和双工模式结果），希望强制为华为交换机的某个端口设置速率和双工模式，则应先通过命令 **undo negotiation auto** 关闭该端口的自动协商功能，然后通过命令 **duplex {full | half}** 将该端口的双工模式静态设置为全双工或半双工模式，最后通过命令 **speed** *speed* 静态设置端口的速率。

**注释：**
通过命令 **speed** 设置速率时，设置参数的单位为 Mbit/s。比如，命令 **speed 10** 的作用是将该端口的速率设置为 10Mbit/s。

例 1-1 为管理员使用命令 **display interface** 查看交换机端口当前的速率和双工模式。

### 例 1-1　查看交换机端口当前的速率和双工模式

```
<huawei>display interface g0/0/21
GigabitEthernet0/0/21 current state : UP
Line protocol current state : UP
Description:
Switch Port, PVID :    1, TPID : 8100(Hex), The Maximum Frame Length is 9216
IP Sending Frames' Format is PKTFMT_ETHNT_2, Hardware address is 1047-80ac-cc60
Last physical up time   : 2022-06-10 01:46:35 UTC+08:00
```

```
Last physical down time : 2022-06-10 01:46:30 UTC+08:00
Current system time: 2022-06-11 11:11:36+08:00
Port Mode: COMMON COPPER
Speed : 100,  Loopback: NONE
Duplex: FULL,  Negotiation: ENABLE
Mdi   : AUTO
                ----------后面输出信息省略----------
```

例 1-1 的阴影部分显示：交换机端口当前的速率为 100Mbit/s，双工模式为全双工模式（FULL）；该端口允许自动协商（Negotiation：ENABLE）。

接下来，管理员使用命令 **undo negotiation auto** 禁用端口的自动协商功能，然后通过命令 **speed** 和 **duplex** 将该端口的速率和双工模式分别静态设置为 10Mbit/s 和半双工模式。具体配置过程见例 1-2。

**例 1-2　设置交换机端口的速率和双工模式**

```
[Huawei-GigabitEthernet0/0/21]undo negotiation auto
[Huawei-GigabitEthernet0/0/21]speed 10
[Huawei-GigabitEthernet0/0/21]duplex half
```

完成设置后，当管理员再次查看这个端口时可以看到，它的速率、双工模式和协商状态已经修改为设置之后的参数。验证交换机端口的速率和双工模式见例 1-3。

**例 1-3　验证交换机端口的速率和双工模式**

```
<huawei>display interface g0/0/21
GigabitEthernet0/0/21 current state : UP
Line protocol current state : UP
Description:
Switch Port, PVID :    1, TPID : 8100(Hex), The Maximum Frame Length is 9216
IP Sending Frames' Format is PKTFMT_ETHNT_2, Hardware address is 1047-80ac-cc60
Last physical up time   : 2022-06-10 01:46:35 UTC+08:00
Last physical down time : 2022-06-10 01:46:30 UTC+08:00
Current system time: 2022-06-11 11:26:46+08:00
Port Mode: COMMON COPPER
Speed : 10,  Loopback: NONE
Duplex: HALF,  Negotiation: DISABLE
Mdi   : AUTO
                ----------后面输出信息省略----------
```

设置交换机端口速率与双工模式的命令与方法属于交换机的基本操作，读者应该熟练掌握。

下面，我们通过这台交换机分析添加 MAC 地址表的原理，以及 MAC 地址老化机制。

## 1.2.2 MAC 地址表

我们在前文中介绍了交换机如何填充自己的 MAC 地址表,以及如何根据 MAC 地址表条目转发数据帧。简言之,交换机会通过自己接收到的数据帧,建立源 MAC 地址和端口之间的对应关系,然后,利用存储映射关系的逻辑表,有针对性地转发数据帧。**交换机中存储映射关系的逻辑表叫作 MAC 地址表**。在本节中,我们会通过实验演示交换机填充 MAC 地址表的过程,以及管理员可以对 MAC 地址表执行的一些操作。

在图 1-16 所示局域网中,管理员用一台交换机连接了 3 台终端(PC)。这 3 台 PC 分别连接在交换机的端口 E0/0/1、E0/0/2 和 E0/0/3 上,它们的 IP 地址分别为 123.1.1.1/24、123.1.1.2/24 和 123.1.1.3/24。

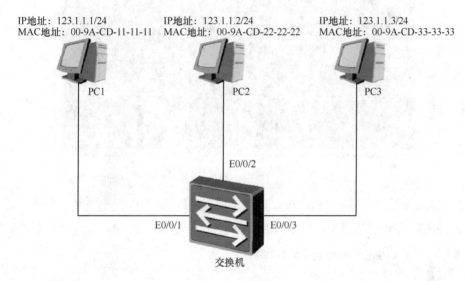

图 1-16 局域网

**注释:**

为了便于读者通过 MAC 地址识别终端的身份,我们在这里将上述 3 台 PC 的 MAC 地址分别设置为 00-9A-CD-11-11-11、00-9A-CD-22-22-22 和 00-9A-CD-33-33-33。

交换机根据入站数据帧的源 MAC 地址填充自己 MAC 地址表的做法是自动的,这让交换机基本上可以被视为一种即插即用型设备。也就是说,一台交换机即使不进行任何配置地接入网络,它也可以根据自己设定的转发逻辑转发数据帧。因此,图 1-16 中的 3 台 PC 的 IP 地址只要设置无误,那么就可以直接通信。

在测试这些终端是否能够通信之前,我们可以先在交换机上通过命令 **display mac-address** 查看交换机当前的 MAC 地址表。命令的输出结果见例 1-4。

**例 1-4  查看交换机当前的 MAC 地址表**

```
<Huawei>display mac-address
<Huawei>
```

由于目前没有终端发送数据包，因此交换机的 MAC 地址表中没有任何表项。

下面我们通过从 PC1 向 PC2 发起 ping 测试的方式，人工生成去往交换机的数据包。PC1 向 PC2 发起 ping 测试的结果如图 1-17 所示。

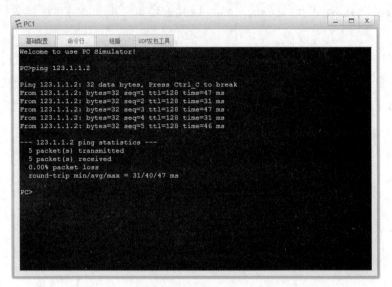

图 1-17  PC1 向 PC2 发起 ping 测试的结果

图 1-17 的测试结果显示，PC1 可以与 PC2 实现通信，这验证了前文关于交换机可以即插即用的说法。下面我们再次回到交换机 LSW 上查看交换机的 MAC 地址表，见例 1-5。

**例 1-5  再次查看交换机的 MAC 地址表**

```
<Huawei>display mac-address
MAC address table of slot 0:
-------------------------------------------------------------------
MAC Address    VLAN/        PEVLAN CEVLAN Port     Type      LSP/LSR-ID
               VSI/SI                                        MAC-Tunnel
-------------------------------------------------------------------
009A-CD22-2222 1            -      -      Eth0/0/2 dynamic   0/-
009A-CD11-1111 1            -      -      Eth0/0/1 dynamic   0/-
-------------------------------------------------------------------
Total matching items on slot 0 displayed = 2
```

由于 PC1 和 PC2 通过交换机相互发送了互联网控制报文协议（Internet Control Message Protocol，ICMP）消息，因此交换机接收到了这两台 PC 发送的数据帧，于是在其 MAC 地址表中为这两台 PC 和它们对应的端口建立了映射关系。由于交换机目前还没有接收到 PC3 发送的数据帧，因此交换机的 MAC 地址表中并没有记录 PC3 和交换机的 E0/0/3 端口之间的对应关系。

在例 1-5 中我们还可以看到，这两条 MAC 地址条目都是交换机动态（dynamic）学习到的。

交换机除了通过动态学习来添加 MAC 地址条目外，也可以由管理员手动向交换机的 MAC 地址表中添加静态的 MAC 地址条目。这种方式具体的做法是：管理员在系统视图下通过命令 **mac-address static** 向交换机的 MAC 地址表中添加静态 MAC 地址条目，见例 1-6。

**例 1-6　向交换机的 MAC 地址表中添加静态 MAC 地址条目**

```
[Huawei]mac-address static 009A-CD11-1111 Ethernet 0/0/1 vlan 1
[Huawei]display mac-address
MAC address table of slot 0:
-------------------------------------------------------------------
MAC Address    VLAN/       PEVLAN CEVLAN Port         Type        LSP/LSR-ID
               VSI/SI                                              MAC-Tunnel
-------------------------------------------------------------------
009A-CD11-1111 1           -      -      Eth0/0/1     static      -
-------------------------------------------------------------------
Total matching items on slot 0 displayed = 1

MAC address table of slot 0:
-------------------------------------------------------------------
MAC Address    VLAN/       PEVLAN CEVLAN Port         Type        LSP/LSR-ID
               VSI/SI                                              MAC-Tunnel
-------------------------------------------------------------------
009A-CD22-2222 1           -      -      Eth0/0/2     dynamic     0/-
-------------------------------------------------------------------
Total matching items on slot 0 displayed = 1
```

管理员通过命令 **mac-address static** 在交换机的 MAC 地址表中，建立了 PC1 和 E0/0/1 端口之间的静态映射。之后，我们通过命令 **display mac-address** 验证了 MAC 地址表中的这条静态条目。

**注释：**

关于命令 **display mac-address** 中的 vlan 内容，我们会在第 2 章中进行详细介绍，因此这里暂且略过。

有一点需要注意：在这条命令的输出结果中，MAC 地址 009A-CD11-1111 与交换机的 E0/0/1 端口之间只有静态映射，说明**管理员静态配置的 MAC 地址条目的优先级高于交**

换机动态学习到的 MAC 地址条目。当一条通过管理员静态配置的条目和一条动态学习到的条目的 MAC 地址相同时，交换机会将管理员静态配置的条目保存在 MAC 地址表中。

静态条目与动态条目除了优先级不同外，**静态配置的 MAC 地址表条目也不会老化**，而动态学习的 MAC 地址条目会因交换机在 MAC 地址老化时间内，没有再次通过同一个端口接收到以这个 MAC 地址为源 MAC 地址的数据帧而被从 MAC 地址表中删除。关于这部分内容，我们在前文中通过图 1-10 进行了介绍。

管理员可以在系统视图下，通过命令 **mac-address aging-time** 设置交换机 MAC 地址的老化时间，并且通过命令 **display mac-address aging-time** 查看系统当前的 MAC 地址条目老化时间。

**注释：**
MAC 地址老化时间设置参数的单位是秒（s）。

管理员修改 MAC 地址的老化时间，将系统默认的 300s 修改为 500s，见例 1-7。

例 1-7　修改 MAC 地址的老化时间

```
[Huawei]display mac-address aging-time
 Aging time: 300 seconds
[Huawei]mac-address aging-time 500
[Huawei]display mac-address aging-time
 Aging time: 500 seconds
```

**注释：**
如果将 MAC 地址条目的老化时间设置为 0，则相当于禁用了交换机的 MAC 地址条目老化功能。这也意味着交换机动态学习到的 MAC 地址条目像静态 MAC 地址条目那样，永远不会因过期而被交换机从 MAC 地址表中删除。

在 1.1.2 节中，我们介绍了交换机的一些基本参数。实际上，与 MAC 地址表有关的参数和特性是很多技术人员在选择交换机型号时考虑的因素。表 1-2 罗列了图 1-4 所示的华为 S2700-52P-EI-AC 交换机的 MAC 地址表参数特性及其说明。

表 1-2　华为 S2700-52P-EI-AC 交换机的 MAC 地址表参数特性及其说明

| 参数特性 | 说明 |
| --- | --- |
| 支持 8000 条 MAC 地址条目 | 交换机可支持的 MAC 地址表条目数量上限为 8000 条 |
| 支持删除动态 MAC 地址条目 | 管理员可以手动删除交换机动态添加到 MAC 地址表中的条目 |
| 支持 MAC 地址条目老化时间可配置 | 管理员可以配置 MAC 地址条目的老化时间 |

续表

| 参数特性 | 说明 |
| --- | --- |
| 支持基于端口的 MAC 地址学习使能控制 | 管理员可以选择是否让交换机通过端口输入的数据帧自动在 MAC 地址表中生成条目 |
| 支持黑洞 MAC 地址 | 管理员可以通过配置黑洞 MAC 地址，让交换机将以某个 MAC 地址为源 MAC 地址的数据帧全部丢弃 |

在表 1-2 中，除黑洞 MAC 地址之外，这个学习阶段的读者应该已经有能力判断出其他项目的表意。在本节中，我们通过实验演示了交换机添加 MAC 地址表的方式。

## 1.3　本章总结

在 1.1 节中，我们从共享型局域网的限制开始回顾，提出了隔离冲突域的需求，并由此引出了网桥和交换机的相关内容。为了说明当前的交换机类产品已经大大有别于最初的交换机，我们借助一台华为交换机，介绍了当前交换机的外观与一些基本参数。接下来，我们开始复习交换型以太网和广播域的概念，通过大量图示对交换机转发数据的方法进行了介绍。最后，我们从交换机起到了扩大局域网规模的作用这点出发，对大型局域网的分层设计理念进行了简单描述。

在 1.2 节中，为了进一步介绍交换机端口的性能参数，我们首先对交换机端口的速率和双工模式的概念进行了讲解，并且提供了在华为交换机上修改这两种参数的配置方法。随后，我们通过一个实验演示了交换机的初始状态，以及交换机的端口接收到数据帧后，交换机如何根据数据帧中所包含的信息，向 MAC 地址表中添加 MAC 地址条目。同时，我们在相同的实验环境中，演示了管理员通过配置命令向 MAC 地址表中输入静态 MAC 地址条目的方法。

## 1.4　练习题

**一、选择题**

1．一台拥有 24 个百兆端口和 4 个千兆端口的交换机，其整机交换容量不应小于（　　）。

　　A．6.4Gbit/s　　　　　　　　B．8.8Gbit/s
　　C．12.8Gbit/s　　　　　　　 D．17.6Gbit/s

2．一台拥有 24 个百兆端口和 4 个千兆端口的交换机，其整机包转发能力不应小于

（　　）。

  A．6.6Gbit/s       B．9.6Mpacket/s

  C．13.1Gbit/s       D．19.1Mbit/s

  3．在初始状态下，一台交换机的 MAC 地址表（　　）。

  A．为空         B．包含交换机端口的 MAC 地址

  C．包含一些系统默认的 MAC 地址   D．以上说法皆不对

  4．（多选）关于下面这条 MAC 地址表中的条目，说法正确的是（　　）。

```
MAC Address        VLAN/        PEVLAN CEVLAN Port        Type        LSP/LSR-ID
                   VSI/SI                                              MAC-Tunnel

FFCC-0810-1117   1     -         -            Eth0/0/18   dynamic     0/-
```

  A．这台交换机 E0/0/18 端口的 MAC 地址为 FFCC-0810-1117

  B．这台交换机 E0/0/18 端口连接了一台 MAC 地址为 FFCC-0810-1117 的设备

  C．这个 MAC 地址是交换机动态学习到的

  D．这个 MAC 地址是管理员手动添加到交换机 MAC 地址表中的

  5．假设交换机通过接收到的数据帧，动态建立了某个 MAC 地址与自己端口之间的映射关系，此后，管理员又手动在 MAC 地址表中添加了这个 MAC 地址的条目，那么下列说法正确的是（　　）。

  A．交换机会根据条目进入 MAC 地址表的先后顺序，保留更新的条目

  B．交换机会同时在 MAC 地址表中保留这两条条目，但只根据最新的条目转发数据帧

  C．交换机只会保留交换机自动添加进 MAC 地址表中的条目

  D．交换机只会保留管理员手动添加进 MAC 地址表中的条目

  6．在交换机的系统视图下，输入命令 **mac-address aging-time 0** 后，得到的结果是（　　）。

  A．MAC 地址表中的所有条目立刻老化并被交换机删除

  B．MAC 地址表中的动态条目立刻老化并被交换机删除

  C．MAC 地址表中的静态条目将永不老化

  D．MAC 地址表中的动态条目将永不老化

  7．如果一台交换机接收到一个数据帧，查找自己的 MAC 地址表后，发现这个数据帧的目的 MAC 地址对应的端口正是接收这个数据帧的端口，那么这台交换机会（　　）。

  A．认为这个端口出现了环路，因而丢弃该数据帧，并关闭那个端口

  B．认为该帧的目的设备与这个帧的发送设备位于这个端口的同一侧，无须转发，因而丢弃该数据帧

C. 认为该帧的目的 MAC 地址有误，因而将这个数据帧从除接收到这个数据帧的端口之外的其他所有端口转发出去

D. 认为 MAC 地址表中对应的 MAC 地址条目有误，因而丢弃该数据帧，并删除对应的条目

二、判断题（说明：若内容正确，则后面的括号中画"√"若内容不正确，则后面的括号中画"×"）

1. 一条链路两端的端口若双工模式不匹配，则无法正常工作；但若速率不相匹配，则只会影响链路的传输性能，并不会导致链路无法正常工作。（　　）

2. 如果一台交换机接收到一个数据帧，在查找自己的 MAC 地址表后，发现找不到这个数据帧的目的 MAC 地址，那么该交换机就会因不知道该将这个数据帧从自己的哪个端口转发出去，而将这个数据帧丢弃。（　　）

3. 一位管理员在将一台处于初始配置的交换机插入网络中之前，关闭了这台交换机动态学习 MAC 地址的功能，但又没有给它的 MAC 地址表中静态配置任何静态 MAC 条目，那么，连接到这台交换机的终端之间将无法进行通信。（　　）

# 第 2 章
# VLAN 技术

2.1　VLAN 基本理论
2.2　多交换机环境中的 VLAN
2.3　VLAN 的配置
2.4　本章总结
2.5　练习题

集线器不能隔离冲突域，交换机可以隔离甚至消除冲突域，路由器可以隔离广播域。喜欢举一反三的读者难免推导出一个似是而非的结论，那就是交换机不能隔离广播域。为了避免读者产生这样的误解，我们在第 1 章介绍广播域时，特意通过注释进行提示，即交换机并非没有隔离广播域的能力。实际上，交换机隔离广播域的技术——虚拟局域网（Virtual Local Area Network，VLAN）在网络中的使用极为频繁，我们可以毫不夸张地说，任何一个稍具规模的网络在某种程度上一定配置了 VLAN，因此，VLAN 是每一位网络技术人员应该熟练掌握的技术。

随之而来的是一系列问题。交换机为什么要能隔离广播域？在什么情况下需要隔离广播域？交换机在不改变原先数据帧转发方式的前提下，如何实现隔离广播域？我们要如何配置和验证这种交换机隔离广播域的 VLAN？

为了回答这一系列的问题，我们会从 VLAN 的基本理论谈起，例如 VLAN 的原理、用途，以及 VLAN 在网络中的应用方式。然后，我们将 VLAN 代入多交换机环境中进行介绍，并由此引出 GVRP（Generic VLAN Registration Protocol）。最后，我们在 2.3 节中介绍如何在华为交换机上配置 VLAN，例如，添加和删除 VLAN，配置 Access 端口、Trunk 端口和 Hybrid 端口，配置 GVRP，以及如何验证这些配置等。

学习目标

- 掌握 VLAN 的工作原理和用途；
- 掌握多交换机环境中的 VLAN 应用；
- 理解 GVRP 的原理；
- 理解 VLAN 的设计方法；
- 掌握 VLAN 的配置方法，如 VLAN 的添加与删除、端口的配置及其应用；

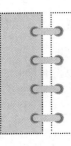
- 掌握 Access 端口与 Trunk 端口的配置方法；
- 理解 Hybrid 端口的原理，以及该类型端口在网络中的作用；
- 掌握 Hybrid 端口的配置方法；
- 掌握 GVRP 的配置方法；
- 掌握检查 VLAN 信息的配置命令。

## 2.1 VLAN 基本理论

由若干台交换机及与这些交换机连接的所有终端组成的网络称为交换网络，一个交换网络就是一个广播域。假如交换机不能隔离广播域，那么随着交换网络规模的扩大，广播域会随之扩大。广播域越大，网络安全问题越严重，网络中的垃圾流量越多。垃圾流量的增多会直接导致更多的网络带宽和计算资源被浪费。

VLAN 的作用是让交换机具有隔离广播域的能力。在 VLAN 一词中，LAN 是一个转义词，用来专门指代一个广播域，而不再强调它是一个地理覆盖范围较小的局域网。当谈论 VLAN 时，我们通常把隔离前的、规模较大的广播域称为 LAN，而把隔离后的、规模较小的每个广播域称为 VLAN，例如，当把一个规模较大的广播域隔离成 4 个规模较小的广播域时，就可以说把一个 LAN 隔离成 4 个 VLAN。

### 2.1.1 VLAN 的用途

我们在前文中介绍过，广播域是广播帧可达的区域。通过前文的内容，读者应该能够意识到，这样一个区域中的设备之间的通信是多么便捷，同时又缺少隐私。

在这样一个区域中，一台设备可以通过广播轻松地让自己发送的内容抵达网络的每个角落，交换机只会扮演传话筒的角色。

在这样一个区域中，交换机可以实现即插即用，任意两台设备之间的通信不需要以任何人工操作作为前提。

在这样一个区域中，恶意用户可以轻松地利用交换机的工作原理发起网络攻击，窃取其他用户的通信数据。

在这样的背景下，哪些设备应该同处于一个广播域中进行通信，成为一个十分值得探讨的话题。一般的结论是：当人们对通信效率的考量重于对安全性的考量时，就会希望彼此的设备同处于一个广播域中。例如同一个工作组或同一个部门的同事往往更加了解和信任彼此，也有更多信息需要频繁交互，因此，这些人员的终端更适合部署在同一个广播域，也就是一个局域网中。反之，对于不同部门甚至不同企业之间，那些缺乏了解，也不需要频繁进行沟通的人来说，他们的终端则不适合处于同一个广播域中。

然而在实际应用中并非如此。那些应隔离在不同广播域中的员工有时会因工位的位置比较近而将其终端连接在同一台交换机上，如图 2-1 所示。而那些最好能够在同一个广播域中工作的员工却因工位的位置比较远，或者同一台交换机上端口数量有限，而不得不将其设备连接在不同的交换设备上，如图 2-2 所示。

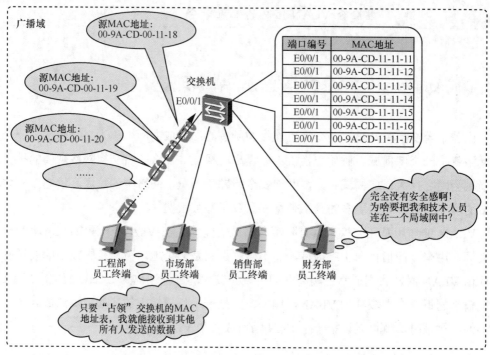

图 2-1 应在不同广播域的终端被连接在同一台交换机上

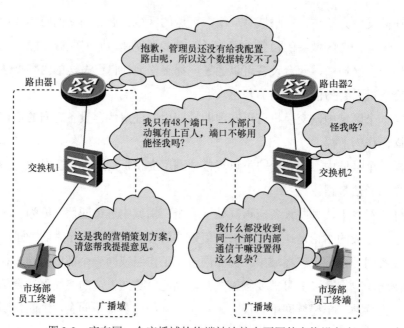

图 2-2 应在同一个广播域的终端被连接在不同的交换设备上

由此可见，局域网最好是一种逻辑概念，让人们可以根据自己的实际需求，通过逻辑方式将各台交换机连接的某些特定设备组成一个广播域，而无须考虑这些设备连接的是不是同一台交换机。这种通过逻辑方式重新分配物理资源的虚拟化技术，就是VLAN。

广播域除了存在图2-1展示的问题外，其规模扩大还会导致垃圾流量在整个交换网络中被大量泛洪。比如，当交换机接收到一个数据帧，并发现该数据帧的目的MAC地址在自己的MAC地址表中没有对应的条目时，那么会将该数据帧从除了接收端口外的其他所有端口泛洪出去。显然，这些泛洪的流量对于除交换网络中那台真正应该接收这个数据帧的端口之外的其他端口而言，都是垃圾流量，会浪费链路的带宽资源及设备的计算资源。这类未知单播数据帧在只有一台交换机的交换网络中泛洪时，并不会造成严重影响，但在一个通过大量交换机连接的交换网络中泛洪时，就会影响通信的效率。未知单播数据帧泛洪示例如图2-3所示。在图2-3中，一个未知单播帧的发送方和接收方连接在同一台交换机上。但是，由于这台交换机没有在自己的MAC地址表中查询到接收方的目的MAC地址，只能对这个数据帧进行泛洪处理，因此一次原本一对一的单播通信在这个广播域中人尽皆知，导致大量无关链路被泛洪流量占用了带宽资源，也使大量无关设备为处理泛洪流量而消耗了计算资源。如果交换网络只由这两台终端直连的那台交换机和这台交换机连接的终端构成，那么未知单播帧造成的影响其实并不严重。但是，随着交换网络规模的扩大，如果无法对随之扩大的广播域规模进行限制，那么这个交换网络中连接的交换机和终端的数量越多，视这类未知单播帧泛洪流量为垃圾流量的设备和链路的数量就越多，交换网络中产生这类流量的概率也就越大。

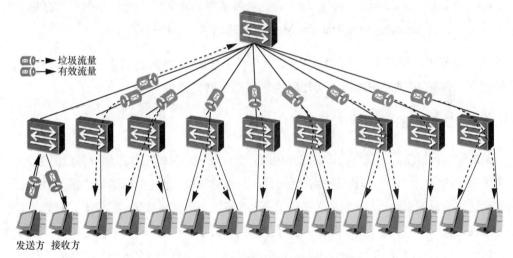

图2-3 未知单播数据帧泛洪示例

**注释：**

图2-3所示网络拓扑仅仅为了说明未知单播数据帧泛洪，并没有描述网络中终端的真实数量。读者在理解时不妨将网络规模想象得更大一些。当然，读者也可以想象在最左侧交换机执行未知单播数据帧泛洪的同时，还有另一些交换机接收到其他终端发送的未知单播数据

帧后，也执行了泛洪。

为了解决随着广播域扩大而带来的性能和安全性降低的问题，也为了方便地将多个局域网连接在一起，VLAN 应运而生。**VLAN 能够在逻辑上把一个局域网隔离为多个广播域，每个广播域称为一个虚拟的局域网，即 VLAN**。每台终端只能属于一个 VLAN。属于同一个 VLAN 的设备之间可以通过二层直接通信，而不必借助三层路由功能，属于不同 VLAN 的设备之间则只能通过三层路由功能实现通信。

在这里，我们必须再次澄清局域网这个词的表意。在当人们提到局域网时，描述得更多的是对网络管理边界的界定。从这个角度来看，局域网是与广域网（Wide Area Network，WAN）相对的网络，是指家庭、企业、学校等自己管理的内部网络。对于那些根本不知道企业内部的局域网可以根据通信需求，划分成虚拟局域网来隔离广播域的普通用户而言，他们所说的局域网更多的是指该企业管理的整个企业网络。鉴于此，后文提到的局域网，描述的也是管理意义上的本地网络。同时，我们会专门用 VLAN 一词代指管理员根据实际的使用需求，通过逻辑方式隔离的广播域，因此，希望读者从这里开始，把第 1 章中提到的一个局域网往往就是一个广播域这一模棱两可的理解方式，更新为**一个 VLAN 就是一个广播域**，这是因为从逻辑上将一个局域网隔离为多个广播域就是 VLAN 的用途。

**注释：**
除了 VLAN 外，局域网技术还包括链式局域网、令牌环、光纤分布式数据端口、异步传输模式（Asynchronous Transfer Mode，ATM）等。

在本小节中，我们用大量的描述性文字介绍了 VLAN 技术的用途。在 2.1.2 节中，我们将深入讲解 VLAN 在逻辑上实现隔离物理局域网的原理。

### 2.1.2 VLAN 的原理

某游轮公司组织游客在岸上旅游时使用的方法，与 VLAN 的工作原理有异曲同工之妙。受限于船舶吨位，游轮有时只能停靠在远离旅游景点的海岸，游轮公司需要依靠大型巴士把游客运送到指定的旅游景点。为了提高运送效率，游轮公司会同时雇多辆巴士，把游客平均地分配到这些巴士中。为了使游客在回程时能够找到自己的巴士，也为了巴士司机在回程时分辨自己应该运送的游客，游轮公司为每位游客发放一张印有数字的贴纸。游客按照贴纸上的数字找到相应编号的巴士，并把贴纸贴在自己身上显眼的位置，于是巴士司机可以根据游客身上的贴纸分辨并统计自己应该运送的游客。同样地，**VLAN 会通过给数据帧（游客）插入 VLAN 标签（VLAN Tag）的方式，让交换机（巴士司机）能够分辨出各个数据帧所属的 VLAN（巴士）**。通过 VLAN 标签标识数据帧所属的 VLAN 如图 2-4 所示。

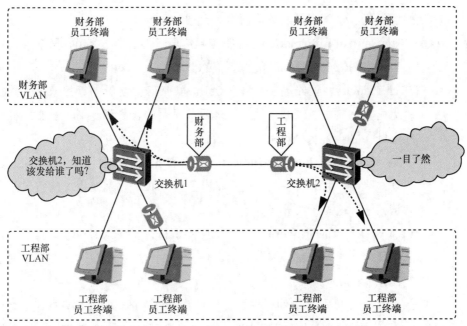

图 2-4  通过 VLAN 标签标识数据帧所属的 VLAN

VLAN 标签是用来区分数据帧所属 VLAN 的"贴纸",这是一个长度为 4 字节的字段,以插入以太网数据帧头部的方式被"贴在"数据帧上,实现区分不同的 VLAN 的目标。图 2-5 分别展示了未携带 VLAN 标签的以太网数据帧头部结构,以及携带 VLAN 标签的以太网数据帧头部结构。

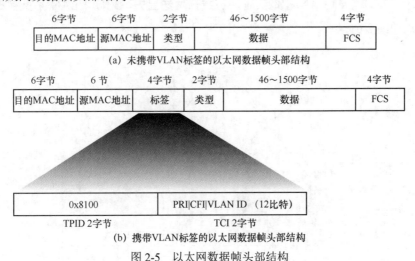

图 2-5  以太网数据帧头部结构

从图 2-5 中可以看出,VLAN 标签被插在了源 MAC 地址后面,这个格式定义在 IEEE 802.1Q 标准中,该标准也对 VLAN 标签字段的构成做了说明。

- **TPID:Tag Protocol Identifier**,标签协议标识符,长度为 2 字节,取值为 0x8100,用来表示数据帧携带了 IEEE 802.1Q 标准标签。不支持 IEEE 802.1Q

标准的设备在接收到这样的数据帧后，会把它丢弃。
- **TCI：Tag Control Information**，标签控制信息，长度为 2 字节，又细分为以下几个子字段，用来表示数据帧的控制信息。
  * **PRI：Priority**，优先级，长度为 3bit，取值范围为 0～7，用来表示数据帧的优先级。其中，PRI 值越大，表示数据帧的优先级越高。当交换机发生拥塞时，它会先处理优先级高的数据帧。
  * **CFI：Canonical Format Indicator**，规范格式指示器，长度为 1bit，取值为 0 或者 1。由于该字段的作用超出了华为 ICT 学院路由交换技术教学的知识范畴，这里不展开介绍。
  * **VLAN ID：VLAN Identifier**，VLAN 标识符，长度为 12bit。顾名思义，这个字段的数值即为 VLAN 标签的数值，管理员能够配置的 VLAN ID 的取值范围为 1～4094。

关于 VLAN 标签为交换机提供的数据封装信息，我们要介绍的内容只有这么多。但是，对于 VLAN 隔离广播域具体的实现方法，我们则需要在 VLAN 标签这一概念的基础上追加一点解释。

我们在第 1 章介绍过，交换机会将接收到的广播帧从除了接收端口外的其他端口发送出去，这实际上描述的是交换机在没有划分多个 VLAN 时，对广播帧的处理。**如果交换机上划分了多个 VLAN，那么在接收到广播帧时，交换机只会将这个数据帧从除了接收该数据帧的端口外的同一 VLAN 中的其他所有端口发送出去**，划分 VLAN 后交换机处理广播帧的方式如图 2-6 所示。

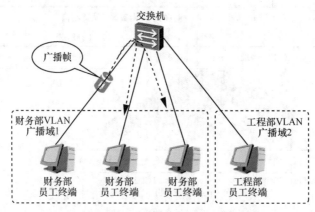

图 2-6 划分 VLAN 后交换机处理广播帧的方式

此外，我们曾经提到，当交换机无法在自己的 MAC 地址表中找到某个单播数据帧的目的 MAC 地址时，会将这个数据帧从除了该数据帧入站端口外的其他端口发送出去，这句话同样描述的是交换机上没有划分多个 VLAN 的情况。如果交换机上划分了多个 VLAN，那么当交换机接收到一个目的 MAC 地址在自己 MAC 地址表中不存在的单播数据帧时，只会将这个数据帧从除了该数据帧入站端口外的其他同属一个 VLAN 的端口发送出去。多 VLAN 环境中交换机接收到未知目的 MAC 地址的单播数据帧时的处理方式如图 2-7 所示。

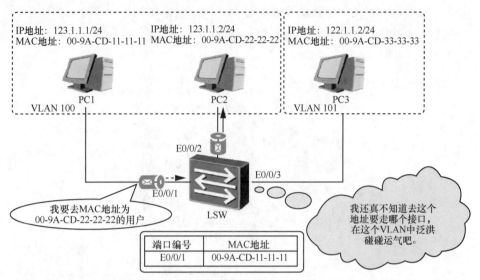

图 2-7　多 VLAN 环境中交换机接收到未知目的 MAC 地址的单播数据帧时的处理方式

因为交换机采用了图 2-7 所示的这种处理方式，所以处于不同 VLAN 的用户（PC）就无法通过 MAC 地址泛洪攻击获取其他 VLAN 用户发送的消息，这是因为对于交换机来说，即使用户发送的数据帧是未知目的 MAC 地址的单播数据帧，它也不会将该数据帧通过其他 VLAN 的端口发送出去。这就是 VLAN 隔离广播域给局域网通信安全带来的好处。

实际上，**在多 VLAN 环境中，即使交换机 MAC 地址表中保存了某数据帧的目的 MAC 地址条目，若这个目的 MAC 地址对应的端口与数据帧的入站端口处于不同的 VLAN 中，交换机也不会通过 MAC 地址表中对应的那个端口把这个数据帧转发出去。**

通过这一部分的介绍，读者应该可以概括出这样一个结论，即**在不借助路由转发的前提下，交换机不会将从一个 VLAN 的端口中接收到的数据帧转发给任何其他 VLAN 的端口。**

### 2.1.3　VLAN 在实际网络中的应用

在本小节中，我们根据 2.1.1 节和 2.1.2 节的内容，对交换机能够通过 VLAN 技术，为网络带来的积极改变进行归纳，具体如下。

（1）增加了网络中广播域的数量，同时降低了每个广播域的规模，也就是减少了每个广播域中终端的数量。

（2）增强了网络安全性，管理员保障网络安全的手段增加了。

（3）提高了网络设计的逻辑性，管理员可以规避地理/物理因素对网络在设计上的限制。

接下来，我们通过一个企业网案例，看看这些积极改变在实际网络中的体现。

图 2-8 所示为一家公司搭建的小型企业网。这家公司租用了一栋办公楼中的两层，其中，一楼为销售部，二楼为售后部和财务部。

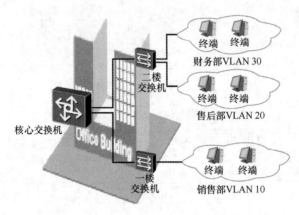

图 2-8　一家公司搭建的小型企业网

企业网的物理连接是这样的：员工的终端连接到员工所在房间的交换机上，房间的交换机连接到房间所在楼层的交换机上，两台楼层的交换机都连接到核心交换机上。企业网的 VLAN 划分是这样的：一个部门对应一个 VLAN，其中，销售部对应 VLAN 10，售后部对应 VLAN 20，财务部对应 VLAN 30。企业网的 IP 地址的规划是这样的：一个 VLAN 对应一个 IP 子网地址，比如，销售部 VLAN 10 使用 10.0.10.0/24，售后部 VLAN 20 使用 10.0.20.0/24，财务部 VLAN 30 使用 10.0.30.0/24。

**注释：**

一般情况下，网络中的一个 VLAN 会对应一个 IP 子网地址。当然，管理员可以为一个 VLAN 配置多个对应的 IP 子网地址，但这种做法极罕见，我们并不推荐。

在图 2-8 所示的企业网中，一个部门对应一个 VLAN，形成一个广播域，部门内部员工之间能够通过二层交换机直接通信，不同部门的员工之间必须通过三层路由功能才可以通信。这个小型企业网被分为 3 个 VLAN，其广播域的范围缩小了，每个广播域中因广播流量引起的带宽消耗也降低了，从而使带宽利用率得到提升。

管理员可以通过多种方法确保员工在接入企业网时，被划分到其部门对应的 VLAN 中，具体方法我们会在 2.1.4 节进行介绍。在默认情况下，每个部门的员工只能与本部门的其他员工进行通信及共享信息，访问本部门的服务资源。管理员可以根据企业的实际需求，按需开放部门之间的通信。譬如，管理员可以允许所有员工访问公共设备（如打印机）所属 VLAN，也可以只允许某些员工（如部门经理）访问重要数据所属 VLAN（连接服务器等设备）。由此可见，划分 VLAN 使管理员对网络流量的控制能力变强了，也使信息安全性得到了提升。

### 2.1.4 划分 VLAN 的方法

管理员可以使用不同方法，把交换机上的每个端口划分到某个 VLAN 中，从而在逻辑上隔离广播域。从交换机的操作角度来看，管理员可以使用以下 3 种常见方法划分 VLAN。

（1）**基于源端口划分 VLAN**：管理员需要手动绑定交换机端口与 VLAN ID 之间的关系，比如，在一台有 48 个端口的交换机上，设置端口 1～端口 10 属于 VLAN 10，端口 11～端口 20 属于 VLAN 20，端口 21～端口 30 属于 VLAN 30。这是最基础也是最常用的 VLAN 划分方法，其优点是配置简单，管理员想要把某个端口划分到某个 VLAN 中，只需把该端口的 VLAN ID（Port VLAN ID，PVID）配置为相应的 VLAN ID；其缺点是当终端移动位置时，管理员很可能需要为终端连接的新端口重新划分 VLAN，只有当终端在移动前和移动后，所连端口的 VLAN 设置相同，才无须重新为端口划分 VLAN。

（2）**基于源 MAC 地址划分 VLAN**：管理员需要手动绑定终端的 MAC 地址与 VLAN ID 之间的关系。在使用这种方法时，管理员前期的工作量较大，需要建立完整的 MAC 地址与 VLAN ID 映射表。但这种方法的好处是一旦配置完成，即使终端移动位置，管理员也无须再次配置。当交换机第一次从终端那里接收到数据帧时，会根据数据帧的源 MAC 地址，查找 MAC 地址与 VLAN ID 映射表，以确定该数据帧所属 VLAN。这个确认过程与交换机是从哪个端口接收到的数据帧并无关系。

（3）**基于源 IP 地址划分 VLAN**：管理员需要手动配置 IP 子网地址与 VLAN ID 之间的关系。这种方法适用于使用静态 IP 地址的网络环境，其好处与使用 MAC 地址划分 VLAN 相同——即使终端移动位置，管理员也无须再次配置端口的 VLAN 设置。但若网络使用动态主机配置协议（Dynamic Host Configuration Protocol，DHCP）自动为终端分配 IP 地址，那么这就会进入一种循环：交换机需要知道终端的 IP 地址才能为其分配 VLAN，但终端没有被配置 IP 地址，需要通过某个 VLAN 的 DHCP 服务器获取 IP 地址。

除了上述几种常见方法外，管理员还可以使用其他方法划分 VLAN，如基于协议划分 VLAN、基于策略划分 VLAN。当然，无论在理论上，还是实际应用中，基于源端口划分 VLAN 仍是通用的做法。在后文与 VLAN 相关的实验内容中，我们会常常涉及与此相关的配置方法。

在本节中，为了便于表达，一部分示例采用单交换机环境演示 VLAN 的工作原理，另一部分示例采用多交换机环境演示 VLAN 的工作原理。实际上，多交换机环境中 VLAN 的通信方式与单交换机环境中的 VLAN 通信方式大同小异，但由于多交换机环境会涉及交换机与交换机之间的互联及信息共享，因此会有一些其他的术语及理论，这些内容会在 2.2 节中进行说明。

## 2.2 多交换机环境中的 VLAN

基于源端口划分 VLAN 是通用的做法，那么在图 2-4 所示的网络中，管理员的做法就是将这两台交换机上方的所有端口划分到财务部的 VLAN 中，下方的所有端口划分到工程部的 VLAN 中。这样一来，交换机就可以根据数据帧的入站端口判断出在转发该数据帧时，可以以哪些端口作为出站端口。

然而，交换机与交换机之间互相连接的端口是多交换机环境中的一个例外。无论通过哪个 VLAN 中的端口发送来的流量，只要接收方没有（或全部）与发送方连接在同一台交换机上，都要借助交换机与交换机相连的端口，才能把数据帧转发给另一台交换机，因此，要想实现跨交换机 VLAN 的内部通信，各交换机针对这类交换机与交换机互联的端口，就必须采用另一种数据处理方式。

此外，在一个拥有大量交换机的大型园区网络中，网络每次产生变更 VLAN 的需求，就需要在每台交换机上创建、修改和删除 VLAN，这对管理员来说是一个繁复且容易出错的操作过程。所以，一个园区网中的交换机最好能够通过动态的方式实现 VLAN 间的相互同步，而这种用来实现多交换机 VLAN 信息同步的协议，是本节的重点内容。

### 2.2.1 跨交换机 VLAN 的原理

交换机的主要功能是连接各种类型的终端，如计算机、服务器、打印机等。这些设备大多不具有为自己生成的数据帧插入 VLAN 标签的功能，它们发送的数据帧称为无标记帧（Untagged）。给这些无标记帧插入 VLAN 标签，便成为它们所连接的交换机的任务，这里就需要用到 2.1 节中提到的 PVID。所谓 PVID 是管理员给交换机端口配置的参数，这个参数的默认值为 1。交换机通过端口的 PVID，判断从这个端口接收到的无标记帧应该属于哪个 VLAN，并在转发时为数据帧插入相应的 VLAN 标签，从而将无标记帧变为标记帧（Tagged）。

当然，交换机每个端口接收到的未必都是无标记帧。比如在图 2-4 中，两台交换机会从对方那里接收到打上了 VLAN 标签的标记帧。交换机对于标记帧和无标记帧的处理方法有所不同，管理员需要对交换机上每个端口应该接收到的数据帧类型进行预判（比如连接终端的端口应该接收到无标记帧，连接另一台交换机的端口应该接收到标记帧），并根据预判结果对交换机的端口进行配置。

（1）如果交换机某些端口连接的设备在正常情况下，不会自行给数据帧插入 VLAN

标签，那么通过该端口接收到的数据帧为无标记帧，需要由交换机根据端口所在 VLAN，为数据帧插入 VLAN 标签。当交换机向这些端口连接的终端发送数据帧时，应该发送未携带 VLAN 标签的数据帧。这时，这类端口可以配置为 Access（接入）端口，Access 端口连接的链路称为 Access 链路。在图 2-4 中，交换机与终端相连的所有端口就是 Access 端口，交换机与终端之间相连的链路就是 Access 链路。

（2）如果交换机某些端口连接的设备会发送来自多个 VLAN 的数据帧，那么为了区分这些数据帧，对端设备会为这些数据帧插入 VLAN 标签，这时交换机通过这些端口接收到的是标记帧。同时，交换机为了让对端设备能够区分自己发送的数据帧所在的 VLAN，会为通过该端口发送的数据帧插入 VLAN 标签。这时，这类端口可以配置为 Trunk（干道）端口，相应的链路称为 Trunk 链路。在图 2-4 中，交换机与交换机之间相连的端口就是 Trunk 端口，交换机与交换机之间相连的链路就是 Trunk 链路。

为了方便读者理解，我们对图 2-4 所示的各个端口和链路的类型进行了标识，如图 2-9 所示。

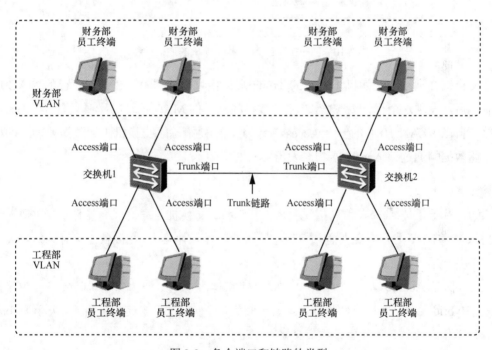

图 2-9 各个端口和链路的类型

下面通过图 2-10 介绍一个多 VLAN 环境中，同一个 VLAN 跨交换机的通信过程。

假设终端 1 以终端 3 的 MAC 地址作为目的 MAC 地址封装了一个数据帧，通过自己的网络适配器发送出去。于是，交换机 1 在自己的 Access 端口上接收到这个数据帧。通过查询 MAC 地址表，这台交换机发现这个数据帧的目的 MAC 地址对应的端口是与交换机 2 相连的 Trunk 端口，于是根据接收该数据帧的 Access 端口上配置的 PVID，给该数据帧插入 VLAN 10 标签，并将其通过 Trunk 端口发送给交换机 2。

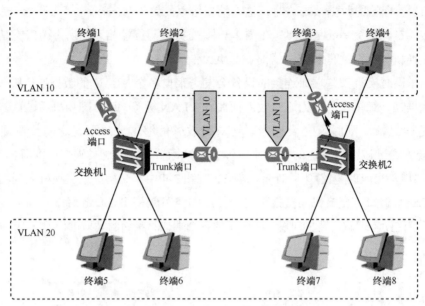

图 2-10　同一个 VLAN 中跨交换机的通信过程

交换机 2 通过与交换机 1 相连的 Trunk 端口接收到数据帧，在查看自己的 MAC 地址表之后，发现这个标记为 VLAN 10 的数据帧的目的 MAC 地址的所属设备（终端 3）连接在自己 VLAN 10 中的一个 Access 端口上，于是摘除了交换机 1 给数据帧插入的标签，将数据帧通过该 Access 端口转发给终端 3。

**注释：**

（1）对于通过 Access 端口接收到的无标记帧，交换机是先插入标签再查表（即入站时插入标签），还是先查表再插入标签（即出站时插入标签），这由各个厂商具体定义，没有公共标准。

（2）除了 Accecc 端口和 Trunk 端口这两种端口模式外，华为交换机还支持一种端口模式：Hybrid 端口。这种端口既可以用来连接终端，也可以用来连接交换机。关于 Hybrid 端口的工作原理和具体配置，我们会在后文进行详细介绍。

喜欢刨根问底的读者难免会有疑惑：交换机 1 怎么知道数据帧的目的 MAC 地址所属设备需要通过自己的 Trunk 端口进行转发？实际上，交换机 1 之前曾经通过 Trunk 链路接收到交换机 2 转发的以终端 3 的 MAC 地址作为源 MAC 地址的数据帧，并将终端 3 的 MAC 地址与自己的 Trunk 端口的对应关系加入 MAC 地址表。当交换机 1 再次接收到以终端 3 的 MAC 地址作为目的 MAC 地址的数据帧时，就知道应该通过连接交换机 2 的 Trunk 端口进行转发了。

交换机 1 如果查看自己的 MAC 地址表，会发现自己的 MAC 地址表并没有记录相应的目的 MAC 地址，那么会将终端 1 发送的数据帧通过除数据帧入站端口之外的 VLAN 10 中的其他所有端口及 Trunk 端口转发出去。当交换机 2 接收到这个数据帧时，也会根据自己的 MAC 地址表中是否记录该目的 MAC 地址，决定是将数据帧以单播的方式转发给终端 3，还是使用除数据帧入站端口之外的 VLAN 10 中的其他所有端口及 Trunk 端口转发数据帧。总之，终端 3 最终会接收到这个数据帧。

综上可知，当局域网中部署了多台交换机时，这些交换机传输标记帧的行为必须统一。要想实现统一的行为，管理员往往需要确保所有交换机上的 VLAN 配置相同。但是，随着局域网中交换机数量的增加，管理员配置和维护 VLAN 的工作量也会显著增加，这时就有必要通过一种机制保障 VLAN 信息的自动全局同步，既能实时同步网络的配置，提高网络配置的正确率，又能减轻管理员的工作负担。这种机制就是将要介绍的 GVRP。

### 2.2.2　GVRP

我们曾经在前文中提到，如果在规模庞大的交换网络环境中，管理员也必须手动配置每台交换机上的 VLAN 命令，并在 VLAN 发生变化时手动更新所有设备中的 VLAN 信息，那么这个工作量无疑会相当庞大，而且会增加因为人为失误而造成误配置的概率。因此，让逻辑严谨的应用程序代替人类来处理这种高强度的重复性工作是更好的选择。GARP 就是在这种理念中产生的，而 GVRP 正是利用了 GARP 提供的功能。

GARP 的全称是通用属性注册协议，它的工作原理是把一个 GARP 成员（交换机等设备）上配置的属性信息，快速且准确地传播到整个交换网络中；目前这些属性通常是 VLAN 和组播地址。但 GARP 本身仅仅是一种通用的协议规范，并不是交换机中实际应用的协议。这就像 IGP 是通用的协议规范，而 RIP 和 OSPF 是具体的应用协议一样。遵循 GARP 协议的应用称为 GARP 应用，目前主要的 GARP 应用为 GVRP 和 GMRP。交换机使用 GVRP 来实现 VLAN 管理，使用 GMRP 来实现组播地址管理，GMRP 超出了本书范围，在这里不作赘述。在这一小节中，我们会详细介绍 GARP 的工作原理和 GVRP 协议的实际应用。

**注释：**

关于 IGP、RIP 和 OSPF 的概念，我们在《网络基础》教材的第 6 章中曾经进行过十分简要的介绍，已经忘记的读者可以复习《网络基础》教材的第 6 章。在本册教材的最后几章中，我们还会用大量篇幅对 RIP 和 OSPF 进行介绍。

GARP 定义了交换机之间交互 GARP 报文的数据帧格式。GARP 定义的数据帧格式清晰明了地展示了 GARP 是如何在数据帧中携带属性信息的，其数据帧封装格式如图 2-11 所示。

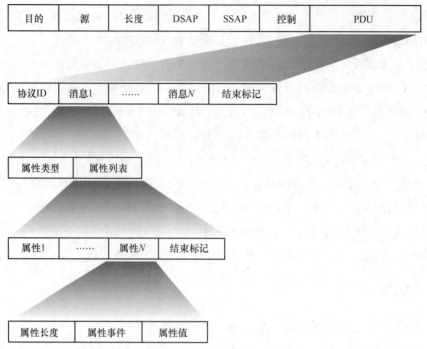

图 2-11　GARP 定义的数据封装结构

从图中可以看出，GARP 是基于 IEEE 802.3 以太网数据帧格式定义的，网络中传输数据常用的以太网数据帧格式是 IEEE 以太网 II 类型数据帧，IEEE 802.3 数据帧格式常用于网络管理目的。在这个 IEEE 802.3 数据帧中，GARP 以 01-80-C2-00-00-21 作为目的组播地址，凡是启用了 GARP 的设备都会加入这个组，并且监听发往这个组的消息。在这个组播消息中，GARP 使用 PDU 来携带需要通告的不同属性。通过上图我们也可以看出，一个数据帧中是可以携带多个属性的。GARP 通过属性类型字段和属性列表字段对每个属性分别进行标识，除此之外，每个属性中还包括以下字段。

- 属性长度：标识该属性的长度，通常为 2～255 字节；
- 属性事件：标识 GARP 支持的各种事件类型，取值范围 0～5，数值的含义如下所示。

　　0：表示 LeaveAll 事件，用来注销所有属性；

　　1：表示 JoinEmpty 事件，用来声明未注册的属性；

　　2：表示 JoinIn 事件，用来声明已注册的属性；

　　3：表示 LeaveEmpty 事件，用来注销未注册的属性；

　　4：表示 LeaveIn 事件，用来注销已注册的属性；

　　5：表示 Empty 事件。

- 属性值：定义了属性中具体的值。

接下来，我们通过几个简单的案例来介绍一下 GVRP 在实际网络中的工作方式。

我们先来看看 VLAN 信息的注册（添加）过程。图 2-12 中展示了本小节使用的案例拓扑，在本例中，我们需要首先在 SW1 上手动配置 VLAN 2。

**注释：**
由管理员手动配置的 VLAN 称为"静态 VLAN"，而交换机通过 GVRP 自动学习到的 VLAN 则称为"动态 VLAN"。

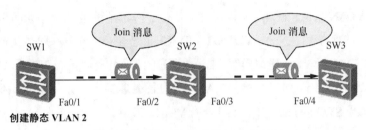

图 2-12　GVRP 注册（添加）VLAN

管理员在启用 GVRP 时，既要在交换机全局启用该特性，也要在每个相关接口启用该特性。在本例中，管理员在所有交换机接口上都启用了 GVRP，当他在 SW1 上手动创建出 VLAN 2 之后，SW1 会自动向 SW2 发送静态 VLAN 2 的 Join 消息，让 SW2 能够自动创建动态 VLAN 2；SW2 继而会向 SW3 发送动态 VLAN 2 的 Join 消息，让 SW3 也能够自动创建动态 VLAN 2。这样交换网络中的所有设备中都拥有了 VLAN 2。

需要注意的是，由于 GVRP 是以接口为对象进行注册的，因此只有接收到了 Join 消息的交换机接口才会注册（添加）该 VLAN。SW2 是从 Fa0/2 接口收到 VLAN 2 的 Join 消息的，因此 GVRP 在自动创建动态 VLAN 2 的同时，也会向 Fa0/2 接口注册 VLAN 2。同理，SW3 是从 Fa0/4 接口收到 VLAN 2 的 Join 消息的，因此 GVRP 在自动创建动态 VLAN 2 的同时，也会向 Fa0/4 接口注册 VLAN 2。GVRP 的这种注册行为称为"单向注册"，当管理员在 SW1 上手动创建静态 VLAN 2 后，通过 GVRP 的工作，这个交换网络中只有 SW2 的 Fa0/3 接口没有注册（添加）VLAN 2。因此当 SW2 通过 Fa0/3 接口收到了一个去往 VLAN 2 的数据帧时，它会将这个数据帧丢弃。要想让 VLAN 2 的数据帧能够实现双向互通，管理员还需要从 SW3 向 SW2 的方向上再次注册 VLAN 2，使 SW2 能够从 Fa0/3 接口收到 VLAN 2 的 Join 消息，从而将 VLAN 2 注册到 Fa0/3 接口。

**注释：**
为了让 GVRP 能够正常工作，启用 GVRP 的接口必须能够允许多个 VLAN 的流量通过，因此管理员必须将启用 GVRP 的接口配置为 Trunk 接口。

当管理员不需要 VLAN 2 时，可以使用 GVRP 来注销（删除）该 VLAN 的信息，如图 2-13 所示。

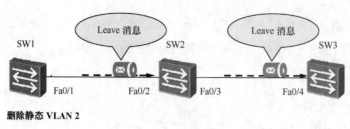

图 2-13　GVRP 注销（删除）VLAN

对于静态 VLAN 来说，管理员可以在设备上进行手动删除，因此管理员可以在 SW1 上手动删除之前配置的静态 VLAN——VLAN 2。GVRP 会把与 VLAN 2 相关的 Leave 消息沿着路径发往 SW2 和 SW3。与 Join 消息类似，Leave 消息的工作也是"单向"的，这称为"单向注销"。因此 SW2 在从 Fa0/2 接口收到 VLAN 2 的 Leave 消息后，会在 Fa0/2 中注销（删除）VLAN 2，但如果 SW2 的 Fa0/3 中仍然注册有 VLAN 2，那么 SW2 此时就不会彻底删除动态 VLAN 2。要想让 SW2 彻底删除动态 VLAN 2，管理员还需要在 SW3 上手动删除静态 VLAN 2。

我们刚才说过，管理员需要在全局和接口同时启用 GVRP，并且 GVRP 是以接口为单位注册 VLAN 信息的。在注册时，GVRP 支持以下 3 种注册模式。

- Normal（普通）：这是 GVRP 的默认注册模式，当 Trunk 接口为 Normal 注册模式时，表示 GVRP 能够在该接口静态或动态创建、注册和注销 VLAN，同时该接口能够发送有关静态 VLAN 和动态 VLAN 的声明消息；
- Fixed（固定）：当 Trunk 接口为 Fixed 注册模式时，GVRP 不能在该接口注册或注销动态 VLAN，只能发送静态 VLAN 的注册信息。也就是说，即使管理员通过配置允许所有 VLAN 的数据通过接口，该接口实际上也只会放行管理员手动配置的那些 VLAN 中的数据；
- Forbidden（禁止）：当 Trunk 接口为 Forbidden 注册模式时，GVRP 不能在该接口上动态注册或注销 VLAN，并且会删除接口上除 VLAN 1 之外的所有 VLAN 信息，只保留 VLAN 1 的信息。也就是说，即使管理员配置该接口允许所有 VLAN 的数据通过，该接口实际上也只放行 VLAN 1 的数据。

关于 GVRP 的相关理论，我们介绍到这里暂时告一段落，在 2.3 节中，我们还会演示 GVRP 在华为交换机上的实际配置案例。下面，我们将本章中介绍的所有理论综合在一起，简单说明一下在实际网络当中应该如何设计和规划 VLAN。

## 2.3　VLAN 的配置

即使 GVRP 能够帮助管理员动态地配置 VLAN，实现全局 VLAN 配置的一致，管理员也必须手动完成一些基本的 VLAN 配置。在本节中，我们会通过几个案例，展示如何在 VRP 系统中添加和删除 VLAN、如何配置与 VLAN 相关的 3 种端口参数、如何检查

VLAN 信息，以及如何配置 GVRP。

### 2.3.1 VLAN 的添加与删除

在对 VLAN 进行划分之前，管理员需要先在交换机上根据网络设计的需要，创建相应的 VLAN。在华为交换机上，管理员可以使用下列任意一种命令创建 VLAN。

（1）**vlan** *vlan-id*：管理员可以在系统视图下，使用这条命令创建单个 VLAN，参数 *vlan-id* 的取值范围是 1~4094。VLAN 1 是默认存在的 VLAN，无须管理员手动添加，并且无法被删除。例如，如果管理员想要创建 VLAN 9，那么可以输入命令 **vlan 9**。管理员使用这条命令创建 VLAN 后，会直接进入 VLAN 的配置视图。

（2）**vlan batch** {*vlan-id1 vlan-id2*}：管理员可以在系统视图下，使用这条命令创建多个 VLAN。这些 VLAN 的编号不必连续，不同编号之间插入空格即可。例如，管理员创建 VLAN 8 和 VLAN 10，那么可以使用命令 **vlan batch 8 10**。管理员在输入这条命令后，仍会留在系统视图中，不会进入 VLAN 的配置视图。

（3）**vlan batch** {*vlan-id1* [**to** *vlan-id2*]}：管理员可以在系统视图下，使用这条命令创建多个连续的 VLAN，只要在 VLAN 编号的首尾之间加入关键词 **to**。例如，如果管理员想要创建 VLAN 11~VLAN 17，那么可以使用命令 **vlan batch 11 to 17**。管理员在输入这条命令后，仍会留在系统视图中，不会进入 VLAN 的配置视图。

管理员在两台交换机上分别使用一种命令创建了 VLAN 2 和 VLAN 3。创建的 VLAN 2 和 VLAN 3 如图 2-14 所示。

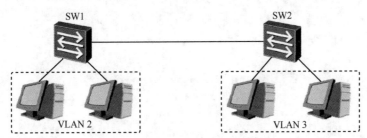

图 2-14 创建的 VLAN 2 和 VLAN 3

在图 2-14 所示的网络中，交换机 SW1 连接的是两台属于 VLAN 2 的主机，交换机 SW2 连接的是两台属于 VLAN 3 的主机。管理员需要在每台交换机上配置这两个 VLAN。例 2-1 和例 2-2 分别展示了这两台交换机上的配置命令。

**例 2-1** 在 SW1 上配置 VLAN

```
[SW1]vlan 2
[SW1-vlan2]description Local-VLAN2
[SW1-vlan2]quit
[SW1]vlan 3
[SW1-vlan3]quit
```

### 例 2-2  在 SW2 上配置 VLAN

```
[SW2]vlan batch 2 3
Info: This operation may take a few seconds. Please wait for a moment...done.
[SW2]vlan 3
[SW2-vlan3]description Local-VLAN3
[SW2-vlan3]quit
```

管理员在 SW1 上使用的是创建单个 VLAN 的方法，通过两条命令 **vlan 2** 和 **vlan 3** 分别创建了 VLAN 2 和 VLAN 3。从提示符（[SW1-vlan2]和[SW1-vlan3]）的变化可以看出，在使用命令后，管理员进入了相应的 VLAN 配置视图。而在 SW2 上，管理员使用的是创建多个编号不连续的 VLAN 的方法，通过一条命令 **vlan batch 2 3**，创建了 VLAN 2 和 VLAN 3。并且从提示符（[SW2]）可以看出，管理员在创建了多个 VLAN 后，仍在系统视图中。

由于本例中 VLAN 的设置比较特殊，即 SW1 只用来连接 VLAN 2 的用户，SW2 只用来连接 VLAN 3 的用户，因此，管理员在 SW1 的 VLAN 2 配置视图中，使用命令 **description** *text* 添加了一条描述信息，说明这是拥有本地用户的 VLAN；同样地，也在 SW2 的 VLAN 3 配置视图中添加了一条类似的描述信息。在使用命令 **description** *text* 添加描述信息时，*text* 输入的字符不超过 80 个。

例 2-3 和例 2-4 分别展示了在两台交换机查看上述配置的输出信息。

### 例 2-3  查看 SW1 上的 VLAN 配置

```
[SW1]display vlan
The total number of vlans is : 3
--------------------------------------------------------------------------------
U: Up;         D: Down;       TG: Tagged;       UT: Untagged;
MP: Vlan-mapping;             ST: Vlan-stacking;
#: ProtocolTransparent-vlan;   *: Management-vlan;
--------------------------------------------------------------------------------

VID  Type    Ports
--------------------------------------------------------------------------------
1    common  UT:Eth0/0/1(D)    Eth0/0/2(D)    Eth0/0/3(D)    Eth0/0/4(D)
                Eth0/0/5(D)    Eth0/0/6(D)    Eth0/0/7(D)    Eth0/0/8(D)
                Eth0/0/9(D)    Eth0/0/10(D)   Eth0/0/11(D)   Eth0/0/12(D)
                Eth0/0/13(D)   Eth0/0/14(D)   Eth0/0/15(D)   Eth0/0/16(D)
                Eth0/0/17(D)   Eth0/0/18(D)   Eth0/0/19(D)   Eth0/0/20(D)
                Eth0/0/21(D)   Eth0/0/22(D)   GE0/0/1(D)     GE0/0/2(D)

2    common
3    common

VID  Status  Property      MAC-LRN Statistics Description
```

```
1    enable  default        enable  disable    VLAN 0001
2    enable  default        enable  disable    Local-VLAN2
3    enable  default        enable  disable    VLAN 0003
```

#### 例 2-4　查看 SW2 上的 VLAN 配置

```
[SW2]display vlan
The total number of vlans is : 3
--------------------------------------------------------------------
U: Up;          D: Down;         TG: Tagged;          UT: Untagged;
MP: Vlan-mapping;                ST: Vlan-stacking;
#: ProtocolTransparent-vlan;     *: Management-vlan;
--------------------------------------------------------------------

VID  Type    Ports
--------------------------------------------------------------------
1    common  UT:Eth0/0/1(D)   Eth0/0/2(D)    Eth0/0/3(D)    Eth0/0/4(D)
                Eth0/0/5(D)   Eth0/0/6(D)    Eth0/0/7(D)    Eth0/0/8(D)
                Eth0/0/9(D)   Eth0/0/10(D)   Eth0/0/11(D)   Eth0/0/12(D)
                Eth0/0/13(D)  Eth0/0/14(D)   Eth0/0/15(D)   Eth0/0/16(D)
                Eth0/0/17(D)  Eth0/0/18(D)   Eth0/0/19(D)   Eth0/0/20(D)
                Eth0/0/21(D)  Eth0/0/22(D)   GE0/0/1(D)     GE0/0/2(D)

2    common
3    common

VID  Status  Property      MAC-LRN Statistics Description
--------------------------------------------------------------------
1    enable  default        enable  disable    VLAN 0001
2    enable  default        enable  disable    VLAN 0002
3    enable  default        enable  disable    Local-VLAN3
```

我们通过命令 **display vlan** 查看了两台交换机上的 VLAN 配置。从输出信息中我们可以看出，VLAN 2 和 VLAN 3 已经创建成功。这条命令可以查看当前的 VLAN 配置，如果不指定其他参数，那么会让交换机显示当前所有 VLAN 的简要信息。

要想删除已创建的 VLAN，管理员只需要在创建 VLAN 的命令前添加关键词 **undo**。

读者通过对比例 2-3 和例 2-4 中最后一个阴影行的信息便会发现，这里显示了管理员修改的 VLAN 描述信息。

**注释：**

命令 **display vlan** 还可以指定一些关键词。有关 VLAN 的其他查看命令会在后文中进行介绍。

## 2.3.2 Access 端口与 Trunk 端口的配置

在交换机上创建 VLAN 后，管理员就可以配置端口模式，将端口加入 VLAN 了。端口的模式有 3 种：Access 端口、Trunk 端口和 Hybrid 端口，我们在本节会介绍 Access 端口和 Trunk 端口的配置。

关于 Access 端口和 Trunk 端口的使用环境，我们在前文进行了说明。下面对这两个概念进行回顾，并进一步说明交换机如何处理这些端口上的流量。

（1）**Access 端口**：用于连接终端，如计算机。

Access 端口只能属于一个 VLAN，也就是只能传输一个 VLAN 的数据。Access 端口从直连设备接收到入站数据帧后，会判断这个数据帧是否携带 VLAN 标签，若不携带，则为该数据帧插入本端口的 PVID，并进行下一步处理；若携带，则判断数据帧的 VLAN ID 是否与本端口的 PVID 相同，若相同则进行下一步处理，否则丢弃。

Access 端口在发送出站数据帧之前，会判断数据帧中携带的 VLAN ID 与出站端口的 PVID 是否相同，若相同，则去掉 VLAN 标签并进行转发，否则丢弃。

（2）**Trunk 端口**：用于连接交换机。

Trunk 端口允许传输多个 VLAN 的数据。Trunk 端口从直连设备接收到入站数据帧后，会判断这个数据帧是否携带 VLAN 标签，若不携带，则为数据帧插入本端口的 PVID，并进行下一步处理；若携带，则判断本端口是否允许传输携带这个 VLAN ID 的数据帧，若允许则进行下一步处理，否则丢弃。

Trunk 端口在发送出站数据帧之前，会判断数据帧中携带的 VLAN ID 是否与出站端口的 PVID 相同，若相同，则去掉 VLAN 标签并进行转发；若不同，则判断本端口是否允许传输携带这个 VLAN ID 的数据帧，若允许则转发，否则丢弃。

在图 2-15 所示的网络中，我们将两台交换机 SW1 和 SW2 之间相连的端口（G0/0/1）配置为了 Trunk 端口，并且允许 Trunk 链路传输 VLAN 5 的数据；同时，我们也将两台交换机与终端（PC1 和 PC2）相连的端口（均为 E0/0/5）配置为了 Access 端口，并且将这两个端口的 PVID 配置为 VLAN 5。在 SW1 上配置 Access 端口和 Trunk 端口的操作见例 2-5。

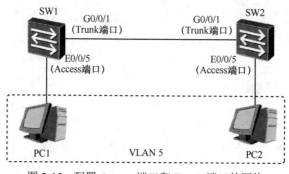

图 2-15 配置 Access 端口和 Trunk 端口的网络

**例 2-5　在 SW1 上配置 Access 端口和 Trunk 端口**

```
[SW1]vlan 5
[SW1-vlan5]quit
[SW1]interface g0/0/1
[SW1-GigabitEthernet0/0/1]port link-type trunk
[SW1-GigabitEthernet0/0/1]port trunk allow-pass vlan 5
[SW1-GigabitEthernet0/0/1]quit
[SW1]interface e0/0/5
[SW1-Ethernet0/0/5]port link-type access
[SW1-Ethernet0/0/5]port default vlan 5
[SW1-Ethernet0/0/5]quit
```

在例 2-5 中，管理员先在系统视图下使用命令 **vlan 5** 创建 VLAN 5，然后进入端口 G0/0/1 的配置视图，把连接交换机 SW2 的端口配置为 Trunk 端口，所使用的命令为 **port link-type trunk**。这条命令的作用是修改端口的链路类型（默认为 Hybrid）为 Trunk 端口。交换机端口在初始状态下都可以转发 VLAN 1 的流量，因此，管理员需要在 Trunk 端口上放行 VLAN 5 的流量，使用的命令是端口配置命令 **port trunk allow-pass vlan {{*vlan-id1* [to *vlan-id2*] | all}**。通过这条命令，管理员可以同时放行多个 VLAN 的流量。此外，管理员也可以在命令中使用关键词 **all** 放行所有 VLAN 的流量。在例 2-5 中，我们通过命令 **port trunk allow-pass vlan 5** 仅放行 VLAN 5 的流量。

接下来，管理员进入 SW1 上连接 PC1 的端口 E0/0/5，使用端口配置命令 **port link-type access**，将该端口配置为 Access 端口，并在端口配置视图下，使用命令 **port default vlan**<*vlan-id* >将该端口的 PVID 变更为 VLAN 5。此外，还有一种方法能够将端口加入 VLAN，那就是在 VLAN 配置视图下，使用命令 **port** *interface-type interface-number* 进行添加。查看 SW1 端口配置的操作见例 2-6。

**例 2-6　查看 SW1 的端口配置**

```
[SW1]display vlan
The total number of vlans is : 2
--------------------------------------------------------------------------
U: Up;         D: Down;         TG: Tagged;         UT: Untagged;
MP: Vlan-mapping;                ST: Vlan-stacking;
#: ProtocolTransparent-vlan;    *: Management-vlan;
--------------------------------------------------------------------------

VID  Type    Ports
--------------------------------------------------------------------------
1    common  UT:Eth0/0/1(D)    Eth0/0/2(D)    Eth0/0/3(D)    Eth0/0/4(D)
             Eth0/0/6(D)       Eth0/0/7(D)    Eth0/0/8(D)    Eth0/0/9(D)
```

```
                    Eth0/0/10(D)    Eth0/0/11(D)  Eth0/0/12(D)  Eth0/0/13(D)
                    Eth0/0/14(D)    Eth0/0/15(D)  Eth0/0/16(D)  Eth0/0/17(D)
                    Eth0/0/18(D)    Eth0/0/19(D)  Eth0/0/20(D)  Eth0/0/21(D)
                    Eth0/0/22(D)    GE0/0/1(D)    GE0/0/2(D)
5       common    UT:Eth0/0/5(U)
TG:GE0/0/1(U)

VID  Status   Property     MAC-LRN    Statistics    Description
--------------------------------------------------------------------------
1    enable   default      enable     disable       VLAN 0001
5    enable   default      enable     disable       VLAN 0005
```

在例 2-6 中，管理员使用命令 **display vlan** 查看了端口加入 VLAN 的情况。在查询结果中，阴影标识的 UT:Eth0/0/5(U)表示端口 E0/0/5 能够传输 VLAN 5 的流量，其中，(U)表示端口状态为 Up。由 UT 可以看出，该端口在转发 VLAN 5 的数据时会剥离 VLAN 标签，阴影标识的 TG:GE0/0/1(U)表示端口 G0/0/1 允许传输 VLAN 标签为 5 的数据，其中，后面的(U)表示端口状态为 Up，由 TG 可知，该端口在转发时会携带 VLAN 标签。

### 2.3.3 Hybrid 端口的配置

除了 Access 端口和 Trunk 端口外，华为交换机还有一种端口类型可以选择——Hybrid 端口。这 3 种类型的端口各有特点，具体如下。

（1）**Access** 端口：这种端口只能属于一个 VLAN，且只能接收和发送一个 VLAN 的数据，通常被用于连接终端，比如计算机或服务器。

（2）**Trunk** 端口：这种端口能够接收和发送多个 VLAN 的数据，通常被用于连接交换机。

（3）**Hybrid** 端口：这种端口能够接收和发送多个 VLAN 的数据，可以被用于连接交换机，也可以被用于连接终端。

Hybrid 端口与 Trunk 端口乍看之下功能类似，因此我们有必要具体说明一下这两种端口类型的区别。在接收入站数据帧时，Trunk 端口和 Hybrid 端口的处理方法是相同的。在发送出站数据帧时，Trunk 端口只摘除端口 PVID 标签。也就是说，当数据帧所属 VLAN 为该 Trunk 端口的缺省 VLAN 时，才会被去掉 VLAN 标签进行转发。对于其他 VLAN 的数据，Trunk 端口在转发时不会摘除相应的 VLAN 标签。Hybrid 端口则能够以不携带 VLAN 标签的方式发送多个 VLAN 的数据。

下面介绍 Hybrid 端口的配置命令。

（1）**port link-type hybrid**：管理员可以使用该命令将端口的链路类型更改为

Hybrid，华为交换机端口的缺省链路类型就是 Hybrid。因此，只有当管理员曾经更改端口链路类型为 Access 或 Trunk，才需要使用该命令将端口链路类型更改为缺省值 Hybrid。

（2）**port hybrid tagged vlan**{{*vlan-id1* [**to** *vlan-id2*]} | **all**}：确认端口的链路类型为 Hybrid 后，管理员可以使用该命令设置在转发哪些 VLAN 的数据时，需要携带 VLAN 标签。

（3）**port hybrid untagged vlan**{{*vlan-id1* [**to** *vlan-id2*]} | **all**}：确认端口的链路类型为 Hybrid 后，管理员可以使用该命令设置在转发哪些 VLAN 的数据时，需要摘除 VLAN 标签，以不携带 VLAN 标签的方式转发。

下面介绍 Hybrid 端口在实际环境中的应用。

假设一家公司拥有自己的邮件服务器，所有员工必须能够访问该邮件服务器，但不同部门的员工之间不能进行相互通信。为了更清晰地说明问题，我们建立 3 个 VLAN：部门 1 员工所属的 VLAN 2，部门 2 员工所属的 VLAN 3，邮件服务器所属的 VLAN 10。本例要通过 Hybrid 端口实现的效果是：VLAN 2 和 VLAN 3 之间不能相互通信，但 VLAN 2 和 VLAN 3 都能够与 VLAN 10 进行通信。配置 Hybrid 端口的网络拓扑如图 2-16 所示。

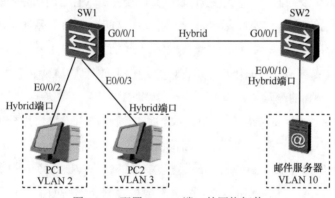

图 2-16 配置 Hybrid 端口的网络拓扑

**注释：**

（1）我们这里说的相互通信指的是二层通信，也就是不借助路由来实现的通信。大家都知道 VLAN 的作用是通过虚拟方式实现逻辑隔离，而 Hybrid 端口能够在一定程度上打破这种隔离，使两个不同 VLAN 中的终端能够直接实现二层通信。

（2）如果管理员在将端口划分到 VLAN 之前没有在交换机上创建相应的 VLAN，那么交换机就会在将端口划分到 VLAN 时弹出错误消息。因此，在配置端口之前，请大家先创建相应的 VLAN。

交换机 SW1 端口的配置见例 2-7。

### 例 2-7　SW1 端口的配置

```
[SW1]interface e0/0/2
[SW1-Ethernet0/0/2]port link-type hybrid
[SW1-Ethernet0/0/2]port hybrid pvid vlan 2
[SW1-Ethernet0/0/2]port hybrid untagged vlan 2 10
[SW1-Ethernet0/0/2]quit
[SW1]interface e0/0/3
[SW1-Ethernet0/0/3]port link-type hybrid
[SW1-Ethernet0/0/3]port hybrid pvid vlan 3
[SW1-Ethernet0/0/3]port hybrid untagged vlan 3 10
[SW1-Ethernet0/0/3]quit
[SW1]interface GigabitEthernet 0/0/1
[SW1-GigabitEthernet0/0/1]port link-type hybrid
[SW1-GigabitEthernet0/0/1]port hybrid tagged vlan 2 3 10
[SW1-GigabitEthernet0/0/1]quit
```

SW1 连接终端的两个端口 E0/0/2 和 E0/0/3 分别连接 VLAN 2 和 VLAN 3 中的终端，因此需要允许所选 VLAN 的流量通过。因为 VLAN 2 和 VLAN 3 中的终端都需要访问属于 VLAN 10 的邮件服务器，所以这两个端口又需要允许 VLAN 10 的流量通过。又因为端口连接的终端无法识别 VLAN 标签信息，所以从这两个端口上发送出去的流量是不携带 VLAN 标签的数据帧。综上所述，我们可以通过端口模式命令 **port hybrid tagged vlan**{{*vlan-id1* [**to** *vlan-id2*]} | **all**}，分别在两个端口上放行 VLAN 2 和 VLAN 10，以及 VLAN 3 和 VLAN 10 的流量。

当交换机从这两个连接终端的端口接收到数据帧时，由于端口连接的终端无法为自己的数据帧标识 VLAN 标签，这项工作需要由端口来完成，因此，我们可以使用端口视图的命令 **port hybrid pvid vlan** *vlan-id* 设置该端口的缺省 VLAN。也就是说，如果该端口接收到不携带 VLAN 标签的数据帧，那么交换机会默认这些数据帧属于该端口的缺省 VLAN，从而为这种数据帧插入相应的 VLAN 标签。在例 2-7 中，通过管理员的配置，交换机会为从端口 E0/0/2 接收到的数据帧插入 VLAN 2 标签，为从端口 E0/0/3 接收到的数据帧插入 VLAN 3 标签。

SW1 的端口 G0/0/1 需要同时放行 VLAN 2、VLAN 3 和 VLAN 10 的流量，并且由于连接的对端设备是交换机，该端口需要能够识别 VLAN 标签。因此，我们使用端口配置视图命令 **port hybrid tagged vlan**{{*vlan-id1* [**to** *vlan-id2*]} | **all**}进行配置，在端口 G0/0/1 上以携带 VLAN 标签的形式，放行 VLAN 2、VLAN 3 和 VLAN 10 的流量。

SW2 的配置与 SW1 类似，留给读者自行练习。我们在这里给出两点提示：① 在配置端口的 VLAN 参数前，读者需要在交换机上创建相应的 VLAN；② 端口 E0/0/10 需要以不携带 VLAN 标签的方式，放行 3 个 VLAN 的流量，这样 SW2 才能顺利把 PC1 和

PC2 的数据帧转发给邮件服务器，从而不通过三层路由功能，实现跨 VLAN 转发，即 VLAN 2 与 VLAN 10 能够相互通信，VLAN 3 与 VLAN 10 能够相互通信，但 VLAN 2 与 VLAN 3 无法直接通信。

在介绍了 VLAN 与交换机端口的配置方法之后，我们接下来介绍如何在交换机上检查 VLAN 信息。

### 2.3.4 检查 VLAN 信息

我们在前几节中展示了一些查看 VLAN 配置的命令，如 **display vlan**。管理员可以在这条命令后面添加一些关键词查看特定内容。例如，命令 **display vlan** [*vlan-id* [**verbose**]] 可以查看特定 VLAN 的详细信息，如 VLAN 类型、描述、VLAN 状态、所包含的端口，以及这些端口的状态等。命令 **display vlan** *vlan-id* **statistics** 可以查看指定 VLAN 的流量统计信息。命令 **display vlan summary** 可以查看交换机中所有 VLAN 的汇总信息。我们继续以 Hybrid 端口在实际环境中的应用为例，分别介绍这些命令。

例 2-8 所示为在 SW1 上使用命令 **display vlan** [*vlan-id* [**verbose**]] 查看 VLAN 10 的配置。

**例 2-8　在 SW1 上使用命令 display vlan 10 查看 VLAN 10 的配置**

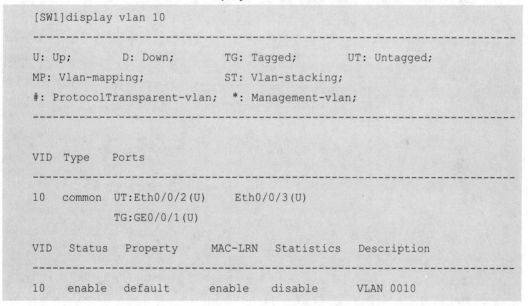

通过命令的输出信息我们可以看出，允许 VLAN 10 流量通行的端口有 E0/0/2、E0/0/3 和 G0/0/1，也可以看出这些端口在转发 VLAN 10 流量时，是否会在数据帧上携带 VLAN 标签。

在 Ports 一列中，系统显示了能够转发 VLAN 10 的端口，并将端口分为两类：UT 和 TG，其中，UT 表示不携带 VLAN 标签，TG 表示携带 VLAN 标签。也就是说，UT

后面列出的端口（E0/0/2 和 E0/0/3）在发送 VLAN 10 的数据时会把 VLAN 标签摘除，TG 后面列出的端口（G0/0/1）在发送 VLAN 10 的数据时，会保留 VLAN 10 的标签。端口号后面括号中的字母 U 和 D 分别表示当前的工作状态，其中，U 表示端口正在工作，D 表示端口未工作。由此可知本例中 3 个端口的工作状态都正常。

例 2-9 所示为在 SW1 使用命令 **display vlan 10 verbose** 查看 VLAN 10 的配置。

**例 2-9　在 SW1 上使用命令 display vlan 10 verbose 查看 VLAN 10 的配置**

```
[SW1]display vlan 10 verbose
 * : Management-VLAN
--------------------
 VLAN ID                      : 10
 VLAN Name                    :
 VLAN Type                    : Common
 Description                  : VLAN 0010
 Status                       : Enable
 Broadcast                    : Enable
 MAC Learning                 : Enable
 Smart MAC Learning           : Disable
 Current MAC Learning Result  : Enable
 Statistics                   : Disable
 Property                     : Default
 VLAN State                   : UP
 ----------------
 Untagged    Port: Ethernet0/0/2         Ethernet0/0/3
 ----------------
 Active Untag Port: Ethernet0/0/2        Ethernet0/0/3
 ----------------
 Tagged      Port: GigabitEthernet0/0/1
 ----------------
 Active Tag  Port: GigabitEthernet0/0/1
 ----------------
 Interface              Physical
 Ethernet0/0/2          UP
 Ethernet0/0/3          UP
 GigabitEthernet0/0/1   UP
```

可以看出，命令 **display vlan 10 verbose** 能够显示 VLAN 10 的详细信息，如 VLAN 编号（VLAN ID，本例为 10）、VLAN 名称（VLAN Name，本例未配置）、VLAN 类型（VLAN Type，本例为 Common）、VLAN 描述（Description，本例为默认的 VLAN 0010）

等。同时，该命令还显示了与该 VLAN 相关联的端口的物理状态，其中，物理状态为 UP 和 DOWN，分别表示启用和禁用。

在命令 **display vlan 10 verbose** 输出内容的中间部分，阴影标识的 Statistics:Disable 表示 VLAN 的流量统计功能是禁用状态。如果管理员希望通过命令 **display vlan 10 statistics** 查看 VLAN 10 的流量统计信息，则需要先在 VLAN 的配置视图下，使用命令 **statistic enable** 启用该 VLAN 的流量统计功能，见例 2-10。

例 2-10　在 SW1 上启用 VLAN 10 的流量统计功能并查看流量统计信息

```
[SW1]vlan 10
[SW1-VLAN 10]statistic enable
[SW1-VLAN 10]quit
[SW1]display vlan 10 statistics
 Board: 0
 VLAN: 10
 --------------------------------------------------------------
 Item                                        Packets
 --------------------------------------------------------------
 Inbound:                                    0
 Outbound:                                   0
 Inbound unkown-unicast:                     0
 Inbound multicast
 Inbound broadcast:                          0
 Inbound drop:                               0
 Inbound drop-percentage:                    0%
 --------------------------------------------------------------
```

可以看出，VLAN 统计信息中囊括了各种流量：单播、未知单播、组播、广播，以及进出双方向数据包数量、丢包数量和丢包率。

例 2-11 所示为在 SW1 上使用命令 **display vlan summary** 查看所有 VLAN 的汇总信息。

例 2-11　在 SW1 上使用命令 display vlan summary 查看所有 VLAN 的汇总信息

```
[SW1]display vlan summary
static vlan:
Total 4 static vlan.
  1 to 3 10

dynamic vlan:
Total 0 dynamic vlan.


reserved vlan:
Total 0 reserved vlan.
```

我们可以在例 2-11 中清晰地看到静态 VLAN（static vlan）和动态 VLAN（dynamic vlan）的总数，以及具体的 VLAN 编号。

**注释：**

系统之所以在例 2-11 中显示交换机上一共有 4 个静态 VLAN（Total 4 static vlan），是因为 VLAN 1 是交换机在默认情况下自动创建的 VLAN。同时，交换机还将自己所有端口的 PVID 值设置为 1。

### 2.3.5 GVRP 的配置

我们在前面已经介绍了 GVRP 的工作原理，并且对 GVRP 的配置规则进行了说明，即交换机全局和接口都要启用 GVRP。

GVRP 配置的网络如图 2-17 所示。在此网络中，我们在 3 台交换机（SW1、SW2、SW3）所做的 GVRP 配置见例 2-12。

图 2-17 GVRP 配置的网络

**例 2-12　3 台交换机上的 GVRP 配置**

```
[SW1]gvrp
[SW1]interface g0/0/1
[SW1-GigabitEthernet0/0/1]port link-type trunk
[SW1-GigabitEthernet0/0/1]port trunk allow-pass vlan all
[SW1-GigabitEthernet0/0/1]gvrp
------------------------------------------------------------------------
[SW2]gvrp
[SW2]interface g0/0/1
[SW2-GigabitEthernet0/0/1]port link-type trunk
[SW2-GigabitEthernet0/0/1]port trunk allow-pass vlan all
[SW2-GigabitEthernet0/0/1]gvrp
[SW2-GigabitEthernet0/0/1]interface g0/0/2
[SW2-GigabitEthernet0/0/2]port link-type trunk
[SW2-GigabitEthernet0/0/2]port trunk allow-pass vlan all
[SW2-GigabitEthernet0/0/2]gvrp
------------------------------------------------------------------------
[SW3]gvrp
[SW3]interface g0/0/2
```

```
[SW3-GigabitEthernet0/0/2]port link-type trunk
[SW3-GigabitEthernet0/0/2]port trunk allow-pass vlan all
[SW3-GigabitEthernet0/0/2]gvrp
```

可以看出，管理员在系统视图下，使用命令 **gvrp** 启用 GVRP，并进入相应端口进行配置。在端口上启用 GVRP 前，端口链路类型需要先更改为 Trunk 模式。鉴于华为交换机端口链路类型默认为 Hybrid 模式，管理员需要使用端口配置命令 **port link-type trunk** 将端口链路类型更改为 Trunk 模式。接下来使用端口配置命令 **port turnk allow-pass vlan all** 放行所有 VLAN 的流量。完成上述这些配置之后，我们才在端口上启用了 GVRP。

**注释：**

启用 GVRP 的端口默认使用 Normal 模式，管理员可以根据设计需要，将其修改为 Fixed 模式或 Forbidden 模式。

接下来，我们在 SW1 上创建 VLAN 5，并在 SW2 上查看 VLAN 信息，如例 2-13 所示。

**例 2-13 在 SW1 上创建 VLAN 5，并在 SW2 上查看 VLAN 信息**

```
[SW1]vlan 5
[SW2]display vlan
The total number of vlans is : 2
--------------------------------------------------------------------------
U: Up;          D: Down;         TG: Tagged;         UT: Untagged;
MP: Vlan-mapping;                ST: Vlan-stacking;
#: ProtocolTransparent-vlan;    *: Management-vlan;
--------------------------------------------------------------------------

VID  Type     Ports
--------------------------------------------------------------------------
1    common   UT:Eth0/0/1(D)    Eth0/0/2(D)     Eth0/0/3(D)     Eth0/0/4(D)
                Eth0/0/5(D)     Eth0/0/6(D)     Eth0/0/7(D)     Eth0/0/8(D)
                Eth0/0/9(D)     Eth0/0/10(D)    Eth0/0/11(D)    Eth0/0/12(D)
                Eth0/0/13(D)    Eth0/0/14(D)    Eth0/0/15(D)    Eth0/0/16(D)
                Eth0/0/17(D)    Eth0/0/18(D)    Eth0/0/19(D)    Eth0/0/20(D)
                Eth0/0/21(D)    Eth0/0/22(D)    GE0/0/1(U)      GE0/0/2(U)

5    dynamic  TG:GE0/0/1(U)


VID  Status   Property       MAC-LRN    Statistics   Description
--------------------------------------------------------------------------
```

```
1    enable default          enable disable       VLAN 0001
5    enable default          enable disable       VLAN 0005
```

可以看出，SW2 已经学习到 VLAN 5，而且 VLAN 5 在 SW2 上的类型是 Dynamic（动态 VLAN）。此外，还可以看出 SW2 的端口 G0/0/1 能够传输 VLAN 5 的流量。在介绍 GVRP 的理论时，我们曾经说过 GVRP 的注册和删除过程都是单向的，只有接收到 VLAN 信息的端口才会加入 VLAN，因此，SW2 自动把端口 G0/0/1 加入了 VLAN 5，SW3 也自动把端口 G0/0/2 加入了 VLAN 5。在 SW3 查看 VLAN 5 信息的示例见例 2-14。

**例 2-14　在 SW3 上查看 VLAN 5 信息**

```
[SW3]display vlan 5
--------------------------------------------------------------------
U: Up;          D: Down;        TG: Tagged;         UT: Untagged;
MP: Vlan-mapping;               ST: Vlan-stacking;
#: ProtocolTransparent-vlan;    *: Management-vlan;
--------------------------------------------------------------------

VID  Type      Ports
--------------------------------------------------------------------
5    dynamic   TG:GE0/0/2(U)

VID  Status  Property     MAC-LRN Statistics Description
--------------------------------------------------------------------
5    enable  default      enable  disable    VLAN 0005
```

可以看出，SW3 上的 VLAN 5 类型为 dynamic（动态 VLAN），这个示例也显示了哪些端口放行了 VLAN 5 的流量。

为了让 VLAN 5 中的流量能够在图 2-17 所示的网络中顺利传输，SW2 的端口 G0/0/2 也需要放行 VLAN 5 的流量。我们采用在 SW3 上创建 VLAN 5 的方法，让 SW2 的端口 G0/0/2 自动放行 VLAN 5 的流量，如例 2-15 所示。

**例 2-15　在 SW3 上创建 VLAN 5 及在 SW2 和 SW3 上查看 VLAN 5 信息**

```
[SW3]vlan 5
--------------------------------------------------------------------
[SW2]display vlan 5
--------------------------------------------------------------------
U: Up;          D: Down;        TG: Tagged;         UT: Untagged;
MP: Vlan-mapping;               ST: Vlan-stacking;
#: ProtocolTransparent-vlan;    *: Management-vlan;
--------------------------------------------------------------------

VID  Type      Ports
```

```
---------------------------------------------------------------
5    dynamic  TG:GE0/0/1(U)       GE0/0/2(U)

VID  Status  Property    MAC-LRN  Statistics  Description
---------------------------------------------------------------
5    enable  default     enable   disable     VLAN 0005
---------------------------------------------------------------
[SW3]display vlan 5
U: Up;          D: Down;        TG: Tagged;         UT: Untagged;
MP: Vlan-mapping;               ST: Vlan-stacking;
#: ProtocolTransparent-vlan;    *: Management-vlan;
---------------------------------------------------------------

VID  Type    Ports
---------------------------------------------------------------
5    common  TG:GE0/0/2(U)

VID  Status  Property    MAC-LRN  Statistics  Description
---------------------------------------------------------------
5    enable  default     enable   disable     VLAN 0005
```

当在 SW3 上创建了 VLAN 5 后，在 SW2 上通过命令 **display vlan 5** 可以看出，端口 G0/0/2 已经加入了 VLAN 5，并且 VLAN 5 的类型仍为 dynamic。在 SW3 上通过命令 **display vlan 5** 可以看出，VLAN 5 中的端口虽然没有任何变化，但 VLAN 5 的类型已经变为 common。

## 2.4 本章总结

首先，我们从 VLAN 的用途和基本原理入手，分析了 VLAN 的优势与应用方法，以及 VLAN 技术如何让交换机达到隔离广播域的效果。

然后，我们介绍了同一个 VLAN 中的设备如何跨越交换机实现通信。在拥有大量交换机的网络中，为了避免手动同步 VLAN 信息带来的误操作风险，也为了减轻管理员的工作负担，管理员可以使用 GVRP 实现自动同步 VLAN 信息。

最后，我们详细介绍了在华为交换机上配置 VLAN 的方法，其中包括 VLAN 的添加与删除、3 种端口模式的配置及应用场景，并介绍了各类验证 VLAN 信息的命令，以及 GVRP 的配置方法。

## 2.5 练习题

**一、选择题**

1. （多选）VLAN 能够实现以下哪些功能？（　　）
   A. 隔离冲突域
   B. 隔离广播域
   C. 划分局域网和广域网
   D. 提高网络安全性
   E. 建立分层式网络

2. （多选）VLAN 标签中包含下列哪些字段？（　　）
   A. TPID
   B. 目的 MAC 地址
   C. 类型
   D. VLAN ID
   E. 优先级

3. 以下有关 GVRP 的说法中，错误的是（　　）。
   A. GVRP 是 GARP 的一项应用
   B. GVRP 能够自动传播 VLAN 配置信息
   C. GVRP 在传播 VLAN 配置信息时是单向操作的
   D. GVRP 在传播 VLAN 配置信息时是双向操作的

4. 交换机之间通常配置为（　　），交换机与终端之间通常配置为（　　）。
   A. Access 链路，Access 链路
   B. Access 链路，Trunk 链路
   C. Trunk 链路，Access 链路
   D. Trunk 链路，Trunk 链路

5. （多选）以下关于 VLAN 配置的说法中，正确的是（　　）。
   A. 一个 VLAN 中可以配置多个端口
   B. VLAN 描述信息只在交换机本地有意义
   C. VLAN 编号只在交换机本地有意义
   D. 必须先创建 VLAN，才能将端口配置到该 VLAN 中

6. 在初始状态下，要想把华为交换机端口配置为 Hybrid 模式，需要使用以下哪条命令？（　　）
   A. [SW1]**port link-type hybrid**
   B. [SW1-Ethernet0/0/1]**port hybrid link-type**
   C. [SW1-Ethernet0/0/1]**port link-type hybrid**
   D. 无须配置

7. 管理员在交换机上输入命令 **display vlan 10 statistics** 后看到了报错信息"Error: The VLAN statistics has already been disable"，造成这种错误的原因可能是什么？（　　）

A．交换机上没有创建 VLAN 10

B．命令输入不完整

C．命令输入错误

D．没有输入命令[SW1-VLAN 10]**statistic enable**

二、判断题（说明：若内容正确，则在后面的括号中画"√"；若内容不正确，则在后面的括号中画"×"。）

1．在一个局域网中，VLAN 与 IP 地址网段必须是一一对应的关系。（　　）

2．Hybrid 链路既可以用来连接两台交换机，也可以用来连接交换机与终端。（　　）

3．命令 **display vlan** 并不会显示 VLAN 的描述信息。（　　）

# 第3章
# STP

3.1 冗余性与 STP

3.2 STP 原理

3.3 RSTP

3.4 MSTP

3.5 本章总结

3.6 练习题

  高效而又稳定的网络应该具有一定程度的"自愈"能力，比如，当某个端口或某条链路出现故障时，网络能够自动把流量切换到另一条备份链路上；甚至当一台设备宕机时，网络能够自动"绕开"那台设备，把流量引向其他设备。在理想情况下，网络的这些行为对用户而言是无法感知的，但能让管理员收到告警信息，以便排查和解决故障，使网络恢复到正常的工作状态。

  网络的"自愈"能力离不开冗余部署，也就是说在一个位置上部署多台设备或多条链路。这种部署方式能够保障网络的安全运行，但同时给网络安全增加了一些潜在的风险。要想最大限度地利用冗余的优势并摒除冗余带来的风险，就要借助我们在本章介绍的机制。

  我们将介绍网络中对冗余链路的客观需求，分析部署冗余链路给网络带来的潜在隐患，进而提出一种消除冗余链路隐患，让管理员可以在网络中安心部署冗余链路的技术——生成树协议（Spanning Tree Protocol，STP），并且详细介绍 STP 的操作方式及 STP 的相关术语和概念。

  STP 虽然能够防止交换网络中出现环路，但也存在一些限制，因此，我们还将介绍能够提高 STP 收敛速度的快速生成树协议（Rapid Spanning Tree Protocol，RSTP），以及能够针对不同 VLAN，计算生成树网络的多生成树协议（Multiple Spanning Tree Protocol，MSTP）。

- 理解冗余链路的隐患与 STP 在网络中的作用；
- 理解 STP 的工作流程；
- 掌握 STP 的端口角色；
- 掌握 STP 的端口状态机；
- 了解 STP 的配置，如基本配置和计时器配置；

# 第 3 章 STP

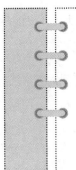

- 理解 STP 和 RSTP 之间的区别，即 STP 的缺点和 RSTP 针对此所做的改进；
- 理解 RSTP 的 P/A（Proposal/Agreement）机制和其他有助于实现快速收敛的特性；
- 了解 RSTP 端口状态机及其适用场景；
- 理解 MSTP 的原理和优势；
- 掌握 RSTP 与 MSTP 的基本配置与验证方法。

## 3.1 冗余性与 STP

有一类问题是各行各业应该进行避免的，这类问题可以归类为单点故障。正是出于对单点故障的担忧，很多企业对那些一旦停止工作就会造成严重损失的节点会准备冗余设备。

同样的道理，如果用户希望自己的网络能够 7×24 小时地提供不间断服务，那么就需要在网络中部署冗余。当然，我们在这里说的冗余并不限于设备层面，也包含技术层面、链路层面和组件层面。

冗余的引入虽然可以增加网络的可靠性，但却有可能形成一个封闭的信息环路，给通信系统带来严重影响。在本节中，我们将介绍冗余给网络带来的问题，并提出这些问题的解决方案。

### 3.1.1 冗余链路

单点故障对于网络来说，是一种比较严重的隐患，这是因为在网络中，通信的实现在很大程度上是以某一条链路能够正常工作为前提的。比如，在图 2-15 所示的网络中，如果 SW1 与 SW2 之间的那条 Trunk 链路断开，那么两台终端之间的通信就无从谈起了。

为了规避单点故障存在的隐患，合理的思路当然是在网络中增添冗余设备和冗余链路。基于这样的考量，我们对图 2-15 所示的网络进行扩展，用一台核心交换机（核心SW）连接 SW1 和 SW2，如图 3-1 所示。不难看出，在这个简单的冗余网络环境中，任意一条链路因故障而断开，其他链路可以继续转发数据，这就让用户数据的传输摆脱了易受某一条链路故障影响的风险。

图 3-1 所示的网络成功解决了单点故障导致的隐患，但同时也给网络带来另外一种潜在的隐患。下面我们简单解释一下这种新的隐患从何而来。

假设网络刚刚搭建完成，交换机上还没有任何配置，管理员刚刚手动配置了两台终端(PC1 和 PC2)的 IP 地址。现在，PC1 想要与 PC2 进行通信（如 PC1 想要向 PC2 发起 ping 测试），由于目前只知道 PC2 的 IP 地址（由管理员手动输入），不知道 PC2 的 MAC 地址，因此需要借助 ARP 解析 PC2 的 MAC 地址。此时，网络中数据的交换步骤如下。

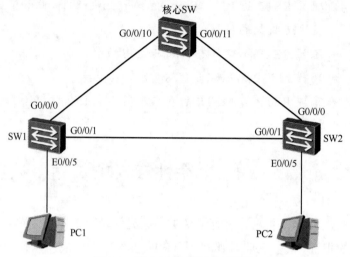

图 3-1　图 2-15 扩展后的后网络

**步骤 1**：PC1 向自己连接的交换机（SW1）发送 ARP 广播帧，解析 PC2 的 MAC 地址。

**步骤 2**：根据交换机的工作原理，SW1 在接收到广播帧后，会向除入站端口之外的其他所有端口泛洪这个广播帧。

**步骤 3**：核心 SW 和 SW2 分别通过相应的端口接收到查询 PC2 的 MAC 地址的 ARP 广播帧。它们当然也会根据相同的原则，分别将这个数据帧从除接收端口之外的其他所有端口泛洪出去。

**步骤 4**：PC2 这时会从 SW2 那里接收到从 SW1 泛洪的 ARP 查询消息，判断出是在查询自己的 MAC 地址后，以单播帧的方式向 PC1 返回自己的 MAC 地址。

这个过程看似完美，ARP 广播帧顺利到达 PC2，PC2 也对其进行了响应，但网络中数据帧的传输还没有结束。在步骤 3 中，核心 SW 也会把 ARP 广播帧从端口 G0/0/11 泛洪到连接 SW2 的链路上，SW2 会在接收到第一个广播帧后马上接收到从核心 SW 泛洪过来的第二个广播帧，并把这个广播帧继续泛洪出去。因此，PC2 会在间隔非常短的时间内收到两个相同的查询自己 MAC 地址的相同 ARP 广播帧。这种现象称为重复帧，说明网络中存在不合理的冗余链路。重复帧现象如图 3-2 所示。

在图 3-2 中，假设核心 SW 左右两条链路的传输速率高于 SW1 与 SW2 之间链路的传输速率，核心 SW 从 SW1 接收到广播帧后，几乎同时从 SW2 那里接收到相同的广播帧。我们在前文中介绍过，交换机在接收到数据帧后，除了根据目的 MAC 地址进行传输或泛洪外，还会根据源 MAC 地址填充自己的 MAC 地址表，因此，核心 SW 除了泛洪这个广播帧外，还会根据源 MAC 地址在 MAC 地址表填充一条 MAC 地址条目，即记录 PC1 的 MAC 地址与端口 G0/0/10 之间的映射关系。但我们知道，SW2 在接收到 SW1 泛洪的广播帧之后，也会向核心 SW 泛洪这个广播帧，于是核心 SW 在接收到从 SW2 泛洪的广播帧后，也会在继续泛洪该广播帧的同时，记录 PC1 的 MAC 地址与端口 G0/0/11 之间的映射关系。从不同端口接收到源 MAC 地址相同的数据帧，导致 MAC 地址表条目发生变动的现象称为 MAC 地址表振荡或 MAC 地址表翻动，说明网络中存在环路。这样一来，核心 SW 会被从两个端口先后接收到的 PC1 的源 MAC 地址搞得"晕头转向"，根本无法确定 PC1 到底连接在自己的哪个端口。MAC 地址表振荡现象如图 3-3 所示。

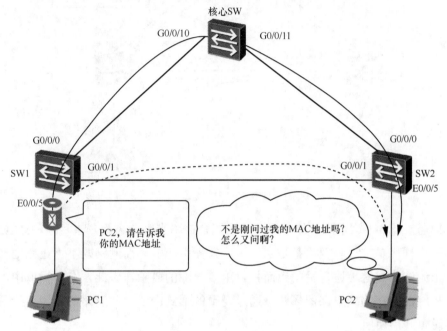

图 3-2　重复帧现象

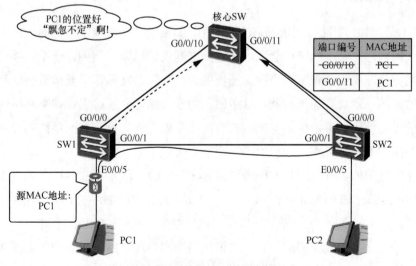

图 3-3　MAC 地址表振荡现象

此时，读者如果并没有像核心 SW 那样，被这些重复泛洪的广播帧搞得晕头转向，那么一定会发现如果这样继续运行下去，网络就会因交换机这种无限制的泛洪行为而充斥着越来越多的广播帧。更糟糕的是，这些广播帧的泛洪不会停止，我们将这种现象称为广播风暴，如图 3-4 所示。

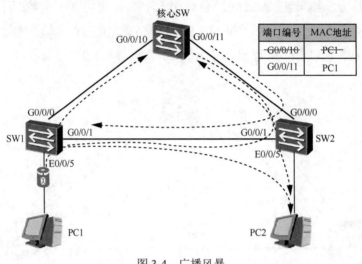

图 3-4 广播风暴

我们通过图 3-1 这个简单的网络分析了冗余链路带来的风险。重复帧、MAC 地址表振荡和广播风暴，这些现象都是由一个广播帧引起的。而网络既不可避免地产生广播帧，也无法为规避上述几种隐患而甘冒单点故障的风险。因此，在广播域中，最好有一种机制能够在物理上保留环路，通过逻辑的形式中断一些链路的连接，待网络出现故障时再开启使用。

### 3.1.2 STP 的由来

由 3.1.1 节可知，在拥有冗余链路的网络中，如果没有一种机制能够通过逻辑的方式打破物理上的环路，那么网络就会很容易地面临崩溃的风险，例如，一个广播帧可以在很短的时间内让网络中的带宽资源和交换机的处理资源消耗殆尽。要想避免因环路而给网络带来的风险，最直观的做法就是从逻辑上切断环路，并且确保在切断环路的同时，所有节点的可达性依旧可以得到保障。STP 的作用就是保证拥有冗余链路的交换网络，既能打破网络中的逻辑环路，又能保证每个节点可达。

STP 是由美国的 DEC 公司的 Radia Perlman 开发的，称为 DEC STP。电气电子工程师学会（Institute of Electrical and Electronics Engineers，IEEE）在 1990 年根据 Perlman 设计的算法，发布了第一个公共 STP 标准，该标准定义在 IEEE 802.1D 中。

交换网络由设备和线缆构成，具体来说，是由端口和链路构成。STP 为了在物理的有环交换网络中创建一个逻辑的无环网络，会根据一些规则判断哪些端口能够转发数据，哪些端口不能转发数据，从而暂时禁用这些有可能造成环路的端口。比如，3.1.1 节中的几台交换机就可以通过运行 STP，临时阻塞该网络中的一个端口。在图 3-5 中，STP 阻塞了 SW2 的端口 G0/0/1，打断了原本存在的环路，在逻辑上实现了拓扑的无环化，避免了重复帧、MAC 地址表振荡和广播风暴的发生。因此，交换机都会默认运行 STP，这也是人们可以放心地在交换网络中部署冗余的原因。

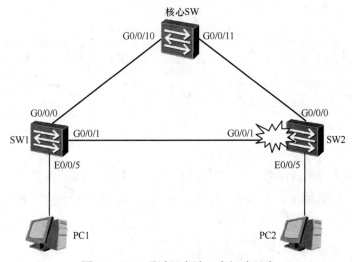

图 3-5　STP 通过阻塞端口来打破环路

当然，STP 并不会在打破环路后就停止工作，而是会实时监控各个端口和链路的状态。当正在提供转发服务的端口或链路出现故障时，STP 会启用一些被禁用的端口，以使网络实现自我恢复。用户则感知不到数据在网络中的交换路径发生的变化，这一切都是 STP 自行运作的结果。

在进一步学习 STP 的工作原理之前，我们先介绍 STP 的术语。

### 3.1.3　STP 的术语

STP 会阻塞冗余端口。在对冗余端口进行阻塞之前，STP 需要先识别这些端口。STP 的做法是执行选举，令赢得选举的端口成为转发端口，剩下的端口成为阻塞端口。STP 会选举以下角色。

（1）**根网桥**：也称为根交换机或根（网）桥，是交换网络中的一台交换机。该交换机负责充当 STP 树的树根。

**注释：**

将根交换机称为根（网）桥是历史术语沿用至今的结果。在日常技术交流和各类技术作品中，根交换机和根网桥常被用作替换表达。本书在后文中不会刻意区分这两种说法，会用到这两种说法。

（2）根端口：是交换网络中的一些端口，负责转发数据。

（3）指定端口：是交换网络中的一些端口，负责转发数据。

（4）预备端口：是交换网络中的一些端口，处于阻塞状态，不能转发数据。预备端口并不是选举出来的，而是在所有选举中全部落选的端口。

既然是选举，就会有特定的参选者和选举范围。表 3-1 所列为选举角色的参选者和选举范围。选举范围如图 3-6 所示。

表 3-1　　　　　　　　　选举角色的参选者和选举范围

| 选举角色 | 参选者 | 选举范围 |
| --- | --- | --- |
| 根网桥 | 交换机 | 整个交换网络 |
| 根端口 | 端口 | 一台交换机 |
| 指定端口 | 端口 | 一个网段 |

下面，我们对选举范围进行说明。

（1）**整个交换网络**。在第 2 章中，我们介绍的 VLAN 在逻辑上把一个 LAN 隔离为多个 VLAN。在 STP 的学习内容中，如非特别说明，我们不考虑网络中划分多个 VLAN 的情况。换言之，整个交换网络指的就是一个二层广播域，这个范围可以称为 STP 网络。在这个范围内有且只有一个根网桥。

（2）**每台交换机**。这个范围很好理解。交换机以自身为单位，在自己的所有端口中选举根端口。

（3）**每个网段**。这里的网段是物理层的概念，是指以两个或两个以上的网卡为边界的一段物理链路。

按照上文的介绍，我们可以把图 3-1 所示网络的选举范围进行标记，如图 3-6 所示。

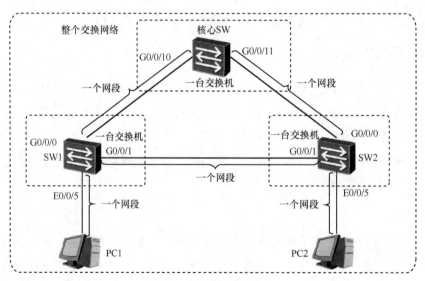

图 3-6　选举范围的概念

在了解了选举范围、参选者和选举角色之后，下面我们简单说明选举方法。

简单来说，**STP 是通过比较网桥协议数据单元（Bridge Protocol Data Unit，BPDU）中携带的信息进行选举的**。一个 STP 域中的交换机需要各自决定根网桥及自己端口的角色（根端口、指定端口或阻塞端口）。为了确保能够做出正确的决定，这些交换机之间需要能够以某种方式交互相关信息。实现这种目的的特殊数据帧就是 BPDU，这种数据单元会携带桥 ID（Bridge，BID）、根网桥 ID、根路径开销等信息。BPDU 分为以下两种类型。

（1）**配置 BPDU**：在 STP 树形成的过程中，STP 交换机会周期性地（缺省周期为 2s）主动产生并发送配置 BPDU。在 STP 树形成后的稳定期，只有根网桥才会周期性地（缺省周期为 2s）主动产生并发送配置 BPDU。非根交换机则会相应地从自己的根端口周期性地接收到配置 BPDU，并立即被触发且产生自己的配置 BPDU，从自己的指定端口发送出去。这一过程看起来就像是根网桥发送的配置 BPDU 逐跳地"经过"了其他交换机。

（2）**拓扑变化通知 BPDU**：Topology Change Notification BPDU，TCN BPDU，由非根交换机通过根端口向根网桥方向发送。非根交换机在检测到拓扑变化后，会生成一个描述拓扑变化的 TCN BPDU，并将其从自己的根端口发送出去。

我们将在 3.2 节详细介绍 STP 的工作流程和端口状态机，下面对树的基本理论进行简单说明。

## *3.1.4 树的基本理论

计算机相关专业的学生在校期间都会学习图论的内容。考虑许多读者并不是计算机相关专业，或者在学习本书时还没有接触过图论，我们在本节中会结合网络技术，对图论的一些基本概念进行介绍，以帮助读者加深对树、生成树、生成树算法和 STP 的理解。鉴于本书的目标并不是通过图论的内容帮助读者建立解决数学问题的思路，或者锤炼证明数学命题的逻辑，因此在介绍相关概念的过程中，我们会尽可能少地引入，甚至不引入数学符号和公式，尽量通过文字和配图对这些概念进行简单说明。已经学习图论相关内容的读者完全可以忽略本节内容。

在图论中，图（Graph）由顶点（Vertex）的集合（数学中用 $V(G)$ 表示）、边（Edge）的集合（数学中用 $E(G)$ 表示）和它们之间的相互关系构成。在图的定义中，十分值得说明的是：① 顶点也可以称为节点（Node）；② 边集合中的元素都是顶点集中的二元子集。

如果把图的定义换成一种比较通俗的表达方式，那么就是图描述由数量有限的节点和一些连接某两个节点的边所构成的相互关系。读者可以发现：图论中的图如果应用到网络技术领域，那么就是网络的拓扑，其中，顶点相当于网络节点，边相当于设备与设备之间的链路。同理，如果忽略网络中设备执行的各项操作，仅从设备间的物理或逻辑连接的角度观察数据的转发路径，那么网络拓扑可以抽象为一幅由顶点和边组成的图。

树是图的一种，指的是无环连通图。树的定义中有两个关键要素，分别是无环和连通。仅无环不连通的图叫作森林，如图 3-7 所示。

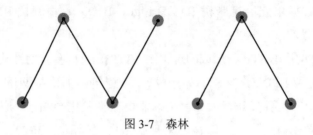

图 3-7 森林

我们曾经介绍过，STP 的作用是建立一个无环且连通的交换网络，其中，无环可以防止网络因环路而产生的各类问题，连通可以保证整个网络的通信不会因使用 STP 而中断。交换机运行 STP，就是要计算出一个以交换机为节点、以交换机之间那些未因端口阻塞而暂停通信的链路为边的树。

除树之外，生成同样是图论中的概念。当图 $H$ 是图 $G$ 的一个子图时，图 $H$ 中每个顶点集合的元素都是图 $G$ 顶点集合中的元素，同时图 $H$ 的每个边集合中的元素都是图 $G$ 边集合中的元素。如果图 $H$ 和图 $G$ 的顶点集合相同，那么图 $H$ 叫作图 $G$ 的生成子图。如果生成子图 $H$ 是树，那么就称图 $H$ 为图 $G$ 的生成树。

我们在前文中介绍过，网络节点可以理解为顶点，链路可以理解为边，那么，网络拓扑的生成树，就是包含该拓扑中所有网络节点的无环连通拓扑。然而，通过前面内容的学习，读者应该能够发现：除非图本身就是树，否则图的生成树往往是不唯一的。比如，图 3-1 所示网络拓扑就不只有一种生成树，这些生成树如图 3-8 所示。

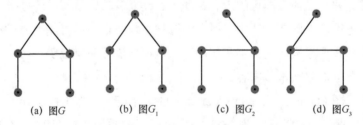

(a) 图 $G$　　(b) 图 $G_1$　　(c) 图 $G_2$　　(d) 图 $G_3$

图 3-8 图 3-1 所示网络拓扑的生成树

在图 3-8 中，图 $G$ 是图 3-1 所示网络拓扑的简化形式，图 $G_1$、图 $G_2$ 和图 $G_3$ 是图 $G$ 生成树的简化形式。实际上，在任何一个稍大或者结构稍复杂的图中，生成树的数量都可能极多。

然而，我们在举例时曾经提到链路速率的问题。在真实的网络环境中，网络所有的链路速率往往是不相等的，所以，如果网络设备在计算网络的生成树时并未考虑链路效率，那么计算出来的生成树很可能会阻塞高速链路，而令网络设备使用低速链路转发数据，这显然是不合理的。

在图论中，人们采用给连通图的每条边赋予一个代价（Cost）的方式来标记每条边的效率。代价越高的边相当于网络中转发能力越差的链路。在图论中，权值最小的生成树被称为最小生成树或最优生成树。在网络拓扑中，转发效率最高的生成树显然就是最小生成树或最优生成树。在本章后面的内容中，我们会介绍交换机如何计算出最小生成树或最优生成树，以及管理员可以对此执行的操作。

还有一个与生成树有关的图论的概念——根（Root）。在讨论、计算和证明与树有关的问题时，为了方便或者合理起见，需要在树中选择一个节点作为根，图论称这类树为有根树（Rooted Tree）。我们在介绍生成树选举时曾经提到根端口的概念，读者也许由此可以推测出运行 STP 的交换机在计算生成树时，一定会选择生成树的根。事实上也的确如此。

**注释：**
　　如果读者发现自己的专业课不包含图论，而又希望未来从事与网络算法有关的开发类工作，那么请务必选修图论。对于读者而言，我们也建议在行有余力的条件下选修图论。图论不仅可以帮助读者毫无困难地掌握 STP、贝尔曼-福特算法及 Dijkstra 算法，而且可以让人的思维变得更加严谨且灵活，还可以作为解决一些生活难题的数学模型。

## 3.2　STP 原理

STP 为交换网络带来的好处可以总结为以下两点。

（1）**消除环路**：STP 可以通过阻塞冗余端口，保证交换网络无环且连通。

（2）**链路备份**：当正在转发数据的链路因故障而断开时，STP 能及时检测，并根据需要自动开启某些处于阻塞状态的冗余端口，以迅速恢复交换网络的连通性。

我们曾经提到，除非图本身就是树，否则图的生成树是不唯一的。此外，在实际网络中，网络设备与链路的转发性能各有千秋，因此，当 STP 被部署到冗余交换网络时，应能够（自动地或经过管理员设置后）从该网络的众多生成树中计算出一个相对合理的树状拓扑。那么，STP 的机制如何找出那些需要阻塞的冗余端口，并最终达到消除环路的目的？管理员如何利用这种机制让 STP 计算出来的无环连通网络拥有理想的转发性能？STP 如何检测网络状况，并适时恢复被阻塞的端口，以保障网络连通？这些是我们将要重点介绍的内容。

### 3.2.1　STP 的工作流程

STP 的工作目标是使网络中任意两点之间只存在一条活跃路径。为了实现这一目标，STP 需要阻塞冗余端口。为了确定应该被阻塞的交换机端口，STP 会按照以下步骤进行操作。

步骤 1：选举根网桥。我们曾经提到，在计算和证明与树有关的问题时，为了方便或者合理，有时需要在树中选择一个节点作为根，这也是 STP 的做法。每个部署 **STP 的交换网络（简称 STP 网络）中有且只有一台根网桥（根交换机），作为根网桥的交换机就是 STP 构建的生成树的根**。因此，STP 构建的生成树就是典型的有根树。

步骤 2：选举根端口。非根交换机会在自己的所有端口之间，选择距离根网桥最近的端口，作为根端口。

步骤 3：选举指定端口。位于同一网段中的所有端口之间选择一个距离根网桥最近的端口。由于在大多数交换网络环境中，一个网段的范围与两个直连端口的范围是等同的，因此在接下来的实验环境中，选举指定端口可以理解为在直连的两个端口之间，选择一个距根网桥最近的端口为指定端口。

步骤 4：阻塞剩余端口。在选出根端口和指定端口后，**STP 会把那些既不是根端口，也不是指定端口的其他端口设置为阻塞状态**。

接下来，我们将按照上述步骤，详细介绍交换机的具体操作。

### 3.2.2　选举根网桥

STP 确定阻塞交换机端口的第一步是选举根网桥，那么我们先对交换机选举根网桥的相关事项进行说明，具体如下。

（1）参选者：整个交换网络中的交换机。也就是说，**在一个 STP 网络中，默认所有交换机会参与根网桥的选举**。

（2）选举原则：**BID 值最小的交换机当选根网桥**。在选举根网桥时，交换机相互对比的参数是 BID，其中，BID 由 16bit 的优先级和 48bit 的 MAC 地址构成。

**注释：**

关于选举范围为整个交换网络的含义，读者可以参照图 3-6 进行理解。

在选举出根网桥之后，根网桥往往会负责交换网络中最繁重的转发工作，因此，我们希望当选根网桥的交换机是交换网络的所有交换机中性能最好的，所连接的链路能够提供最高的转发效率。当选根网桥的交换机如果在部署位置和性能上存在不合理的因素，那么很可能会在网络中造成原本可以避免的数据拥塞。然而，根据选举原则可以看出，STP 在选举根网桥时，并没有把交换机的性能列入考量范围。为了在现有硬件平台的基础上让网络达到最高的转发效率，管理员一般会通过配置交换机影响根网桥的选举，这也是 BID 中优先级的作用。

由于优先级的长度为 **16bit**，因此，优先级值的十进制取值范围为 **0～65535**，默认值为 **32768**。在配置网络时，管理员要为希望被选举为根网桥的设备配置一个最小的优先级值，剩下的工作由 STP 自动完成。选举根网桥如图 3-9 所示。管理员把交换机 SW1 的优先级配置为 4096，确保该交换机能够成为网络中的根网桥。

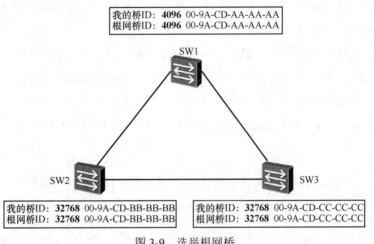

图 3-9　选举根网桥

在刚连接到网络中时，交换机会以自己为根网桥，从所有启用的端口向外发送 **BPDU**。接收到 BPDU 的交换机会用 BPDU 中的根网桥 ID 与自己的根网桥 ID 进行对比。例如，在图 3-9 所示的网络中，SW1 和 SW2、SW1 和 SW3，以及 SW2 和 SW3 都会进行根网桥 ID 的对比。如果对端 **BPDU** 中根网桥 **ID** 的值小，那么交换机会按照对端的根网桥 ID 修改自己 BPDU 中的根网桥 ID，这也表示这台交换机认可对端的根网桥角色。根网桥的选举结果如图 3-10 所示。

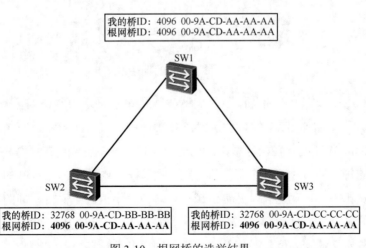

图 3-10　根网桥的选举结果

在图 3-10 中，网络中的 3 台交换机对根网桥的身份达成一致：由于管理员把 SW1 的优先级值配置为 4096，使 SW1 的根网桥 ID 值最小，因此 SW1 成为了这个网络的根网桥。

### 3.2.3 选举根端口

根网桥选举结束后，STP 接下来的操作是选举根端口。根据表 3-1 可知，根端口的选举范围是每台非根交换机，参选者是这台非根交换机所有启用的端口，也就是说，此时 STP 网络中的每台非根交换机要从自己所有启用的端口中选举一个根端口。根端口的选举有以下 3 个步骤。

**步骤 1**：选择根路径开销（Root Path Cost，RPC）值最小的端口。
**步骤 2**：若有多个端口的 RPC 值相等，选择对端 BID 值最小的端口。
**步骤 3**：若有多个端口的对端 BID 值相等，选择对端端口 ID（Port ID，PID）值最小的端口，其中，**PID 由优先级和端口号构成，其中，优先级的取值范围是 0～240**。

**注释：**

关于选举范围为一台交换机的含义，读者可以参照图 3-6 进行理解。

接下来，我们通过 3 个案例，详细介绍这 3 个步骤。

图 3-11 展示了选举根端口的步骤 1。在这个网络中，SW2 和 SW3 仅通过步骤 1 就能选出自己的根端口。在选举根端口的过程中，非根交换机（SW2 和 SW3）要从所有端口接收到的 BPDU 中进行选择，此时，非根交换机比较的是 BPDU 中的 RPC 值。

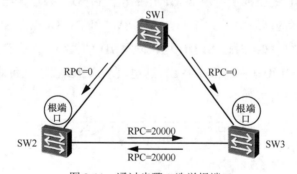

图 3-11 通过步骤 1 选举根端口

在图 3-11 中，SW1 是根网桥，因此，SW1 上的端口到达根网桥（也就是 SW1 自身）的 RPC 是 0。可以看出，SW1 的每个端口在 BPDU 中通告 RPC=0。因为 0 是最小的 RPC 值，所以 SW2 和 SW3 能够轻松选举出自己的根端口——它们各自连接根网桥 SW1 的端口。

交换机的每个端口对应一个开销值，表示通过这个端口发送数据时的开销。开销值与端口的带宽相关，带宽越高，开销值越小。端口开销值的定义有不同的标准。华为设备默认使用的是 IEEE 802.1t 标准定义的开销值，同时还支持 IEEE 802.1D-1998 标准和华为私有标准定义的开销值，以便能够兼容不同厂商的设备。

非根网桥去往根网桥的路径有多条，每条路径有一个总开销值，该值是通过这条路径上所有出端口的开销值累加而来的。需要注意的是，STP 不会计算入端口的开销，只是在通过端口向外发出 BPDU 时，把该端口的开销（出端口开销）进行累加。

当然，在更加复杂的交换网络中，交换机仅凭步骤 1 是无法选出根端口的，此时 STP 就需要通过步骤 2 选举根端口，如图 3-12 所示。

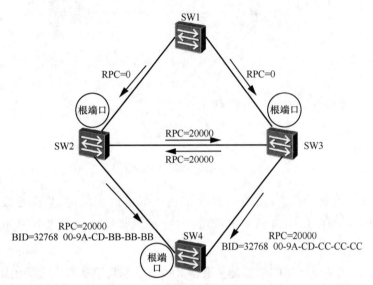

图 3-12　通过步骤 2 选举根端口

在图 3-12 中，SW4 从自己的两个端口均接收到一个 BPDU，发现两个 BPDU 中的 RPC 值都是 20000，按照步骤 1 无法判断谁能成为根端口，因此，会继续比较下一个参数 BID。我们在根网桥的选举中介绍过，BID 由优先级和 MAC 地址构成。非根交换机在对比 BID 时，是从自己接收到的 BPDU 中，选择将接收到 BID 值最小的端口作为根端口。换句话说，当 RPC 相同时，哪个端口连接的交换机的 BID 值最小，那个端口就会成为根端口，这与非根交换机自己的 BID 没有任何关系。

在图 3-12 中，SW4 接收到的这两个 BPDU 分别来自两台不同的交换机，因此 SW4 可以通过步骤 2 选举出根端口，即连接 SW2 的端口会成为 SW4 的根端口。

若非根交换机接收到的多个 BPDU 来自同一台交换机，则根端口的选举需要进行步骤 3，如图 3-13 所示。

如图 3-13 所示，我们改变了 SW4 的连接方式：SW4 通过两条链路与 SWB 相连，并且连接的都是 SW2 的千兆以太网端口。这时，在 SW4 两个端口接收到的 BPDU 中，RPC 和 BID 是相同的，于是 STP 会继续进行步骤 3——比较这两个 BPDU 中的 PID。华为设备默认的优先级值为 128，管理员可以修改这个优先级值，但是修改后的优先级值必须是 16 的倍数。

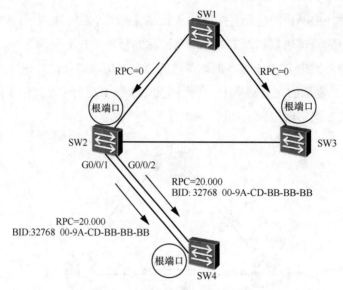

图 3-13 通过步骤 3 选举根端口

由于管理员没有修改 SW2 端口默认的优先级值，因此，SWD 通过端口编号选择连接 G0/0/1 的端口作为自己的根端口，这是因为步骤 3 的判断标准也是数值最小的当选。

综上所述，选举根端口的初衷是（根据 RPC）在每台交换机上选举出距离根交换机最近的那个端口。如果近这种表述在技术领域中的语义过于含混，那么可以说选举根端口的初衷是选举出 STP 网络中每台交换机上与根交换机通信效率最高的端口。虽然 RPC 相同的情况在交换网络中时有发生，但是 STP 网络也不能容忍冗余，因此在多个端口 RPC 值相等时，STP 还会继续依次比较 BID 和 PID 的大小，直至选举出每台交换机上的根端口。

### 3.2.4 选举指定端口

选举指定端口是 STP 确定阻塞交换机端口的第三步。**指定端口的选举范围是同一个网段，参选者是同处于这个网段，除已经被选举为根端口的端口之外的其他所有端口。**尽管指定端口的选举范围与根端口的选举范围不同，但指定端口的选举原则与根端口的选举原则一致。具体来说，指定端口的选举同样会按照以下步骤进行。

**步骤 1**：选择 RPC 值最小的端口。
**步骤 2**：若有多个端口的 RPC 值相等，选择 BID 值最小的端口。
**步骤 3**：若有多个端口的 BID 值相等，选择 PID 值最小的端口。

**注释：**
关于选举范围为一个网段的含义，读者可以参照图 3-6 进行理解。

**提示：**

虽然选举原则相同，但由于选举范围发生了变化，产生不同条件的情形也发生了变化。读者在此可以思考一个问题：当选举指定端口时，什么情况下会出现多个端口的 BID 相等的情形？BID 相同意味着同一台交换机有多个端口参选，对应到指定端口的选举范围，则意味着同一台交换机有多个端口连接到同一个网段中。例如，当有人错误地将同一台交换机上的两个端口连接在一起，这时，若没有 STP 的帮助，则网络中会产生环路。因此，选举指定端口是为了能够防止出现因这种错误连接而造成环路的情况。当出现这种错误连接时，STP 会继续以 PID 值较小的端口作为指定端口，从而打破环路。

在图 3-14 中所示的网络拓扑中，一共有 3 个网段需要选举出指定端口，具体为：SW1 与 SW2 之间、SW1 与 SW3 之间、SW2 与 SW3 之间。SW1 与 SW2 之间，以及 SW1 与 SW3 之间都只需执行指定端口选举的步骤 1 就可以选举出指定端口，这两个网段都可以通过对比 RPC，让距离根网桥最近的端口当选，这是因为 SW1 自身端口的 RPC=0，所以 SW1 上的端口就会成为指定端口。SW2 与 SW3 之间无法通过 RPC 选举出指定端口，因而在这个网段选举指定端口需要执行步骤 2，即比较双方在 BPDU 中通告的 BID。在图 3-14 中，两台交换机的优先级相同，所以会根据 MAC 地址决定谁是指定端口。

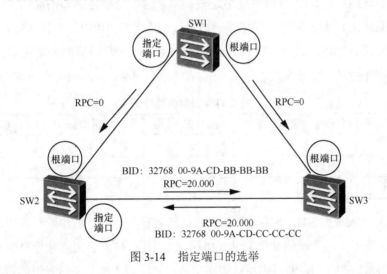

图 3-14 指定端口的选举

至此，想必读者可以推断出这样一个结论：只要根交换机自身不存在物理环路，那么其端口皆会被选举为所在网段的指定端口。

### 3.2.5 阻塞剩余端口

通过图 3-14 可以看出，在这个拥有物理环路的网络中，有一个端口既不是根端口，也不是指定端口。这个"落选"的端口就是打破环路的关键，这类端口称为预备端口。打破环路的预备端口如图 3-15 所示。

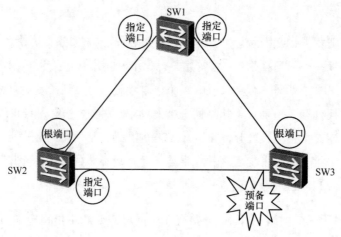

图 3-15 打破环路的预备端口

在确定好所有端口的角色后,我们简单归纳一下这几种角色的含义。

(1) **根端口**:是非根交换机上距离根网桥最近的端口,处于转发状态。

(2) **指定端口**:是每个网段中距离根网桥最近的端口,处于转发状态。根网桥上的端口都是指定端口,在根网桥自身存在物理环路的情况下例外。

(3) **预备端口**:指 STP 网络中既不是根端口,也不是指定端口的端口。预备端口处于逻辑的阻塞状态,不会接收或发送任何数据,但会监听 BPDU。当网络因一些端口故障而出现故障时,STP 会让预备端口开始转发数据,以恢复网络的正常通信。

3 种端口角色的对比见表 3-2。

表 3-2　　　　　　　　　　3 种端口角色的对比

| 端口 | 发送 BPDU | 接收 BPDU | 发送数据 | 接收数据 |
| --- | --- | --- | --- | --- |
| 根端口 | 是 | 是 | 是 | 是 |
| 指定端口 | 是 | 是 | 是 | 是 |
| 预备端口 | 否 | 是 | 否 | 否 |

以上,我们介绍了 STP 网络选举根交换机和各种角色端口的原则和流程。如果用一句在技术层面来看并不严谨的文字来进行概括,可以说:STP 会阻塞非根交换机上既不是距离根交换机最近的端口,同时也不是该端口所在网段距离根交换机最近的端口,以此避免网络中出现环路,实现网络的逻辑无环化,同时又不影响各个交换机之间的连通。

预备端口虽然不转发数据,也不主动发送 BPDU,但是会监听 BPDU,时刻做好转换角色的准备。

### 3.2.6　STP 的端口状态机

在本节中,我们将介绍端口上与 STP 相关的一项重要内容,即 STP 的端口状态机。在运行 STP 的环境中,端口有以下 5 种状态,每个参与 STP 的端口一定处于这 5 种状态之一。

（1）**阻塞（Discarding）状态**：这是一种稳定状态，表示如果这个端口进入转发状态，那么 STP 网络中会出现环路。这时，端口接收并处理 BPDU，但不发送 BPDU，不学习 MAC 地址表，不转发数据。

（2）**侦听（Listening）状态**：这是一种过渡状态。这时，端口接收并发送 BPDU，参与 STP 计算，但不学习 MAC 地址表，不转发数据。

（3）**学习（Learning）状态**：这是一种过渡状态。这时，端口接收并发送 BPDU，参与 STP 计算，学习 MAC 地址表，但不转发数据。

（4）**转发（Forwarding）状态**：这是一种稳定状态，也是根端口和指定端口的最终状态。这时，端口接收并发送 BPDU，参与 STP 计算，学习 MAC 地址表，转发数据。

（5）**未启用（Disabled）状态**：其实并不能严格地算 STP 的端口状态，这种状态表示端口尚未启用，因而并不参与 STP。这时，端口不接收和不发送 BPDU，不参与 STP 计算，不学习 MAC 地址表，不转发数据。

STP 的端口状态机如图 3-16 所示，即 STP 定义的端口状态过渡方式，其中编号 1～5 表示事件，也就是端口状态变更的触发条件。

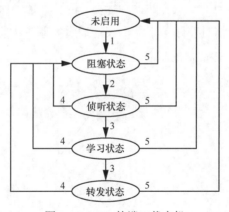

图 3-16　STP 的端口状态机

下面我们解释一下这些编号代表的具体事件。

**编号 1 表示端口初始化事件**。前文提到过，未启用状态从严格意义上来说，并不是 STP 的端口状态，这是因为端口尚未启用，也就是说，未连接线缆，使端口处于未连接状态；或者，管理员使用了命令 **shutdown**，使端口处于管理关闭状态。当管理员为端口连接线缆或使用命令 **undo shutdown** 之后，端口会立即进入第一个真正意义上的 STP 的端口状态——阻塞状态。

**编号 2 表示端口被选举为根端口或指定端口事件**。换句话说，端口如果因落选而成为预备端口，那么会稳定地处于阻塞状态，而不会继续进行 STP 状态的迁移。端口只有被选举为根端口或指定端口时，才有资格进入转发状态。但是，在进入转发状态之前，端口还需要经历两个过渡状态：侦听状态、学习状态。端口一旦被选举为根端口或指定端口，会立即进入侦听状态。

**编号 3** 表示转发时延计时器超时事件。该编号在图 3-16 中出现了两次，即从侦听状态过渡到学习状态，以及从学习状态过渡到转发状态。转发时延计时器默认时长为 15s。端口一旦进入侦听状态（或学习状态），必须等待 15s 才能过渡到学习状态（或转发状态）。

**编号 4** 表示端口不再是根端口或指定端口事件。也就是说，端口失去了转发资格，应该被阻塞。一旦出现这种情况，端口的 STP 状态会立即迁移到阻塞状态。该编号在图 3-16 中出现了 3 次，表示端口无论处于侦听、学习、转发等状态中的哪一种，都可能因网络环境的变化而使端口角色从根端口或指定端口变为预备端口，并立即进入阻塞状态。

**编号 5** 表示链路失效或端口禁用事件。也就是说，端口的线缆被移除，或者出现故障使链路中断，又或者管理员在端口使用了命令 **shutdown**。该编号在图 3-16 中出现了 4 次，说明端口无论处于其他 4 种 STP 端口状态中的哪一种，都可能遇到链路失效或端口禁用事件。该事件一旦发生，端口会立即进入未启用状态。

在 STP 端口状态的迁移过程中，有一个特殊的事件——转发时延超时事件，只有该事件以时间作为是否迁移到下一状态的评判标准。转发时延确保了当 STP 的端口状态发生变化时，网络不会产生临时环路。下面，我们通过如图 3-17 所示的 STP 的端口状态机案例更加清晰地解释 STP 端口的状态迁移过程。

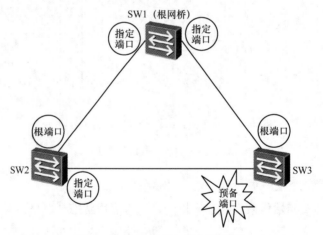

图 3-17　STP 的端口状态机案例

在图 3-17 所示的网络中，假设 SW1 是根网桥，为了打破物理环路，SW3 上与 SW2 相连的端口为预备端口并进入阻塞状态。而管理员希望通过调整 SW3 的 BID 优先级，使 SW3 成为根网桥，这时 SW3 上原本处于阻塞状态的预备端口就会被选举为指定端口，继而再经历 30s 后进入转发状态。在此之前，SW1 或 SW2 上原本处于转发状态的某个端口会经过 STP 重新计算后，直接进入阻塞状态。因此，转发时延避免了 STP 网络因原处于阻塞状态的端口过渡到转发状态而产生临时环路。

虽然 STP 的机制是首先确立根网桥，然后选举根端口和指定端口，最后决定哪些是预备端口，但是 STP 所使用的计时器会先使预备端口进入阻塞状态，再使根端口和指定端口进入转发状态。这种计时器和端口状态机的设置消除了网络中产生环路的可能。

### 3.2.7 STP 的配置

我们将在本节介绍在华为交换机上启用 STP 的具体命令，以及修改交换机优先级、端口优先级和计时器的配置命令。此外，我们还将介绍一些与 STP 有关的验证命令。

我们以图 3-18 所示配置 STP 的网络为例，介绍华为交换机上 STP 的配置命令。

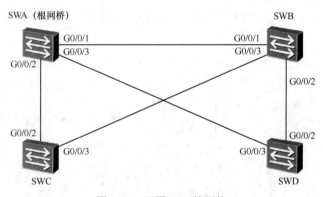

图 3-18 配置 STP 的网络

管理员在图 3-18 所示网络中配置 STP，并将交换机 SWA 指定为根网桥。例 3-1 展示了在交换机上启用 STP 并修改优先级值的配置命令。

**例 3-1　在交换机上启用 STP 并修改优先级值**

```
<SWA>system-view
[SWA]stp enable
[SWA]stp mode stp
[SWA]stp priority 4096

<SWB>system-view
[SWB]stp enable
[SWB]stp mode stp
[SWB]stp priority 8192

<SWC>system-view
[SWC]stp enable
[SWC]stp mode stp

<SWD>system-view
[SWD]stp enable
[SWD]stp mode stp
```

要想配置华为交换机，管理员必须先使用命令 **system-view** 进入系统视图。后文中的配置案例可能会省略这条命令，直接从系统视图开始展示命令，读者要学会根据提示符判断当前的视图状态。

例 3-1 中使用的第一条系统视图命令 **stp enable** 的功能是启用 STP。在大多数华为交换机上，STP 功能是默认启用的，因此，管理员可以忽略这条命令，直接配置 STP 的运行模式。华为交换机默认的 STP 运行模式是 MSTP，因此，例 3-1 中使用了命令 **stp mode stp**，将 STP 的运行模式修改为 STP。在图 3-18 所示网络中，管理员不仅要确保 SWA 成为根网桥，还要确保当 SWA 失效时 SWB 会接替它成为根网桥。因此，本例使用了系统视图的命令 **stp priority** *value*，把 SWA 的 STP 优先级更改为 4096，把 SWB 的 STP 优先级更改为 8192，STP 优先级的取值范围是 0～61440，并且这个值必须配置为 4096 的倍数。

在 SWA 和 SWB 上使用命令 **display stp** 查看 STP 状态时，系统输出的信息见例 3-2。

**例 3-2 查看 STP 状态**

```
[SWA]display stp
-------[CIST Global Info][Mode STP]-------
CIST Bridge                 :4096  .4c1f-cc20-4921
Config Times                :Hello 2s MaxAge 20s FwDly 15s MaxHop 20
Active Times                :Hello 2s MaxAge 20s FwDly 15s MaxHop 20
CIST Root/ERPC              :4096  .4c1f-cc20-4921 / 0
CIST RegRoot/IRPC           :4096  .4c1f-cc20-4921 / 0
CIST RootPortId             :0.0
BPDU-Protection             :Disabled
TC or TCN received          :7
TC count per hello          :0
STP Converge Mode           :Normal
Time since last TC          :0 days 0h:0m:26s
Number of TC                :8
Last TC occurred            :GigabitEthernet0/0/3
[SWB]display stp
-------[CIST Global Info][Mode STP]-------
CIST Bridge                 :8192  .4c1f-cc60-5b12
Config Times                :Hello 2s MaxAge 20s FwDly 15s MaxHop 20
Active Times                :Hello 2s MaxAge 20s FwDly 15s MaxHop 20
CIST Root/ERPC              :4096  .4c1f-cc20-4921 / 20000
CIST RegRoot/IRPC           :8192  .4c1f-cc60-5b12 / 0
CIST RootPortId             :128.1
BPDU-Protection             :Disabled
TC or TCN received          :27
```

```
TC count per hello       :0
STP Converge Mode        :Normal
Time since last TC       :0 days 0h:1m:47s
Number of TC             :9
Last TC occurred         :GigabitEthernet0/0/1
```

从 SWA 的输出信息中可以看出，全局 STP 的运行模式是 STP，以及根网桥的 BID 是 4096 .4c1f-cc20-4921。如果根网桥 BID 与本地交换机 BID 相同，说明本地交换机是这个 STP 域中的根网桥，因此，在例 3-2 中，SWA 是这个交换网络的根网桥。同样地，从 SWB 的输出信息中可以看出，SWB 的 BID 是 8192.4c1f-cc60-5b12。

下面，我们使用命令 **display stp brief** 查看几台交换机上的 STP 端口角色，见例 3-3。

**例 3-3　查看交换机上的 STP 端口角色**

```
[SWA]display stp brief
 MSTID  Port                    Role   STP State    Protection
   0    GigabitEthernet0/0/1    DESI   FORWARDING   NONE
   0    GigabitEthernet0/0/2    DESI   FORWARDING   NONE
   0    GigabitEthernet0/0/3    DESI   FORWARDING   NONE

[SWB]display stp brief
 MSTID  Port                    Role   STP State    Protection
   0    GigabitEthernet0/0/1    ROOT   FORWARDING   NONE
   0    GigabitEthernet0/0/2    DESI   FORWARDING   NONE
   0    GigabitEthernet0/0/3    DESI   FORWARDING   NONE

[SWC]display stp brief
 MSTID  Port                    Role   STP State    Protection
   0    GigabitEthernet0/0/2    ROOT   FORWARDING   NONE
   0    GigabitEthernet0/0/3    ALTE   DISCARDING   NONE

[SWD]display stp brief
 MSTID  Port                    Role   STP State    Protection
   0    GigabitEthernet0/0/2    ALTE   DISCARDING   NONE
   0    GigabitEthernet0/0/3    ROOT   FORWARDING   NONE
```

从 SWA 的输出信息中可以看出，这台交换机上的 3 个端口都是指定端口（DESI），状态都是转发状态（FORWARDING）。从 SWB 的输出信息中可以看出，端口 G0/0/1 是 SWB 的根端口（ROOT），状态是转发状态（FORWARDING）；端口 G0/0/2 和 G0/0/3 是指定端口（DESI），状态都是转发状态（FROWARDING）。从 SWC 和 SWD 的输出信息中可以看出，连接 SWA 的端口为根端口（ROOT），状态是转发状态（FORWARDING）；连接 SWB 的端口是预备端口（ALTE），状态是阻塞状态（DISCARDING）。

除了端口角色外，用户也可以在命令 **display stp** 中使用关键词 **interface** 查看端口的开销值，见例 3-4。

**例 3-4　查看端口的开销值**

```
[SWA]display stp interface GigabitEthernet 0/0/1
-------[CIST Global Info][Mode STP]-------
 CIST Bridge            :4096 .4c1f-cc20-4921
 Config Times           :Hello 2s MaxAge 20s FwDly 15s MaxHop 20
 Active Times           :Hello 2s MaxAge 20s FwDly 15s MaxHop 20
 CIST Root/ERPC         :4096 .4c1f-cc20-4921 / 0
 CIST RegRoot/IRPC      :4096 .4c1f-cc20-4921 / 0
 CIST RootPortId        :0.0
 BPDU-Protection        :Disabled
 TC or TCN received     :8
 TC count per hello     :0
 STP Converge Mode      :Normal
 Time since last TC     :0 days 0h:7m:21s
 Number of TC           :9
 Last TC occurred       :GigabitEthernet0/0/1
----[Port1(GigabitEthernet0/0/1)][FORWARDING]----
 Port Protocol          :Enabled
 Port Role              :Designated Port
 Port Priority          :128
 Port Cost(Dot1T )      :Config=auto / Active=20000
 Designated Bridge/Port :4096.4c1f-cc20-4921 / 128.1
 Port Edged             :Config=default / Active=disabled
 Point-to-point         :Config=auto / Active=true
 Transit Limit          :147 packets/hello-time
 Protection Type        :None
 Port STP Mode          :STP
 Port Protocol Type     :Config=auto / Active=dot1s
 BPDU Encapsulation     :Config=stp / Active=stp
 PortTimes              :Hello 2s MaxAge 20s FwDly 15s RemHop 20
 TC or TCN send         :18
 TC or TCN received     :2
 BPDU Sent              :242
         TCN: 0, Config: 242, RST: 0, MST: 0
 BPDU Received          :3
         TCN: 2, Config: 1, RST: 0, MST: 0
```

从命令 **display stp interface g0/0/1** 的输出信息中可以看出，第一个阴影行表示系统会从这里开始展示端口 G0/0/1 的 STP 相关信息，第二个阴影行展示该端口使用的开销标准是

Dot1T，也就是 IEEE 802.1t 标准，开销值为 20000。管理员可以使用命令 **stp pathcost-standard legacy**，将端口使用的开销标准更改为华为的私有标准。当然，如果修改开销标准，管理员应该在局域网中的所有交换机上进行修改，让这些交换机使用相同的开销标准。

### 3.2.8 修改 STP 计时器参数

命令 **stp timer forward-delay** 可以用来对转发时延进行配置，参数的单位为厘秒（1 厘秒 =0.01s），参数的取值范围是 400～3000，默认值为 1500，也就是 15s。例 3-5 中展示了在 SWA 上配置转发时延的方法。

**例 3-5　在 SWA 上配置转发时延**

```
[SWA]stp timer forward-delay 2000
```

这里需要请读者注意：由于 SWA 是根网桥，管理员可以在 SWA 上更改 STP 计时器的配置，同时根网桥会在 BPDU 中发送计时器值，于是 STP 域中的所有交换机就都会使用相同的计时器值了。

除了转发时延外，管理员还可以修改 Hello 计时器和 MaxAge 计时器的默认时间。

管理员可以使用命令 **stp timer hello** 修改默认的 Hello 时间。Hello 时间同样以厘秒为单位，其取值范围是 100～1000，默认值为 200，也就是 2s。根网桥会根据该参数生成并发送 CBPDU（配置 BPDU）。

管理员可以使用命令 **stp timer max-age** 修改默认的保存 BPDU 时间。MaxAge 时间同样以厘秒为单位，其取值范围是 600～4000，默认值为 2000，也就是 20s。当 STP 环境中发生故障时，若处于阻塞状态的端口（预备端口）无法接收到对端的指定端口发送的 BPDU，那么在 MaxAge 计时器超时后，这台交换机会重新开始计算 STP。

例 3-6 中展示了在 SWA 上修改计时器参数，即 Hello 时间和 MaxAge 时间的配置方法。

**例 3-6　在 SWA 上修改计时器参数**

```
[SWA]stp timer hello 300
[SWA]stp timer max-age 3000
```

然后，我们在交换机 SWD 上使用命令 **display stp** 查看 STP 信息，见例 3-7。可以看出，SWD 当前使用的计时器参数值已经同步为管理员在 SWA 上配置的参数值。

**例 3-7　在 SWD 上查看 STP 信息**

```
[SWD]display stp
-------[CIST Global Info][Mode STP]-------
CIST Bridge         :32768.4c1f-cc24-68ee
Config Times        :Hello 2s MaxAge 20s FwDly 15s MaxHop 20
Active Times        :Hello 3s MaxAge 30s FwDly 20s MaxHop 20
CIST Root/ERPC      :4096 .4c1f-ccbd-4994 / 200000
```

```
CIST RegRoot/IRPC     :32768.4c1f-cc24-68ee / 0
CIST RootPortId       :128.3
BPDU-Protection       :Disabled
TC or TCN received    :35
TC count per hello    :0
STP Converge Mode     :Normal
Time since last TC    :0 days 0h:14m:38s
Number of TC          :2
Last TC occurred      :Ethernet0/0/3
                ----------后面输出信息省略----------
```

在例 3-7 中，第一个阴影行是 SWD 本地的计时器设置，第二个阴影行是当前使用的计时器参数值。华为交换机通常会按照默认的 STP 计时器参数值进行工作，管理员无须修改。如果有特殊需求，管理员在修改时一定注意统一网络中的计时器参数值，否则就会出现链路状态不稳定的情况。

STP 计时器参数的设置要满足以下条件。

$$2\times（转发时延-1）\geqslant MaxAge 时间\geqslant 2\times（Hello 时间+1）$$

只有满足该条件，才能保证 STP 域的生成树算法正常工作，否则会引发网络频繁振荡。

管理员可以使用系统视图的命令 **stp bridge-diameter** 指定 STP 的网络直径，让 STP 根据管理员定义的网络拓扑自动计算出适用于该网络的计时器参数值。例 3-8 展示了在 SWA 上指定 STP 的网络直径。

**例 3-8　在 SWA 上指定 STP 的网络直径**

```
[SWA]stp bridge-diameter 2
```

管理员将 STP 的网络直径设置为 2，交换机会自动计算出合适的计时器参数值，例 3-9 展示了使用命令 **dislay stp** 查看 SWA 上的 STP 信息。

**例 3-9　查看 SWA 上的 STP 信息**

```
[SWA]display stp
-------[CIST Global Info][Mode STP]-------
CIST Bridge           :4096 .4c1f-ccbd-4994
Config Times          :Hello 2s MaxAge 10s FwDly 7s MaxHop 20
Active Times          :Hello 2s MaxAge 10s FwDly 7s MaxHop 20
CIST Root/ERPC        :4096 .4c1f-ccbd-4994 / 0
CIST RegRoot/IRPC     :4096 .4c1f-ccbd-4994 / 0
CIST RootPortId       :0.0
BPDU-Protection       :Disabled
TC or TCN received    :5
TC count per hello    :0
```

```
STP Converge Mode       :Normal
Time since last TC      :0 days 0h:22m:50s
Number of TC            :8
Last TC occurred        :Ethernet0/0/1
----------后面输出信息省略----------
```

可以看出，交换机根据网络直径自动计算出了计时器参数值：Hello 时间为 2s，MaxAge 时间为 10s，转发时延为 7s。例 3-10 所示为管理员在 SWD 上查看当前的计时器参数。

**例 3-10　在 SWD 上查看当前的计时器参数**

```
[SWD]display stp
-------[CIST Global Info][Mode STP]-------
CIST Bridge             :32768.4c1f-cc24-68ee
Config Times            :Hello 2s MaxAge 20s FwDly 15s MaxHop 20
Active Times            :Hello 2s MaxAge 10s FwDly 7s MaxHop 20
CIST Root/ERPC          :4096 .4c1f-ccbd-4994 / 200000
CIST RegRoot/IRPC       :32768.4c1f-cc24-68ee / 0
CIST RootPortId         :128.3
BPDU-Protection         :Disabled
TC or TCN received      :35
TC count per hello      :0
STP Converge Mode       :Normal
Time since last TC      :0 days 0h:27m:11s
Number of TC            :2
Last TC occurred        :Ethernet0/0/3
----------后面输出信息省略----------
```

从例 3-10 中的阴影行可以看出，SWD 上当前使用的计时器值已经同步为 SWA 上配置的值。

通过前文内容，读者已经看到 STP 在网络中的作用。然而，这种传统的协议存在一些不尽如人意之处。在 STP 的各种缺点中，因端口状态过渡时间长导致的网络收敛速度慢最为人所诟病。下面，我们将介绍 STP 针对网络收敛速度慢所做的改进，以及由此诞生的其他 STP。

## 3.3　RSTP

为了提高网络的收敛速度，IEEE 定义了新的标准——快速生成树协议（Rapid Spanning Tree Protocol，RSTP）。RSTP 对 STP 的操作方式进行升级，大大提高了收敛速度。在这一节中，我们将介绍 RSTP 的工作方式，以及在华为交换机上配置 RSTP 的方法。

**注释：**

收敛一词在网络技术中指的是网络进入稳定状态，比如，在 STP 网络中，所有端口会依照自己的角色，进入转发或阻塞状态。收敛时间指的是网络从发生变化到再次进入稳定状态之间所经历的时间。

### 3.3.1 RSTP 的特点

由前文可知交换机端口从阻塞状态过渡到转发状态，仅转发时延就会消耗 30s 的时间。当 STP 网络中发生故障时，若处于阻塞状态的端口（预备端口）无法接收到 BPDU，会默认等待 20s，也就是等 MaxAge 计时器超时，才会触发交换机重新计算 STP。换言之，从处于阻塞状态的端口所在的交换机因网络故障没有再次接收到任何 BPDU 而重新计算 STP 开始，到重新计算 STP 后，相应端口（多为网络故障前处于阻塞状态的端口）进入转发状态为止，这个过程需要 50s。这个时间在规模有限的网络中，给用户造成的影响或许尚在可以接受的范围之内。但是，随着网络规模的增大，不仅网络中出现链路故障或端口故障的概率会增加，而且全网重新执行 STP 的收敛时间会变得更长，因此，改进 STP 收敛机制的需求随之产生。

想要缩短 STP 收敛时间，就要从造成 STP 收敛时间过长的因素入手，因此，我们提出了以下问题。

（1）端口在从阻塞状态进入转发状态的过程中，需要经历学习和侦听两个状态，并在这两个状态中各引入 15s 的转发时延，这些过渡状态都是必要的吗？

（2）所有端口必须先在其他状态中等待，才能过渡到转发状态，其中，有些端口连接的设备根本不是交换机（如连接终端的交换机端口），这种方式合理吗？

（3）交换机将等待根交换机发送 CBPDU 的时间（默认为 20s）规定为根交换机发送 CBPDU 间隔（默认为 2s）的 10 倍，这个等待时间是否过长？

为了达到缩短收敛时间的目的，RSTP 必须对上面提出的 3 个问题给出答案。因此，在 RSTP 中：

（1）取消和修改了 STP 定义的某些端口状态；

（2）定义了几种新的端口角色和一些可以让端口直接由阻塞状态过渡到转发状态的情况；

（3）减少了交换机等待根交换机发送 CBPDU 的时间。

关于 RSTP 的举措，我们会在 3.3.2 小节中进行详细的介绍。

### 3.3.2 RSTP 的快速收敛

STP 收敛速度过慢是 RSTP 着意希望解决的问题。为了提高收敛速度，RSTP 通过一系列措施对 STP 进行了改良。下面我们从 RSTP 做出的最简单的改良说起。

**1. RSTP 中的端口角色**

RSTP 定义了 4 种端口角色，分别是根端口、指定端口、预备端口和备份端口，其中，根端口和指定端口的定义与 STP 中这两个端口的定义相同，它们的选举过程也别无二致。对于 STP 中非根非指定端口，RSTP 将其分为两种类型，比较常见的一种仍然叫作预备端口，另一种就是备份端口。

预备端口和备份端口在网络完成收敛后，都会被 RSTP 阻塞。如果端口接收到的更优 BPDU 是由其他网桥转发过来的，表示该端口为预备端口，那么这类端口可以在根端口及其链路出现故障时，接任根端口的角色，为交换机与根网桥之间提供转发通道。如果端口接收到的更优 BPDU 是由本网桥发送的，表示该端口为备份端口，那么这类端口可以在连接的物理网段的指定端口出现故障时，接任指定端口的角色，为根网桥与物理网段之间提供转发通道。预备端口和备份端口的概念如图 3-19 所示。

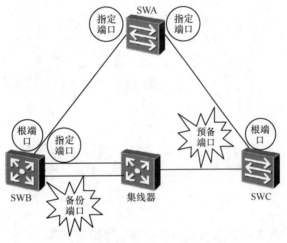

图 3-19 预备端口和备份端口的概念

在 RSTP 网络中，如果一台交换机的根端口进入丢弃（Discarding）状态，且这台交换机有预备端口，那么在该根端口的所有预备端口中，优先级最高的预备端口会立刻接任根端口的角色。若对端设备处于转发状态，则预备端口会立刻进入转发状态，既不需要等待任何计时器超时，也不需要经历 RSTP 中的过渡状态。

同理，如果交换机的指定端口出现故障，且该指定端口有对应的备份端口，则对应的备份端口会接替指定端口的角色。不过，备份端口进入转发状态虽然不需要等待计时器超时，但是可能需要经历 RSTP 中的过渡状态。

RSTP 区分预备端口和备份端口，是为了区分 STP 中哪些预备端口可以直接接替根端口，哪些可以接替指定端口。这样一来，当交换机上某个处于转发状态的端口或链路出现故障时，RSTP 能够判断出该交换机是否拥有能够立刻接替转发工作的端口，以及让哪个端口接替原来的端口，使网络恢复畅通，又不至于产生环路。

不难看出，扮演备份端口角色的交换机端口通常是那些通过集线器与同一台交换机上的某个指定端口连接到同一个物理网段的端口。由于集线器和共享型网络目前基本已经退出历史舞台，因此备份端口目前在网络中非常少见。

**2. RSTP 中端口的特殊类型——边缘端口**

如果交换机的端口连接的是终端而不是其他交换机的端口，那么这种类型的端口进入转发状态不可能造成环路，因此，让连接终端的端口直接过渡到转发状态只会提高网络的效率，并不会引入任何风险。这时，管理员可以使用边缘端口特性，边缘端口的概念如图 3-20 所示。

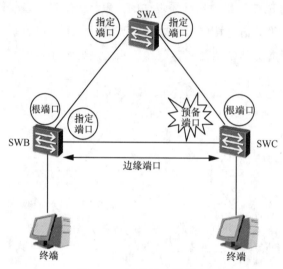

图 3-20　边缘端口的概念

当然，交换机自身并不知道自己的哪些端口连接的是终端，所以，想要这些边缘端口实现快速收敛，就要管理员通过手动配置为交换机指定边缘端口。在将端口配置为边缘端口之后，**RSTP** 会认为这些端口不会在下游产生环路，在计算生成树拓扑时就不会考虑这些端口。

不过，如果边缘端口接收到 BPDU 消息，则表示端口连接了交换机，存在产生环路的风险，因此，从接收到 BPDU 开始，该端口就不再具有边缘端口的属性。RSTP 在计算生成树拓扑时会考虑这个端口，并重新计算生成树拓扑。鉴于此，管理员切勿将有可能连接交换机的端口配置为边缘端口。

**3. RSTP 中的 P/A 机制**

RSTP 中的边缘端口，既不是端口角色，也不是端口状态，而是端口的类型。**RSTP 将端口定义为两种类型：点到点类型、共享类型。RSTP** 中的边缘端口，即为点到点类型中的一种特殊类型。

对于非边缘的点到点指定端口，RSTP 之所以能够显著提高网络的收敛效率，是因为 **RSTP 针对点到点链路的指定端口引入了一种 P/A 机制**。P/A 机制是 RSTP 的最大特点。下面，我们首先解释这种 P/A 机制为什么能够让点到点指定端口实现状态的快速切换，然后简要说明 P/A 机制的工作方式。

如果交换机运行 STP，那么端口经过 STP 计算，成为指定端口之后，还需要在侦听状态和学习状态各经历一个转发时延（15s），累计等待 30s 之后才能进入转发状态。STP 这样设计并不是无的放矢，而是为了避免网络中出现临时环路[①]。而 RSTP 针对点到点链路的指定端口所引入的 P/A 机制，选择让指定端口与链路对端进行握手并逐级传递，从而避免出现环路，这个过程不引入任何计时器。也就是说，完成握手的 RSTP 指定端口即可直接过渡到转发状态，而不需要经历任何涉及计时器的过渡状态。下面，我们通过图 3-21 所示网络介绍 P/A 机制的工作原理。

图 3-21 所示是一个十分典型的（简化版）园区网，其中，SWA 为核心层交换机，SWB 和 SWC 为分布层交换机，SWD 和 SWE 为接入层交换机。在这个网络中，有以下两点内容需特别注意。

（1）管理员通过修改 BID，手动将核心层交换机 SWA 指定为网络中的根网桥（图 3-21 中标出了各交换机的 BID 值）。

（2）假设所有核心层交换机连接分布层交换机的链路开销低于分布层交换机连接接入层交换机的链路开销因此，图 3-21 中用比较粗的线条连接核心层交换机和分布层交换机，用比较细的线条连接分布层交换机和接入层交换机。

**注释：**

上面两点注意内容符合绝大多数同类园区网的实际部署情况。实际上，图 3-21 所示园区网的设计方案在实际工作中极为常见。我们在前文中对这种设计方案及其背后的理念进行过介绍，后文中还会从不同角度反复使用这种设计方案。读者此时可以复习前面对应的内容。

在图 3-21 所示拓扑中，由于 SWA 和 SWB 之间的链路出现了故障（虚线所示），因此 RSTP 重新进行了计算。为了避免网络中出现环路，RSTP 阻塞了 SWB 上连接 SWE 的端口。在 SWA 和 SWB 之间的链路恢复之后，网络需要重新收敛。在完成重新收敛后，作为根网桥，SWA 上连接 SWB 的端口变成了指定端口，而 SWB 上连接 SWA 的端口取代 SWB 上连接 SWD 的端口，变成了根端口，这是因为 SWB 上到达根网桥距离最近的端口是与 SWA 直连的端口。

---

① 当网络出现问题时，经过 STP 重新计算，若某些端口从阻塞状态变为转发状态的速度快于另一些端口从转发状态进入阻塞状态的速度，则网络中可能因此产生临时环路。

# 路由与交换技术

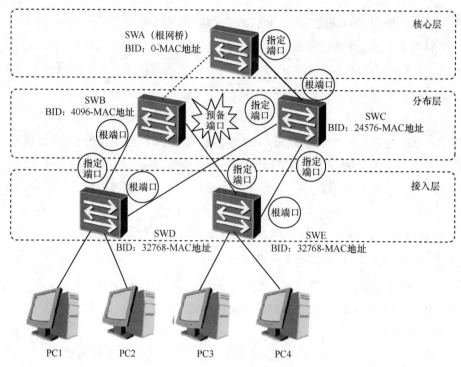

图 3-21 典型的（简化版）园区网

注：为了便于表示，且在图 3-21 所示拓扑中，BID 中的 MAC 地址无须以具体内容出现，因此，从此处开始，BID 中的 MAC 地址统一表示为"MAC 地址"。

在 STP 网络中，SWA 上连接 SWB 的端口需要等待 30s 才可以进入转发状态。由于这个网络使用的是 RSTP，因此该端口在 RSTP 重新计算并成为指定端口之后，SWA 就会通过这个端口直接向 SWB 发送一个 Proposal 消息，希望自己能够立刻进入转发状态。SWB 在接收到 Proposal 消息之后，会判断接收 Proposal 消息的端口是不是根端口。在确定接收 Proposal 的端口是根端口之后，SWB 会为了避免出现环路而阻塞自己所有非边缘的指定端口，使这些端口进入阻塞状态，这个操作称为 P/A 同步过程。在完成同步之后，SWB 向 SWA 发送一个 Agreement 消息，同意 SWA 将该端口快速切换到转发状态。当 SWA 接收到 SWB 发来的 Agreement 消息之后，SWA 的这个指定端口就会立刻进入转发状态，SWA 指定端口进入转发状态的过程如图 3-22 所示，这个过程中没有任何计时器参与。

**注释：**
无论 Proposal 消息还是 Agreement 消息，它们都是 BPDU。交换机会通过 BPDU 封装中的标记（Flag）字段标识 BPDU 的不同类型，如 Proposal BPDU 和 Agreement BPDU。关于与 STP BPDU 和 RSTP BPDU 格式有关的内容，我们建议读者在充分掌握 STP 和 RSTP 工作机制之后，自行查阅同类技术文献，并结合生成树的工作原理进行学习。我们在此不进行深入介绍。

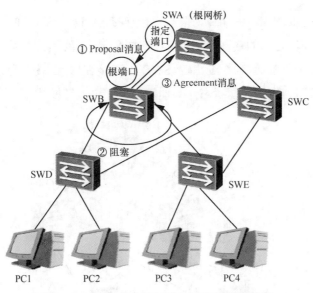

图 3-22　SWA 指定端口进入转发状态的过程

SWB 继续执行上述过程，通过自己连接 SWD 和 SWE 的指定端口发送 Proposal 消息，要求它们允许自己的指定端口也进入转发状态。SWD 和 SWE 在接收到 Proposal 消息之后，会判断该消息是不是通过自己的根端口接收的。于是，这两台交换机开始执行 P/A 同步过程，即阻塞它们各自连接 SWC 的端口，并向 SWB 发送 Agreement 消息，同意 SWB 将其与自己相连的端口快速切换到转发状态。当 SWB 接收到 SWD 和 SWE 发送的 Agreement 消息之后，相应的两个指定端口立刻进入转发状态。SWB 指定端口进入转发状态的过程如图 3-23 所示。

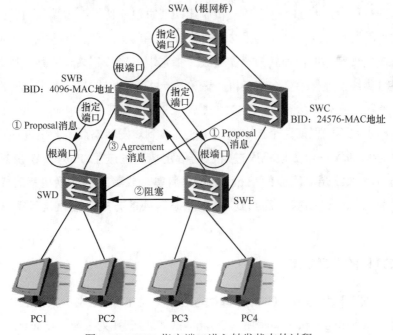

图 3-23　SWB 指定端口进入转发状态的过程

由于 SWC 上连接 SWA 的端口为根端口，连接 SWD 和 SWE 的端口为指定端口，因此在 SWC 与 SWD 之间的链路两端和 SWC 与 SWE 之间的链路两端，需要分别选出一个指定端口和一个预备端口。经过比较，SWD 上连接 SWC 的端口和 SWE 上连接 SWC 的端口成为预备端口，保持阻塞状态，其他端口全部进入转发状态，如图 3-24 所示。

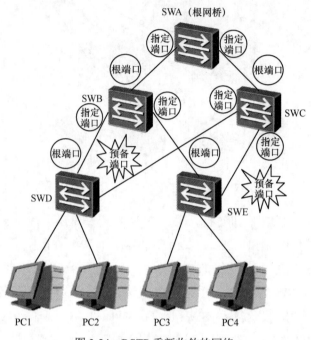

图 3-24　RSTP 重新收敛的网络

在上面的过程中，RSTP 通过 P/A 机制逐次请求快速切换指定端口的做法，提高了指定端口进入转发状态的速度。这里必须再次强调：只有点到点链路中的指定端口才能通过 P/A 机制实现状态的快速转换。如果某个指定端口连接到共享链路，那么该指定端口很可能通过集线器连接了多台交换机。无论这个指定端口接收到多少台交换机响应的 Agreement 消息，都不代表该端口连接的共享网络中没有其他未响应 Agreement 消息的交换机，因而也就不能保证这个指定端口快速过渡到转发状态后不会出现环路。

综上所述，如果一台交换机通过自己的指定端口发送了 **Proposal 消息，但没有接收到对方（比如终端）响应的 Agreement 消息，或者这台交换机指定端口的类型是共享型，那么这个端口就会回归到 STP 状态转换的方式，也就是等待 30s 后进入转发状态。**

### 3.3.3　RSTP 的端口状态

相比 STP 的 5 种状态，RSTP 对端口状态进行了简化，将区别不大的阻塞（Blocking）状态、侦听（Listening）状态和禁用（Disabled）状态合并为丢弃（Discarding）状态。

处于这 3 种状态的端口都不发送 BPDU、不学习 MAC 地址表，也不转发数据，这正是处于丢弃状态的端口的处理方式。于是，RSTP 只有 3 种状态，即转发（Forwarding）状态、学习（Learning）状态和丢弃（Discarding）状态，其中，学习状态和转发状态保留了它们在 STP 中的定义。RSTP 与 STP 的端口状态对比见表 3-3。

表 3-3　　　　　　　　　　RSTP 与 STP 的端口状态对比

| RSTP 的端口状态 | STP 的端口状态 | 含义 |
| --- | --- | --- |
| 丢弃（Discarding）状态 | 禁用（Disabled）状态 | 这种状态表示端口未启用 |
| | 阻塞（Blocking）状态 | 这种状态表示端口会忽略入站数据帧，同时不会转发数据帧 |
| | 侦听（Listening）状态 | 这种状态表示端口既不会学习 MAC 地址表，也不会转发数据帧 |
| 学习（Learning）状态 | 学习（Learning）状态 | 这种状态表示端口会学习 MAC 地址表，但不会转发数据帧 |
| 转发（Forwarding）状态 | 转发（Forwarding）状态 | 这种状态表示端口既会学习 MAC 地址表，也会转发数据帧 |

### 3.3.4　RSTP 的基本配置与验证

在本节中，我们会首先展示 RSTP 的基本配置，然后介绍 RSTP 中边缘端口和 BPDU 保护功能的配置方法。

在图 3-25 所示的网中，3 台交换机 SWA、SWB 和 SWC 两两相连，其中，SWB 通过两条链路连接 SWC。我们将 3 台交换机中的 SWA 指定为根网桥，并且确保当 SWA 失效时，SWB 会接替 SWA 成为根网桥，具体配置见例 3-11。

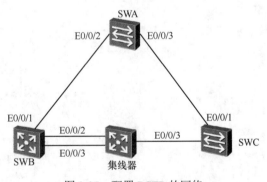

图 3-25　配置 RSTP 的网络

**例 3-11　交换机上的 RSTP 配置**

```
[SWA]stp mode rstp
Info: This operation may take a few seconds. Please wait for a moment...done.
[SWA]stp root primary

[SWB]stp mode rstp
```

```
Info: This operation may take a few seconds. Please wait for a moment...done.
[SWB]stp root secondary
```

```
[SWC]stp mode rstp
Info: This operation may take a few seconds. Please wait for a moment...done.
```

可以看出，管理员使用系统视图的配置命令 **stp mode rstp**，将交换机的 STP 运行模式从默认的 MSTP 更改为了 RSTP。

为了保证 SWA 成为根网桥，管理员在 SWA 上使用了命令 **stp root primary**。这条命令的作用是指定这台本地交换机为根网桥，并且这条命令会自动将该交换机的优先级固定为 0。为了保证当 SWA 失效时，SWB 能够成为根网桥，管理员在 SWB 上使用了命令 **stp root secondary**。这条命令可以将本地交换机指定为次选的根网桥，并且自动将该交换机的优先级值固定为 4096。

在交换机上配置这两条命令的其中一条后，管理员就无法通过命令 **stp priority** *value* 修改交换机的优先级值了。例 3-12 展示了管理员强行在 SWA 上设置 STP 优先级时，交换机显示的错误信息。

**例 3-12　在 SWA 上强行设置 STP 优先级的错误提示**

```
[SWA]stp priority 4096
Error: Failed to modify priority because the switch is configured as a primary root or secondary root.
```

接下来，我们通过命令 **display stp interface** *interface-id* 检查网络中 RSTP 根网桥的选择是否跟管理员的设计相同。在 SWA 上查看端口 E0/0/2 的 STP 状态见例 3-13。

**例 3-13　在 SWA 上查看端口 E0/0/2 的 STP 状态**

```
[SWA]display stp interface e0/0/2
-------[CIST Global Info][Mode RSTP]-------
CIST Bridge            :0    .4c1f-cc4a-4806
Config Times           :Hello 2s MaxAge 20s FwDly 15s MaxHop 20
Active Times           :Hello 2s MaxAge 20s FwDly 15s MaxHop 20
CIST Root/ERPC         :0    .4c1f-cc4a-4806 / 0
CIST RegRoot/IRPC      :0    .4c1f-cc4a-4806 / 0
CIST RootPortId        :0.0
BPDU-Protection        :Disabled
CIST Root Type         :Primary root
TC or TCN received     :97
TC count per hello     :0
STP Converge Mode      :Normal
Time since last TC     :0 days 0h:7m:7s
Number of TC           :24
```

# 第 3 章 STP

```
 Last TC occurred       :Ethernet0/0/2
 ----[Port2(Ethernet0/0/2)][FORWARDING]----
 Port Protocol          :Enabled
 Port Role              :Designated Port
 Port Priority          :128
 Port Cost(Dot1T )      :Config=auto / Active=200000
 Designated Bridge/Port :0.4c1f-cc4a-4806 / 128.2
 Port Edged             :Config=default / Active=disabled
 Point-to-point         :Config=auto / Active=true
 Transit Limit          :147 packets/hello-time
 Protection Type        :None
 Port STP Mode          :RSTP
 Port Protocol Type     :Config=auto / Active=dot1s
 BPDU Encapsulation     :Config=stp / Active=stp
 PortTimes              :Hello 2s MaxAge 20s FwDly 15s RemHop 20
 TC or TCN send         :52
 TC or TCN received     :13
 BPDU Sent              :4762
       TCN: 0, Config: 54, RST: 4708, MST: 0
 BPDU Received          :16
       TCN: 0, Config: 0, RST: 16, MST: 0
```

从输出信息中的第一个阴影行可以看出,当前 STP 的运行模式是 RSTP。从第二个阴影行可以看出,SWA 是主根网桥。

输出信息还展示了 SWA 上端口 E0/0/2 的 STP 相关信息。管理员可以使用命令 **display stp brief** 查看所有端口的 STP 状态汇总信息,具体见例 3-14。

**例 3-14** 查看所有端口的 STP 状态汇总信息

```
[SWA]display stp brief
 MSTID  Port              Role    STP State    Protection
   0    Ethernet0/0/2     DESI    FORWARDING   NONE
   0    Ethernet0/0/3     DESI    FORWARDING   NONE
[SWB]display stp brief
 MSTID  Port              Role    STP State    Protection
   0    Ethernet0/0/1     ROOT    FORWARDING   NONE
   0    Ethernet0/0/2     DESI    DISCARDING   NONE
   0    Ethernet0/0/3     BACK    DISCARDING   NONE
[SWC]display stp brief
 MSTID  Port              Role    STP State    Protection
   0    Ethernet0/0/1     ROOT    FORWARDING   NONE
   0    Ethernet0/0/3     ALTE    DISCARDING   NONE
```

可以看出，在 SWA 上，由于它是 RSTP 网络中的根网桥，因此它连接 SWB 和 SWC 的两个端口都是指定端口（DESI），它们的 STP 状态都是转发状态（FORWARDING）。

同样可以看出，在 SWB 上，端口 E0/0/1 是直接去往根网桥开销最低的端口，所以是根端口（ROOT），STP 状态为转发状态（FORWARDING）；端口 E0/0/2 和 E0/0/3 与 SWC 的端口 E0/0/3 通过集线器连接，因此，这 3 个端口中需要选举出一个指定端口。我们在前文介绍过指定端口的选举规则，也就是在同一个网段中的端口首先比较根路径开销，然后比较 BID，最后比较 PID。在例 3-14 中，这 3 个端口的根路径开销相同，因而它们需要进行 BID 的比较。在这个步骤中，因为 SWB 的 BID 小于 SWC 的 BID（SWB 的优先级为 4096），所以 SWC 的端口 E0/0/3 落选。然后，RSTP 比较 SWB 上两个端口的 PID。因此，SWB 的端口 E0/0/2 是指定端口（DESI），STP 状态为丢弃状态（DISCARDING）；端口 E0/0/3 作为这个指定端口的备份端口（BACK），STP 状态为丢弃状态（DISCARDING）。

还可以看出，在 SWC 上，端口 E0/0/1 是直接去往根网桥开销最低的端口，因此是这台交换机的根端口（ROOT），STP 状态为转发状态（FORWARDING）。由于端口 E0/0/3 在本物理网段中指定端口的选举中落败，因此 STP 的端口角色为预备端口（ALTE），STP 状态为丢弃状态（DISCARDING）。

下面，我们在图 3-25 所示网络的基础上添加一台终端，如图 3-26 所示，用该网络介绍边缘端口和 BPDU 保护功能。

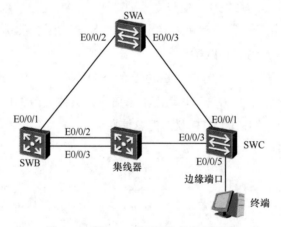

图 3-26　图 3-25 所示网络的扩展网络

我们在前文中对边缘端口进行过简单介绍，同时提到边缘端口需要由管理员进行指定。在华为交换机上，管理员有两种方式将端口配置为边缘端口，具体如下。

（1）系统视图：使用命令 **stp edged-port default**，可以将交换机的所有端口默认设置为边缘端口。

（2）端口视图：使用命令 **stp edgcd-port enable**，可以将交换机上的指定端口设置为边缘端口。

我们使用第二种配置方式，将 SWC 的端口 E0/0/5 设置为边缘端口，见例 3-15。

**例 3-15　将 SWC 的端口 E0/0/5 设置为边缘端口**

```
[SWC]interface e0/0/5
[SWC-Ethernet0/0/5]stp edged-port enable
```

接下来，我们使用命令 **display stp interface** *interface-id* 查看该端口的 STP 相关信息，见例 3-16。

**例 3-16　查看 SWC 上端口 E0/0/5 的 STP 相关信息**

```
[SWC]display stp interface e0/0/5
-------[CIST Global Info][Mode RSTP]-------
 CIST Bridge           :32768.4c1f-cc22-5ab5
 Config Times          :Hello 2s MaxAge 20s FwDly 15s MaxHop 20
 Active Times          :Hello 2s MaxAge 20s FwDly 15s MaxHop 20
 CIST Root/ERPC        :0    .4c1f-cc4a-4806 / 200000
 CIST RegRoot/IRPC     :32768.4c1f-cc22-5ab5 / 0
 CIST RootPortId       :128.1
 BPDU-Protection       :Disabled
 TC or TCN received    :8
 TC count per hello    :0
 STP Converge Mode     :Normal
 Time since last TC    :0 days 0h:21m:4s
 Number of TC          :7
 Last TC occurred      :Ethernet0/0/1
----[Port5(Ethernet0/0/5)][FORWARDING]----
 Port Protocol         :Enabled
 Port Role             :Designated Port
 Port Priority         :128
 Port Cost(Dot1T )     :Config=auto / Active=200000
 Designated Bridge/Port  :32768.4c1f-cc22-5ab5 / 128.5
 Port Edged            :Config=enabled / Active=enabled
 Point-to-point        :Config=auto / Active=true
 Transit Limit         :147 packets/hello-time
 Protection Type       :None
 Port STP Mode         :RSTP
 Port Protocol Type    :Config=auto / Active=dot1s
 BPDU Encapsulation    :Config=stp / Active=stp
 PortTimes             :Hello 2s MaxAge 20s FwDly 15s RemHop 20
 TC or TCN send        :0
 TC or TCN received    :0
 BPDU Sent             :5
```

```
            TCN: 0, Config: 0, RST: 5, MST: 0
BPDU Received           :0
            TCN: 0, Config: 0, RST: 0, MST: 0
```

在例 3-16 所示命令的输出信息中，我们用阴影标出了 4 行信息。第一个阴影行显示以下信息为端口 E0/0/5 的 STP 相关信息，并且 E0/0/5 的 STP 状态为转发状态（FORWARDING）。第二个阴影行显示 E0/0/5 的端口角色是指定端口。第三个阴影行显示边缘端口特性是否启用，可以看出，该特性已启用。第四个阴影行显示端口的 STP 运行模式为 RSTP。

此时，如果有人把一台交换机连接到了 SWC 的端口 E0/0/5 上，会发生什么呢？E0/0/5 会失去边缘端口属性，也就是说，该端口会重新参与 STP 的计算。我们将 E0/0/5 关闭，把交换机 SWA 连接到该端口，在启用 E0/0/5 后，马上通过命令 **display stp brief** 查看 E0/0/5 的 STP 相关信息，见例 3-17。

**例 3-17 将 SWA 连接到 SWC 的端口 E0/0/5，并查看 E0/0/5 的 STP 相关信息**

```
[SWC]interface e0/0/5
[SWC-Ethernet0/0/5]undo shutdown
[SWC-Ethernet0/0/5]display stp brief
 MSTID  Port                Role  STP State    Protection
   0    Ethernet0/0/1       ROOT  FORWARDING   NONE
Oct 28 2016 03:10:39-08:00 SWC %%01PHY/1/PHY(l)[12]:     Ethernet0/0/5: change status to up
[SWC-Ethernet0/0/5]display stp brief
 MSTID  Port                Role  STP State    Protection
   0    Ethernet0/0/1       ROOT  FORWARDING   NONE
   0    Ethernet0/0/5       DESI  FORWARDING   NONE
[SWC-Ethernet0/0/5]display stp brief
 MSTID  Port                Role  STP State    Protection
   0    Ethernet0/0/1       ALTE  DISCARDING   NONE
   0    Ethernet0/0/5       ROOT  FORWARDING   NONE
```

从例 3-17 所示命令的输出信息可以看出，网络中产生了环路。由于 SWC 的端口 E0/0/1 和 E0/0/5 都连接到 SWA，因此，这两条链路不能同时为转发状态（会形成环路）。从第一条命令 **display stp brief** 的输出信息可以看出，这时只有 E0/0/1 为启用状态，并且为根端口（ROOT），处于转发状态（FORWARDING）。这条命令后的阴影行显示了 E0/0/5 已被启用的系统提示消息。第二条命令 **display stp brief** 显示 E0/0/5 在启用后的端口角色为指定端口（DESI），并且进入转发状态（FORWARDING）。由于交换机还没来得及重新选举端口角色，因此出现了 E0/0/1 和 E0/0/5 同时为转发状态（FORWARDING）的情况。从第三条命令 **display stp brief** 的输出信息可以看出，交换机完成了端口角色的重新选举，E0/0/1 成为预备端口（ALTE），进入丢弃状态

（DISCARDING），E0/0/5 端口则成为根端口（ROOT）。

从例 3-17 可以看出，当管理员启用了端口的边缘端口特性时，该端口会在启用后直接进入转发状态，并按需重新确定端口角色。如果管理员在交换机的系统视图中使用命令 **stp edged-port default**，启用所有端口的边缘端口特性，那么很容易会在网络拓扑重新计算过程中生成环路，因此，这条命令要慎用。

要想让端口 E0/0/5 在接收到 BPDU 消息时不被其影响，则管理员可以使用 BPDU 保护功能。**BPDU 保护功能**的作用是让边缘端口在接收到 BPDU 消息时直接被交换机禁用，不会参与 STP 的计算。启用 BPDU 保护功能的配置方法是在交换机的系统视图中使用命令 **stp bpdu-protection**。例 3-18 展示了在 SWC 上启用 BPDU 保护功能的配置方法。

例 3-18　在 SWC 上启用 BPDU 保护功能的配置方法

```
[SWC]stp bpdu-protection
```

在使用这条命令后，当端口 E0/0/5 接收到 BPDU 消息时，就会被禁用。管理员将终端连接到 E0/0/5 端口后，查看该端口的 STP 相关信息，见例 3-19。

例 3-19　查看连接终端的端口 E0/0/5 的 STP 相关信息

```
[SWC]display stp brief
MSTID  Port             Role  STP State   Protection
 0     Ethernet0/0/1    ROOT  FORWARDING  NONE
 0     Ethernet0/0/5    DESI  FORWARDING  BPDU
```

从例 3-19 的输出信息中可以看出，端口 E0/0/5 上启用了 BPDU 保护功能（阴影部分）。这时再次将交换机 SWA 连接到端口 E0/0/5，查看该端口的 STP 的相关信息见例 3-20。

例 3-20　查看连接交换机 SWA 并启用 BPDU 保护功能的端口 E0/0/5 的 STP 的相关信息

```
[SWC]display stp interface e0/0/5
-------[CIST Global Info][Mode RSTP]-------
 CIST Bridge            :32768.4c1f-cc22-5ab5
 Config Times           :Hello 2s MaxAge 20s FwDly 15s MaxHop 20
 Active Times           :Hello 2s MaxAge 20s FwDly 15s MaxHop 20
 CIST Root/ERPC         :0    .4c1f-cc4a-4806 / 200000
 CIST RegRoot/IRPC      :32768.4c1f-cc22-5ab5 / 0
 CIST RootPortId        :128.1
 BPDU-Protection        :Enabled
 TC or TCN received     :24
 TC count per hello     :0
 STP Converge Mode      :Normal
 Time since last TC     :0 days 0h:14m:20s
 Number of TC           :19
```

```
    Last TC occurred        :Ethernet0/0/1
 ----[Port5(Ethernet0/0/5)][DOWN]----
    Port Protocol           :Enabled
    Port Role               :Disabled Port
    Port Priority           :128
    Port Cost(Dot1T )       :Config=auto / Active=200000000
    Designated Bridge/Port  :32768.4c1f-cc22-5ab5 / 128.5
    Port Edged              :Config=enabled / Active=enabled
    BPDU-Protection         :Enabled
    Point-to-point          :Config=auto / Active=false
    Transit Limit           :147 packets/hello-time
    Protection Type         :None
    Port STP Mode           :RSTP
    Port Protocol Type      :Config=auto / Active=dot1s
    BPDU Encapsulation      :Config=stp / Active=stp
    PortTimes               :Hello 2s MaxAge 20s FwDly 15s RemHop 20
    TC or TCN send          :0
    TC or TCN received      :0
    BPDU Sent               :0
         TCN: 0, Config: 0, RST: 0, MST: 0
    BPDU Received           :0
         TCN: 0, Config: 0, RST: 0, MST: 0
```

在例 3-20 的输出信息中，第一个阴影行显示端口 E0/0/5 的状态为失效（DOWN），第二个阴影行显示 E0/0/5 为禁用端口，第三个和第四个阴影行显示边缘端口和 BPDU 保护功能均已启用。在启用 BPDU 保护功能后，边缘端口如果接收到 BPDU 消息，就会成为禁用端口，并且进入 DOWN 状态。BPDU 保护功能可以有效阻止边缘端口因接收到 BPDU 消息而开始参与 RSTP 计算。

这里需要注意的是，因 BPDU 保护功能而进入 DOWN 状态的端口默认不会自动恢复，即使管理员将其重新连接到终端，该端口也会维持 DOWN 状态。这时，管理员如果手动进行恢复，可以先在端口上使用命令 **shutdown**，再使用命令 **undo shutdown**；或者在端口配置视图下使用命令 **restart** 重启端口。

有一种方法能够让端口在一段时间后自动恢复，这需要管理员在系统视图下使用命令 **error-down auto-recovery cause bpdu-protection interval** *interval-value*，其中，时间间隔 *interval-value* 的取值范围为 30~86400s。

这里需要额外说明一点内容，那就是边缘端口和 BPDU 保护功能虽然通过 RSTP 引入到交换网络，但目前，即使交换网络中采用的是 STP，也不妨碍管理员在交换机上启用边缘端口和 BPDU 保护功能。

## 3.4 MSTP

在前文中,我们没有考虑交换网络中划分多个 VLAN 的情形,而是将关于 STP 的讨论限定在参与的交换机上都只有一个 VLAN 的前提下。然而,我们在介绍 STP 时就提到,环路所产生的影响大多是通过广播体现出来的,因此,合理的防环机制应该是能以广播域为单位进行实施和部署的。VLAN 可以从逻辑上隔离广播域,如果交换网络中的交换机可以针对不同的 VLAN 分别计算生成树拓扑,那么得到的网络应该会更加优化。

华为交换机默认的 STP 运行模式——MSTP 就是一种可以让管理员根据实际需求配置交换机,使交换机能够根据管理员设计的 VLAN 组合来计算网络生成树的 STP 运行模式。

### 3.4.1 MSTP 的基本原理

由于生成树技术诞生的年代早于 VLAN 技术诞生的年代,因此,无论是 STP 还是 RSTP,都以物理交换机为单位执行计算。然而,随着 VLAN 技术的出现,管理员可以根据需要将交换机的端口划分到不同的 VLAN 中,而连接不同 VLAN 的设备(若不通过三层路由)就会因此相互隔离,形如连接不同的交换机(局域网)。从这个角度来说,VLAN 也可以被理解为提供了将一台交换机划分为多台逻辑交换机的方式。这样一来,继续以物理交换机为单位计算生成树,那么计算的结果有时就不那么尽如人意了。

VLAN 是一项虚拟化技术,旨在通过逻辑手段打乱物理资源原有的调用方式,因此,单纯地通过文字描述,让初学者理解"STP 最好能够让交换机针对每个 VLAN 单独计算生成树"的原因,往往比较困难。为了便于读者理解,我们设计了一个简单的网络,如图 3-27 所示。在这个网络环境中,3 台通过 Trunk 链路相连的交换机共连接了 3 个 VLAN,每个 VLAN 中分别有两台与不同交换机直连的终端(PC)。下面,我们解释 STP 的运算结果为何这种网络无法让数据转发的效率达到最优。

从图 3-27 可以看出,3 台交换机经过 STP 计算后,阻塞了 SWC 上连接 SWB 的端口。这导致的结果是,当 VLAN 2 中连接 SWB 的终端 PC2 需要向连接 SWC 的同处于 VLAN 2 的终端 PC5 发送数据帧时,由于生成树阻塞了 SWC 上连接 SWB 的端口,因此所有数据帧必须绕行,通过 SWA 进行发送。如果 3 条链路的开销相等,那么这样的转发路径对于 PC2 和 PC5 来说,无疑是不合理的:不仅给 PC2 和 PC5 之间的数据帧传输引入了不必要的时延,而且这些本该通过更优路径转发的数据帧占用了 2 条(绕行)链路的带宽。在高峰时段,这种传输方式可能会影响 VLAN 1 和 VLAN 3 之间的流量传输,而更适合 PC2 和 PC5 之间流量转发的链路带宽则被白白闲置了。

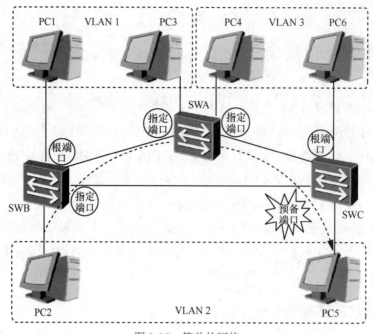

图 3-27　简单的网络

在图 3-27 所示网络环境中，无论 STP/RSTP 阻塞哪个端口，都会有某个 VLAN 中的终端在通信时面临上述问题。所以，要想最大化利用所有链路，唯一的解决方案就是让生成树以 VLAN 为单位进行计算，让管理员通过参数控制 VLAN 生成树的选举结果，这样才能确保 VLAN1 的生成树在 SWA 和 SWB 之间的链路上不会出现阻塞端口；VLAN 2 的生成树在 SWB 和 SWC 之间的链路上不会出现阻塞端口；VLAN 3 的生成树在 SWA 和 SWC 之间的链路上不会出现阻塞端口。这样一来，不仅每个 VLAN 中的两台交换机在相互传输数据帧时可以使用最短的路径，而且每条链路都能够被用于传输数据，使网络中的传输路径可以得到优化，链路利用率可以获得提升。这就是多生成树需求的来源。

MSTP 最初定义在 IEEE 802.1s 标准中，后来被融入 IEEE 802.1Q-2005 标准。MSTP 可以让管理员根据需求，将一个或多个 VLAN 划分到一个多生成树实例（Multiple Spanning Tree Instance，MSTI）中。此后，交换机可以以 MSTI 为单位进行收敛，为每个 MSTI 收敛出一棵独立的生成树，实现上述效果。

比如，在图 3-27 所示的网络环境中，管理员可以首先创建 2 个 MSTI——Instance1 和 Instance2；然后将 VLAN 1 和 VLAN 3 划分到 Instance1 中，VLAN 2 划分到 Instance2 中；最后将 SWA 设置为 Instance1 的根网桥，将 SWB 设置为 Instance2 的根网桥，即建立下面的映射关系，达到优化转发路径和提高链路利用率的目的。

Instance1：VLAN 1、VLAN 3。

Instance2：VLAN 2。

**注释：**

当然，我们也可以在图 3-27 所示的网络环境中首先创建 3 个 MSTI，即 Instance1、Instance2 和 Instance3；然后将 VLAN 1 划分到 Instance1 中，将 VLAN 2 划分到 Instance2 中，将 VLAN 3 划分到 Instance3 中；最后将 SWA 设置为 Instance1 的根网桥，SWB 设置为 Instance2 的根网桥，SWC 设置为 Instance3 的根网桥。但是，交换机上需要独立计算的生成树数量越多，交换机的计算资源的消耗自然越大，管理员需要承担的实施和管理工作也必然越艰巨。交换机在技术上固然可以支持针对每个 VLAN 创建一个 Instance 的做法，但在拥有大量 VLAN 的网络环境中，这种做法会让交换机和工程师都承受不必要的压力。因此，如何在大型网络中高明地规划 MSTI，这在一定程度上也体现了工程师的经验和智慧。

**注释：**

一个多生成树实例可以包含多个 VLAN，但一个 VLAN 只能属于一个 Instance。

MSTP 在计算生成树方面，基本沿用了 RSTP 的做法。除了需要为每个实例独立计算出一棵生成树外，MSTP 支持所有 RSTP 对 STP 所做的改进，如端口状态、端口状态机的简化、端口的快速切换等，但在部分细节有细微的区别，如在 P/A 机制中，Proposal 消息某字段的置位不同。因此，MSTP 也可以实现快速收敛。

目前华为交换机默认的 STP 运行模式为 MSTP，MSTP 可以兼容 RSTP 和 STP。

要想让局域网中的交换机能够为每个 MSTI 计算出一棵生成树，那么每台交换机上的 MSTI 与 VLAN 之间的映射关系就必须完全相同。但是，在一些规模更大的网络中，经常出现这样一种情况或需求，即 MSTI 与 VLAN 之间的映射关系仅在一部分交换机上相同。也就是说，在这个网络中，一部分交换机拥有相同的 MSTI-VLAN 映射关系，另一部分交换机拥有其他的 MSTI-VLAN 映射关系。为此，MSTP 定义了 MST 域的概念。管理员可以将拥有相同 MSTI-VLAN 映射关系的交换机划分到同一个 MST 域中，让 MSTI 只在 MST 域内有效。这种方式会有以下几种情形。

（1）在 MST 域内，各台交换机的 MSTP 以每个 MSTI 为单位，计算出 MSTI 在域内的生成树。

（2）在全网，所有交换机的 MSTP 以交换机为单位，计算出一棵全网的总生成树，这棵生成树称为公共和内部生成树（Common and Internal Spanning Tree，CIST）。CIST 的根网桥为整个网络中优先级最高的交换机，CIST 的根称为总根。

（3）在 MST 域间，所有交换机上的 MSTP 以 MST 域为单位，计算出一棵域生成树，这棵生成树称为公共生成树（Common Spanning Tree，CST）。CST 的根就是总根所在的 MST 域。

如果对 MST 域的相关概念展开进行介绍，至少需要一章的篇幅。因为 MST 域涉及多个以不同实体为单位的生成树在整个网络，以及网络的不同区域分步骤进行收敛的过程，这已超出本书的范畴，所以本书在此不再继续深入介绍。在目前的阶段，读者了解 MSTP 支持管理员能够将拥有不同 MSTI-VLAN 映射需求的交换机划分到不同的 MST 域中即可。

### 3.4.2 MSTP 的基本配置与验证

在前文的案例中，我们都没有在交换机上设置任何 VLAN，网络拓扑中的所有设备只使用一个 VLAN。在本节中，我们在一个由 3 台交换机相互连接构成的小型网络中，添加两个 VLAN，即 VLAN 10 和 VLAN 20，并演示如何通过 MSTP 的配置，提高这个网络中的链路利用率。配置 MSTP 的网络如图 3-28 所示。

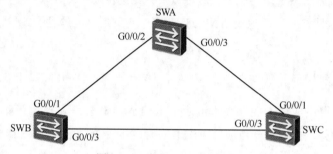

图 3-28 配置 MSTP 的拓扑

在图 3-28 所示的网络中，如果运行 STP 或 RSTP，必然会有一条链路会被阻塞，这是因为该网络中存在交换环路。例如，如果 SWA 被选为根网桥，那么 SWB 与 SWC 之间的链路将被阻塞，无法传输数据。假设 SWB 连接的 VLAN 10 用户需要与 SWC 连接的 VLAN 10 用户进行通信，它们之间的流量只能经过 SWA 进行转发。

根据前文的介绍，读者应该已经理解：如果想要提高链路的利用率，不让交换网络中出现完全空闲的链路，那么管理员需要以 MSTI 为单位，让交换机计算生成树。在图 3-28 中，我们可以让交换机分别为 VLAN 10 和 VLAN 20 计算生成树，让两棵生成树实例选择不同的链路（端口）进行阻塞，这样流量就可以被分到所有链路上了。例如，对于 VLAN10 来说，被阻塞的是 SWA 与 SWB 之间的链路；而对于 VLAN 20 来说，被阻塞的是 SWB 与 SWC 之间的链路。交换机以 MSTI 计算的两棵生成树如图 3-29 所示。

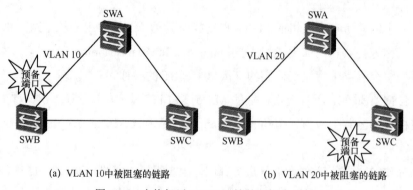

图 3-29 交换机以 MSTI 计算的两棵生成树

从图 3-29 中可以看出，在某种程度上，网络阻塞的端口由一个变成了两个。但换个角度，我们也可以说这两个阻塞端口在另一个 MSTI 中不是被阻塞的状态，因此，并没有哪条链路会被完全阻塞，都是有条件地进行阻塞。这样一来，链路利用率得到了提高，交换机的转发工作也被分担了。

接下来，我们将展示在华为交换机上配置 MSTP 的相关命令。交换机端口的配置见例 3-21。

例 3-21　交换机端口的配置

```
[SWA]interface g0/0/2
[SWA-GigabitEthernet0/0/2]port link-type trunk
[SWA-GigabitEthernet0/0/2]port trunk allow-pass vlan all
[SWA]interface g0/0/3
[SWA-GigabitEthernet0/0/3]port link-type trunk
[SWA-GigabitEthernet0/0/3]port trunk allow-pass vlan all
```

```
[SWB]interface g0/0/1
[SWB-GigabitEthernet0/0/1]port link-type trunk
[SWB-GigabitEthernet0/0/1]port trunk allow-pass vlan all
[SWB]interface g0/0/3
[SWB-GigabitEthernet0/0/3]port link-type trunk
[SWB-GigabitEthernet0/0/3]port trunk allow-pass vlan all
```

```
[SWC]interface g0/0/1
[SWC-GigabitEthernet0/0/1]port link-type trunk
[SWC-GigabitEthernet0/0/1]port trunk allow-pass vlan all
[SWC]interface g0/0/3
[SWC-GigabitEthernet0/0/3]port link-type trunk
[SWC-GigabitEthernet0/0/3]port trunk allow-pass vlan all
```

在配置 MSTP 之前，需要先做一些前期准备工作，例如，将有关端口设置为 Trunk 模式，放行相关 VLAN 数据。在例 3-21 中，我们放行了所有 VLAN 的数据。

例 3-22 中展示了 3 台交换机上 VLAN 的创建。

例 3-22　3 台交换机上 VLAN 的创建

```
[SWA]vlan batch 10 20
```
```
[SWB]vlan batch 10 20
```
```
[SWC]vlan batch 10 20
```

由例 3-22 可知，管理员在一条命令中创建了两个 VLAN：VLAN 10 和 VLAN 20。下一步，我们需要创建 MSTI，并把 VLAN 划分到对应的 MSTI 中，见例 3-23。

例 3-23　创建 MSTI，并把 VLAN 划分到对应的 MSTI 中

```
[SWA]stp region-configuration
```

```
[SWA-mst-region]region-name mst-region
[SWA-mst-region]instance 10 vlan 10
[SWA-mst-region]instance 20 vlan 20
[SWA-mst-region]active region-configuration
```

```
[SWB]stp region-configuration
[SWB-mst-region]region-name mst-region
[SWB-mst-region]instance 10 vlan 10
[SWB-mst-region]instance 20 vlan 20
[SWB-mst-region]active region-configuration
```

```
[SWC]stp region-configuration
[SWC-mst-region]region-name mst-region
[SWC-mst-region]instance 10 vlan 10
[SWC-mst-region]instance 20 vlan 20
[SWC-mst-region]active region-configuration
```

在例 3-23 中，首先，管理员首先使用系统视图的命令 **stp region-configuration** 进入 MST 域视图。然后，管理员通过命令 **region-name** 指定该 MST 域使用的名称（例 3-23 中的名称为 mst-region）。需要指出的是，同一个 MST 域中的交换机上都要配置相同的域名。最后，管理员使用命令 **instance** *instance-id* **vlan** {*vlan-id1* [**to** *vlan-id2*]}创建 MSTI 与 VLAN 的映射关系。在例 3-23 中，管理员在 Instance10 中添加了 VLAN 10，在 Instance20 中添加了 VLAN 20。

管理员在配置 MST 域的相关参数，特别是配置 MSTI 与 VLAN 的映射关系时，如果交换机在管理员输入命令后就立刻应用管理员所做的配置，那么会很容易引起网络振荡。为了减少网络振荡，管理员新配置的 MST 域参数是不会立即生效的，而是需要使用命令 **active region-configuration** 进行激活。

管理员在例 3-24 中执行了图 3-29 的设计目标，即对于 VLAN 10 的流量，阻塞 SWA 与 SWB 之间的链路；对于 VLAN 20 的流量，阻塞 SWB 与 SWC 之间的链路，为每个 MSTI 指定根网桥。

**例 3-24　为每个实例指定根网桥**

```
[SWA]stp instance 10 root secondary
[SWA]stp instance 20 root primary
```

```
[SWC]stp instance 10 root primary
[SWC]stp instance 20 root secondary
```

在例 3-24 中，管理员将 SWA 设置为 Instance10 的备用根网桥和 Instance20 的根网桥，SWC 设置为 Instance10 的根网桥和 Instance20 的备用根网桥，这样就实现了图 3-29 中的设计目标。在影响根网桥选举方式上，MSTP、STP 和 RSTP 没有什么区别，只不过要在配置命令中指明修改的是这台交换机在哪个实例中的优先级。如果需要配置具体的优先级值，配置命令为 **stp [instance** *instance-id***] priority** *priority*，其中，优先级值仍然需要配置为 4096 的倍数。

例 3-25 展示了在 SWA 上查看 MST 域的相关信息。

**例 3-25 在 SWA 上查看 MST 域的相关信息**

```
[SWA]stp region-configuration
[SWA-mst-region]check region-configuration
 Admin configuration
   Format selector      :0
   Region name          :mst-region
   Revision level       :0

   Instance    VLANs Mapped
     0         1 to 9, 11 to 19, 21 to 4094
    10         10
    20         20
```

读者如果认真观察例 3-25 所示命令的视图，就会发现 **check region-configuration** 是一条 MST 域视图的命令。通过这条命令，管理员可以查看 MST 域名称及 MSTI 和 VLAN 的映射关系。

管理员可以使用命令 **display stp brief**，在 SWB 上查看 STP 汇总信息，见例 3-26。

**例 3-26 在 SWB 上查看 STP 汇总信息**

```
[SWB]display stp brief
 MSTID  Port                 Role    STP State    Protection
     0  GigabitEthernet0/0/1  ROOT    FORWARDING   NONE
     0  GigabitEthernet0/0/3  DESI    FORWARDING   NONE
    10  GigabitEthernet0/0/1  ALTE    DISCARDING   NONE
    10  GigabitEthernet0/0/3  ROOT    FORWARDING   NONE
    20  GigabitEthernet0/0/1  ROOT    FORWARDING   NONE
    20  GigabitEthernet0/0/3  ALTE    DISCARDING   NONE
```

从例 3-26 的输出信息中可以看出处于丢弃状态（DISCARDING）的端口有哪些。MSTID 列标注了 MSTI 的 ID，可以看出，Instance10 中阻塞的端口是 G0/0/1，Instance20 中阻塞的端口是 G0/0/3。

## 3.5 本章总结

本章通过介绍冗余链路的作用及其带来的后果，解释了 STP 的由来与重要性，并介绍了大量与 STP 相关的术语，如 BPDU、根网桥、根端口、指定端口、预备端口、树、生成树等。

在了解了 STP 的作用和术语后，我们在 3.2 节中分步骤详细解释了 STP 的工作方式，如根网桥、根端口、指定端口和预备端口的选举过程，以及 STP 端口状态机。同时，我们演示了 STP 的基本配置及 STP 各种计时器的设置方式，并提出了 STP 收敛速度慢的缺陷。

接下来，我们在 3.3 节中首先通过对比 STP 与 RSTP 的异同，阐明了 RSTP 的优势；然后介绍了 RSTP 实现快速收敛的工作原理，以及 RSTP 中加速收敛的特性。最后，我们演示了 RSTP 的基本配置与验证方法，同时介绍了如何配置边缘端口和 BPDU 保护特性。

我们在 3.4 节通过不同 VLAN 分别计算生成树的需求，引出了 MSTP，并且介绍了 MSTP 的原理与配置方法。

## 3.6 练习题

**一、选择题**

1. （多选）STP 的工作流程是：选举（　　）、选举（　　）、选举（　　）、阻塞（　　）。

   A. 根网桥　　　　　　　　　　B. 转发端口

   C. 根端口　　　　　　　　　　D. 指定端口

   E. 阻塞端口　　　　　　　　　F. 预备端口

2. STP 在选举根网桥时，比较的参数是（　　）。

   A. 交换机 STP 优先级　　　　　B. 交换机 MAC 地址

   C. 交换机网桥 ID　　　　　　　D. 交换机上行链路带宽

3. （多选）下列有关指定端口的说法中，正确的是（　　）。

   A. 指定端口处于转发状态

   B. 指定端口是在同一个广播域中选举出来的

   C. 指定端口是每台交换机上距离根网桥最近的端口

   D. 根网桥上的端口一般都是指定端口

4. （多选）RSTP 中定义了（　　）的端口角色。

   A. 根端口　　　　　　　　　　B. 指定端口

   C. 预备端口　　　　　　　　　D. 备份端口

   E. 丢弃端口

5. 以下有关 RSTP 的说法中，错误的是（　　）。

   A. RSTP 会在交换网络中构建出一棵无环的树

   B. RSTP 会通过阻塞端口的方式切断环路

C．RSTP 使用 P/A 机制

D．RSTP 中不使用转发时延

6．（多选）在 RSTP 中，预备端口是（　　）的候选，备份端口是（　　）的候选。

A．根网桥　　　　　　　　B．转发端口

C．根端口　　　　　　　　D．指定端口

7．RSTP 中被配置为边缘端口的端口角色是（　　）。

A．根端口　　　　　　　　B．指定端口

C．转发端口　　　　　　　D．边缘端口

8．（多选）下列有关备份端口的说法中，错误的是（　　）。

A．既不是根端口也不是指定端口的都是备份端口

B．备份端口处于阻塞状态

C．备份端口会接收并转发 BPDU

D．备份端口不接收但会转发 BPDU

二、判断题（说明：若内容正确，则在后面的括号中画"√"；若内容不正确，则在后面的括号中画"×"。）

1．根网桥上的端口都是根端口，这是因为到达根网桥的距离最短为 0。（　　）

2．在 STP 中，根端口需要经过侦听状态和学习状态，才会进入转发状态。（　　）

3．RSTP 使用 P/A 机制实现快速收敛。（　　）

4．在 RSTP 中，根端口需要经过丢弃状态和学习状态后，才会进入转发状态。（　　）

5．在配置了 MSTP 中的实例和 VLAN 映射关系后，配置即刻生效。（　　）

# 第 4 章
# VLAN 间路由

4.1 VLAN 间路由基础理论

4.2 VLAN 间路由配置

4.3 三层交换技术

4.4 VLAN 间路由的排错

4.5 本章总结

4.6 练习题

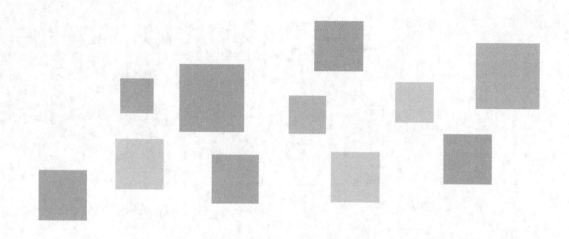

在第 2 章中,我们对 VLAN 的概念和配置进行了详细介绍。VLAN 可以让所有连接在同一台交换机上的终端根据网络管理员的需要,被划分到多个虚拟的局域网中,而不必仅仅因物理连接到一台交换机上而不得不同处于一个广播域中。因此,这项通过逻辑方式将连接在同一台交换机上的终端隔离到多个 VLAN 的技术,可以有效控制广播域的规模并提高组网的灵活性,进而提升整个网络的可管理性。

管理员将不同部门的设备隔离在不同的广播域中,往往不是为了彻底隔绝它们之间的通信,而是在缩小广播域的前提下提高终端之间通信的效率及可控性。但是,这种做法客观上会导致二层交换机不会为不同 VLAN 中的设备相互转发的流量。那么接下来的问题是,如何实现 VLAN 间设备通信呢?

实现局域网之间的通信,需要使用有能力连接不同网络的设备(多为路由器),这些设备可以对网络间的流量进行路由,执行数据转发。VLAN 也是一种局域网,因此也适用这种方式。人们把这种通过网络层设备根据 IP 地址为 VLAN 间流量执行路由并转发数据的操作称为 VLAN 间路由。

在本章中,我们会介绍 3 种常见的 VLAN 间路由网络。针对每一种网络,我们首先分析 VLAN 间路由的操作方式,然后演示如何配置路由器和交换机,让网络实现这种操作。

为了保证读者能够容易理解本章内容,我们先对物理拓扑和逻辑拓扑的表意和区别进行说明。这部分内容相当重要,可以被认为是读者学习后续内容和从事相关工作的基础,因此,读者在学习时应当加以重视。

此外,我们还会演示在 VLAN 间路由环境中进行网络排错的方法。

- 理解物理拓扑与逻辑拓扑之间的关系；
- 掌握 VLAN 间路由的原理及配置；
- 掌握单臂路由的原理及配置；
- 了解硬件处理与软件处理之间的区别；
- 理解三层交换机的功能；
- 掌握三层交换机 VLANIF 接口的特点及配置；
- 掌握 VLAN 间路由的排错方法。

## 4.1 VLAN 间路由基础理论

同一个 VLAN 中的主机之间能够直接通过二层交换进行通信，但不同 VLAN 中的主机必须通过三层路由设备才能进行通信。本节将介绍实现跨 VLAN 的三层路由基础理论，并提供 3 种实现 VLAN 间路由的方法。

### 4.1.1 物理拓扑与逻辑拓扑

在开始介绍本节的内容之前，请读者通过图 4-1 所示的静态路由排错拓扑，思考该拓扑的物理连接方式应该是什么样的。

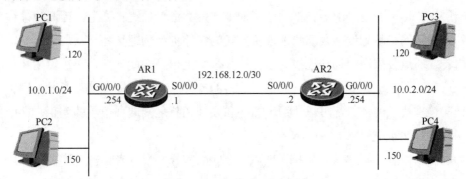

图 4-1 静态路由排错拓扑

注：如 ".120" 这种 IP 地址表示形式是网络拓扑中常规标注形式，其完整格式为 10.0.1.120/24。我们在后文中均采用此形式来标注 IP 地址。

自从铺设同轴电缆的做法退出历史舞台后，大概不会有人真的原原本本按照图 4-1 所示的方法施工了。那么，应该如何连接这样的拓扑呢？看到这个拓扑，有些读者可能会联想到我们在《网络基础》中提到的集线器。集线器也许不能算是错误的方式，但由于共享型以太网已经过时，人们在实际环境中一般会使用二层交换机连接这个网络。换言之，局域网 10.0.1.0/24 和 10.0.2.0/24 均采用星形拓扑连接，而每个局域网的中央则是一台二层交换机，如图 4-2 所示。

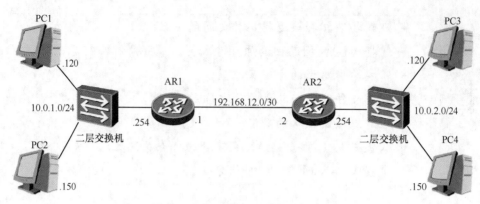

图 4-2　图 4-1 所示拓扑的连接方式

关于交换机相比于集线器的优势，我们已经进行了大量介绍，这里不再重复。我们要提出一个问题：对于图 4-1 所示的拓扑，无论是使用集线器连接还是二层交换机连接，为什么这些真实存在的设备可以被省略呢？答案是因为图 4-1 所示拓扑是一个三层（网络层）拓扑结构。

**三层拓扑描述的是网络设备根据网络地址进行转发数据包的逻辑通道。**因此，从三层拓扑的角度来看，无论是二层的网络基础设施（如二层交换机），还是一层的网络基础设施（如集线器），无非都是给三层设备转发数据包提供一条通路。因为这些设备本身既不会查看数据包的三层封装，也不会按照数据包的目的 IP 地址转发数据包，更不会作用于数据的三层转发，所以也就不会出现在图 4-1 所示的拓扑中。

三层拓扑体现的是路由器根据网络层地址转发数据包的逻辑通道，因而**也被称为逻辑拓扑。展示网络基础设施之间物理连接方式的拓扑称为物理拓扑**。从表面上看，设备的逻辑转发通道必须通过物理连接获得支持（事实上也是如此），那么逻辑拓扑和物理拓扑应该相差无几，无非是所包含的二层设备的差异。实际上，任何可以通过逻辑方式重新调配物理资源的技术都可以让逻辑拓扑和物理拓扑之间展现不小的差距，其中典型的技术就是第 2 章中介绍的 VLAN 技术。

为了帮助读者理解逻辑拓扑和物理拓扑之间的差异，请读者再次观察图 4-2 所示的拓扑，并分析最少可以通过几台二层交换机完成连接。

如果没有 VLAN 技术，在图 4-2 所示的拓扑中，我们必须用两台交换机分别连接网段 10.0.1.0/24 和 10.0.2.0/24。但通过划分 VLAN 的方式，我们可以通过逻辑的方式重新调配物理资源，用一台二层交换机就可以实现图 4-1 所示的逻辑拓扑，具体连接方法如图 4-3 所示。

在图 4-3 中，网络中所有计算机（PC）连接的是同一台华为交换机。根据图 4-1 所示的拓扑，路由器 AR1 的接口 G0/0/0、PC1 和 PC2 处于同一个网段，即 10.0.1.0/24，所以它们连接的交换机端口应该划分到同一个 VLAN 中。在图 4-3 中，我们将它们划分到 VLAN 11 中。同理，AR2 的接口 G0/0/0、PC3 和 PC4 处于同一个网段，即 10.0.2.0/24，所以它们连接的交换机端口应该划分到同一个 VLAN 中。在图 4-3 中，我们将它们划分到了 VLAN 17 中。因为交换机能够在逻辑上隔离两个 VLAN 之间的通信，所以我们首先配置 PC1 和 PC2 的 IP 地址，把它们的默认网关指定为 AR1 接口 G0/0/0 的 IP 地址；然后配置 PC3 和 PC4 的 IP 地址，把它们的默认网关指定为 AR2 接口 G0/0/0 的 IP 地址。这样一来，图 4-3 所示的物理连接从三层数据包转发的角度来看，就可以完全等同于图 4-1 所示的逻辑拓扑了。

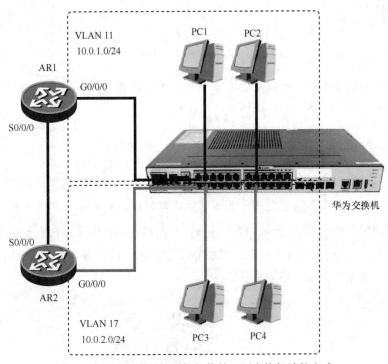

图 4-3 图 4-1 所示的逻辑拓扑的二层交换机连接方式

**注释：**

对于图 4-1 和图 4-3 之间的联系，读者应该花一些时间，参考 VLAN 进行体会。这不仅有助于读者对 VLAN 加深理解，而且有助于读者在以后接触新的网络拓扑时，理解其物理连接和逻辑实现之间的关系。

前文提到，可以通过逻辑方式重新调配物理资源的技术都会产生物理连接和逻辑拓扑之间的差异，这类技术统称为虚拟化（Virtualization）技术。通过 VLAN 中的 V（Virtual）就可以看出，VLAN 技术是交换机上的一种虚拟化技术。除此之外，本章后面的内容还会涉及其他虚拟化技术，譬如子接口技术、VLAN 接口技术，这些技术都会让网络的三层逻辑环境与实际连接之间产生不小的差异。

在开始学习 4.1.2 节的内容之前，请读者按照自己对本节内容的理解，思考一个十分类似的问题：对于图 4-4 所示的逻辑拓扑，其实际的物理连接可能是什么样的？

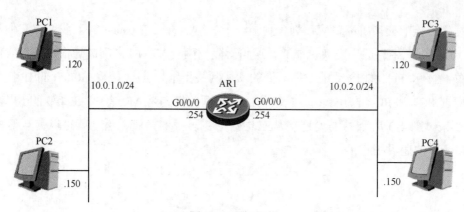

图 4-4 逻辑拓扑

注意，这个问题不只是检验读者对本节内容的理解程度，其答案更是与本章的核心内容息息相关。

### 4.1.2 VLAN 间路由环境

前文提到，路由器的作用是在不同网络之间转发数据包。VLAN 技术可以将连接在同一个或同一组交换机上的设备划分到不同的广播域中，将它们隔离为不同的网段，因此，不同 VLAN 之间的通信需要由路由器执行转发操作。这种通过拥有三层功能的设备提供的路由机制，为不同 VLAN 中的设备转发数据包的设计方案称为 VLAN 间路由。VLAN 间路由的连接方式如图 4-5 所示。

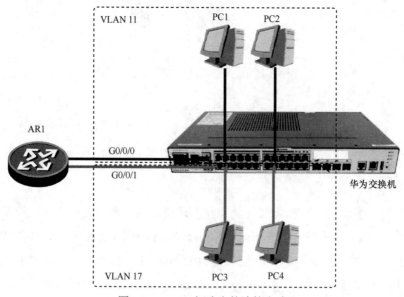

图 4-5 VLAN 间路由的连接方式

在图 4-5 中，AR1 的接口 G0/0/0、PC1 和 PC2 连接的交换机端口被划分到 VLAN 11 中，而 AR1 的接口 G0/0/1、PC3 和 PC4 连接的交换机端口被划分到了 VLAN 17 中。我们在对这 4 台计算机进行配置时，当配置好 PC1 和 PC2 的 IP 地址后，应该把它们的默认网关设置为 AR1 接口 G0/0/0 的 IP 地址。同理，当配置好 PC3 和 PC4 的 IP 地址之后，PC3 和 PC4 的默认网关应该被设置为 AR1 接口 G0/0/1 的 IP 地址。

完成上述配置后，假设每个网段中的计算机和路由器已经通过 ARP 的交互，在各自的 ARP 缓存表中建立了 IP 地址和 MAC 地址的映射关系条目，且交换机的 MAC 地址表学习到各设备的 MAC 地址信息，那么，当处于不同 VLAN 中的设备进行通信（如 PC1 向 PC3 发送数据）时，整个通信过程可以简单概括为以下几步。

**步骤 1**：PC1 查询自己的路由表，发现目的 IP 地址处于另一个网段，而去往另一个网段的数据包都应该转发给默认网关，即 AR1 的接口 G0/0/0。

**步骤 2**：PC1 以 PC3 的 IP 地址作为目的 IP 地址，以默认网关（AR1 的接口 G0/0/0）的 MAC 地址作为目的 MAC 地址封装数据帧，并将数据帧发送给交换机。

**步骤 3**：交换机接收到数据帧之后，查询自己的 MAC 地址表，找到数据帧的目的 MAC 地址对应的端口，将数据帧通过与 AR1 相连的端口转发给 AR1。

**步骤 4**：AR1 通过处于 VLAN 11 中的接口 G0/0/0 接收到数据包之后，根据数据包的目的 IP 地址查询路由表，发现有一个去往该目的网络的直连路由，出站接口为接口 G0/0/1。

**步骤 5**：路由器以 PC3 的 IP 地址作为目的 IP 地址，以 PC3 的 MAC 地址作为目的 MAC 地址封装一个数据帧，通过处于 VLAN 17 中的接口 G0/0/1 将该数据帧发送给交换机。

**步骤 6**：交换机查看数据帧的目的 MAC 地址，并且根据目的 MAC 地址，将数据帧发送给 PC3。

读者不妨回忆第 1 章中关于交换型以太网的内容，并思考两台处于相同 VLAN 中的设备（如 PC1 和 PC2）进行通信，又会采取什么样的步骤呢？这个通信过程显然会远比上面的步骤简单：PC1 在向 PC2 发送数据时，由于看到目的 IP 地址与自己的 IP 地址处于同一个网段中，会直接用 PC2 的 MAC 地址作为目的 MAC 地址封装数据帧；交换机将直接通过连接 PC2 的端口，转发数据帧给 PC2。

VLAN 间通信和 VLAN 内通信的数据帧转发如图 4-6 所示。

处于不同 VLAN 中的设备不能通过 VLAN 内通信这种简单的方式通信，其原因是显而易见的，具体如下。

**原因 1**：PC1 无法知道 PC3 的 MAC 地址，因而无法以 PC3 的 MAC 地址作为目的 MAC 地址封装数据帧。因为通过 IP 地址查询 MAC 地址的 ARP 请求是以广播形式发送的，而 VLAN 和路由器接口都会隔离广播域，所以 PC3 不可能接收到 PC1 发送的 ARP 请求。退一步来说，PC1 在开始时也不会发送 ARP 请求，以查询 PC3 的 MAC 地址，这是因为当一台设备通过查看自己的路由表（见步骤 1）发现所封装的数据包的目的 IP 地址不在自己的直连网段中时，并不会发送 ARP 请求，来直接查询目的 IP 地址对应的 MAC 地址。

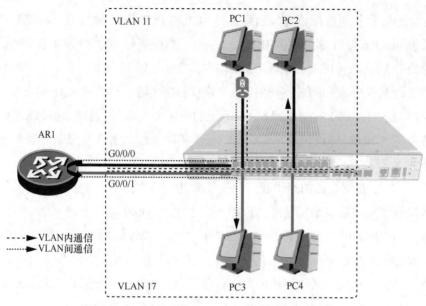

图 4-6 VLAN 间通信和 VLAN 内通信的数据帧转发

**注释：**

如果设备查询路由表之后，发现自己不知道数据包下一跳设备的 MAC 地址，那么会通过 ARP 请求查询下一跳设备的 MAC 地址。因此在图 4-6 中，PC1 只可能请求 AR1 的接口 G0/0/0（即默认网关）的 MAC 地址，而不会请求 PC3 的 MAC 地址。

原因 2：MAC 地址表不仅记录了交换机端口与对端 MAC 地址之间的对应关系，还记录了该交换机端口所在的 VLAN。这意味着交换机不会仅通过查询 MAC 地址表就把某个 VLAN 中的端口接收到的数据帧从属于另一个 VLAN 中的端口转发出去，因此，哪怕 PC1 能够以 PC3 的 MAC 地址作为目的 MAC 地址封装数据帧，交换机也不会将这个数据帧转发给 PC3，其原因是 PC1 和 PC3 连接的交换机端口分别属于不同的 VLAN。

相信读者此时已经发现，图 4-5 所示物理连接对应的逻辑拓扑就是图 4-4 所示逻辑拓扑。本节内容回答了我们在 4.1.1 节末尾提出的问题。通过图 4-4 所示的逻辑拓扑，读者可以更加清晰地明白处于同一个 VLAN 中的设备如何进行通信，处于不同 VLAN 中的设备之间又如何传输数据。

然而，图 4-5 所示的设计方案存在扩展性方面的问题。在当今的网络环境中，很少有哪个 VLAN 不需要通过路由设备和其他 VLAN 进行通信，而一台交换机上又常常会创建出大量的 VLAN。如果按照图 4-5 所示方案进行设计，那么实现 VLAN 间路由的路由设备必须为每个 VLAN 提供一个与交换机相连的接口，才能让自己充当相应 VLAN 中设备的默认网关。在图 4-5 中，路由器 AR1 为 VLAN 11 提供了接口 G0/0/0，同时为 VLAN 17 提供了接口 G0/0/1。但是，路由器往往不会拥有大量的接口,因此路由器接口会成为网络中的一种稀缺资源。在动辄划分数十个甚至上百个 VLAN 的中大型园区网中,让路由器在硬件配备上满足给每个 VLAN 配备一个接口的需求,难免会大幅度提高网络部署的成本。有时候,这样的需要甚至不是提高成本就能满足的。

既要节省路由器接口,又要满足给所有 VLAN 提供路由的需求,那么人们就需要通过其他虚拟化技术重新调配路由器的接口资源,这是我们在 4.1.3 节要介绍的内容。

### 4.1.3　单臂路由与路由器子接口环境

想要节省路由器的接口,那最好能用一个接口连接交换机,无论来自哪个 VLAN 中的流量,都通过该接口进出路由器。这样一来,交换机上无论创建多少个 VLAN,不仅不会过多地占用路由器接口,还可以实现所有 VLAN 之间的流量转发。这类环境称为单臂路由。

使用单臂路由的 VLAN 间路由设计方案如图 4-7 所示,图中展示了包含两个 VLAN 的单臂路由环境中网络的连接方式。

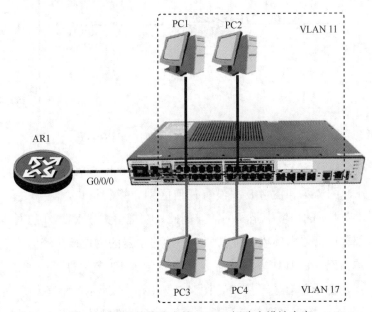

图 4-7　使用单臂路由的 VLAN 间路由设计方案

读者通过对比图 4-5 和图 4-7 就会发现,实现单臂路由的关键在于路由器和交换机之间相连的链路两端的端口是否能够支持这种设计方案。

如果读者对前 3 章的内容理解得比较透彻,那么应该能够明白连接路由器的交换机端口可以传输不同 VLAN 中的流量,这是因为交换机端口专门为传输不同 VLAN 中的流量提供了 Trunk 模式。因此,管理员只需要保证连接路由器的交换机端口工作在 Trunk 模式下,那么交换机端的问题就迎刃而解了。

现在的问题是连接交换机的路由器接口（图 4-7 中 AR1 的端口 G0/0/0）能够像多个接口（图 4-5 中 AR1 的接口 G0/0/0 和 G0/0/1）那样工作，同时传输来自多个不同 VLAN 的流量吗？

为了解决这个问题，路由器提供了一种被称为子接口的逻辑接口。顾名思义，子接口就是通过逻辑的方式，将一个路由器物理接口划分（虚拟化）为多个逻辑子接口，以满足用一个物理接口连接多个网络的需求。比如，在图 4-7 所示的环境中，我们可以在连接交换机的路由器的物理接口 G0/0/0 上创建两个逻辑子接口 G0/0/0.11 和 G0/0/0.17，并分别给这两个子接口配置 VLAN 11 和 VLAN 17 所对应的 IP 地址，让它们分别充当 VLAN 11 和 VLAN 17 中的默认网关。完成这些配置之后，单臂路由环境对应的逻辑拓扑如图 4-8 所示。

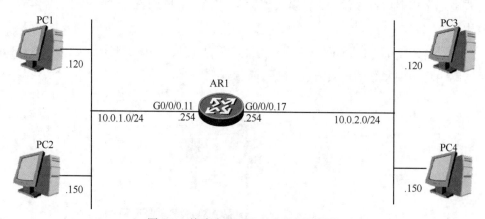

图 4-8　单臂路由环境对应的逻辑拓扑

由图 4-8 可以看出，除了图 4-4 中的物理接口 G0/0/0 和 G0/0/1 换为子接口 G0/0/0.11 和 G0/0/0.17 外，图 4-4 和图 4-8 并没有任何区别。换句话说，终端之间的通信流程在图 4-5 和图 4-7 所示的环境中是相同的，因此，在拥有大量 VLAN 的网络环境中，通过子接口技术部署单臂路由环境，可以大大节约路由器的物理接口资源。

关于配置单臂路由的具体方法和命令，我们会在 4.2 节中进行详细说明。在这里，我们想强调一点，由于部署了子接口，图 4-7 和图 4-8 所示网络拓扑之间的差异比图 4-5 和图 4-4 所示网络拓扑之间的差异更大，其原因是虚拟化技术本身是以逻辑方式重新调配原有的物理资源，诸如 VLAN 和子接口这类虚拟化技术部署得越多，逻辑拓扑和物理连接之间的差异也就越大。然而，虚拟化技术是网络技术发展的重要方向，各类虚拟化技术在网络中的部署也越来越多。在工作中体会物理连接和逻辑拓扑之间的差异，可以帮助读者更好地理解各类新兴虚拟化技术的设计目的和用途。而在学习中理解虚拟化技术的设计目的和用途时，读者应该思考在网络中引入这种技术对逻辑拓扑所带来的影响。

## 4.2 VLAN 间路由配置

在介绍 VLAN 间路由的理论基础后,我们在本节以案例的形式,通过华为交换机和路由器演示如何实现 VLAN 间路由环境与单臂路由环境。

### 4.2.1 VLAN 间路由的配置

我们通过图 4-9 所示的网络拓扑,介绍 VLAN 间路由的配置。

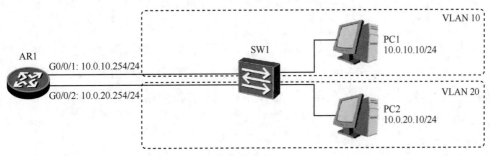

图 4-9 配置 VLAN 间路由的网络拓扑

在图 4-9 所示的网络拓扑中,路由器 AR1 通过两个接口分别连接交换机上的两个 VLAN,其中,接口 G0/0/1 属于 VLAN 10,其 IP 地址为 10.0.10.254/24,接口 G0/0/2 属于 VLAN 20,其 IP 地址为 10.0.20.254/24。交换机 SW1 连接两台计算机,其中,PC1 连接的交换机端口属于 VLAN 10,其 IP 地址为 10.0.10.10/24,PC2 连接的交换机端口属于 VLAN 20,其 IP 地址为 10.0.20.10/24。

我们的目的是通过配置 AR1 和 SW1,实现 PC1 与 PC2 之间的通信。AR1 上的配置见例 4-1。

**例 4-1 AR1 上的配置**

```
[AR1]interface g0/0/1
[AR1-GigabitEthernet0/0/1]ip address 10.0.10.254 24
[AR1-GigabitEthernet0/0/1]quit
[AR1]interface g0/0/2
[AR1-GigabitEthernet0/0/1]ip address 10.0.20.254 24
```

在配置 VLAN 间路由时,管理员需要在路由器的多个物理接口上配置 IP 地址,一个接口与一个 VLAN 相对应,接口上配置的 IP 地址作为对应 VLAN 中终端的默认网关。

在配置完 AR1 接口的 IP 地址后,我们查看 AR1 的 IP 路由表,见例 4-2。

**例 4-2 查看 AR1 的 IP 路由表**

```
[AR1]display ip routing-table
```

```
Route Flags: R - relay, D - download to fib
-------------------------------------------------------------------------
Routing Tables: Public
         Destinations : 6       Routes : 6

Destination/Mask    Proto   Pre  Cost  Flags  NextHop        Interface
     10.0.10.0/24   Direct  0    0     D      10.0.10.254    GigabitEthernet0/0/1
   10.0.10.254/32   Direct  0    0     D      127.0.0.1      GigabitEthernet0/0/1
     10.0.20.0/24   Direct  0    0     D      10.0.20.254    GigabitEthernet0/0/2
   10.0.20.254/32   Direct  0    0     D      127.0.0.1      GigabitEthernet0/0/2
      127.0.0.0/8   Direct  0    0     D      127.0.0.1      InLoopBack0
     127.0.0.1/32   Direct  0    0     D      127.0.0.1      InLoopBack0
```

在例 4-2 的输出信息中,我们用阴影标识了两条路由。通过学习静态路由的原理,读者应该能理解,这两条路由是在管理员配置完 AR1 接口后,路由器自动添加的两条直连路由。AR1 会使用这两条直连路由为 PC1 和 PC2 转发数据包。

SW1 上的配置见例 4-3。

**例 4-3　SW1 上的配置**

```
[SW1]vlan 10
[SW1-vlan10]quit
[SW1]vlan 20
[SW1-vlan20]quit
[SW1]interface g0/0/1
[SW1-GigabitEthernet0/0/1]port link-type access
[SW1-GigabitEthernet0/0/1]port default vlan 10
[SW1-GigabitEthernet0/0/1]quit
[SW1]interfaceg0/0/2
[SW1-GigabitEthernet0/0/2]port link-type access
[SW1-GigabitEthernet0/0/2]port default vlan 20
[SW1-GigabitEthernet0/0/2]quit
[SW1]interface e0/0/10
[SW1-Ethernet0/0/10]port link-type access
[SW1-Ethernet0/0/10]port default vlan 10
[SW1-Ethernet0/0/10]quit
[SW1]interface e0/0/20
[SW1-Ethernet0/0/20]port link-type access
[SW1-Ethernet0/0/20]port default vlan 20
```

在例 4-3 中,我们系统视图下,分别使用命令 **vlan 10** 和 **vlan 20**,在 SW1 上配置了两个 VLAN:VLAN 10 和 VLAN 20。然后,我们把连接 AR1 的接口 G0/0/1 和连接 PC1

的端口 E0/0/10 划分到 VLAN 10 中，把连接 AR1 的接口 G0/0/2 和连接 PC2 的端口 E0/0/20 划分到 VLAN 20 中。这些端口视图的配置与第 2 章介绍的端口命令相同：用命令 **port link-type access** 将相应端口的链路类型设置为 Access，再用命令 **port default vlan** *vlan-id* 修改端口的 PVID，使其加入管理员指定的 VLAN。

完成上述配置之后，我们查看 SW1 上的 VLAN 信息，见例 4-4。

例 4-4  查看 SW1 的 VLAN

```
[SW1]display vlan
The total number of vlans is : 3
--------------------------------------------------------------------------------
U: Up;          D: Down;        TG: Tagged;         UT: Untagged;
MP: Vlan-mapping;               ST: Vlan-stacking;
#: ProtocolTransparent-vlan;    *: Management-vlan;
--------------------------------------------------------------------------------

VID  Type    Ports
--------------------------------------------------------------------------------
1    common  UT:Eth0/0/1(D)    Eth0/0/2(D)     Eth0/0/3(D)     Eth0/0/4(D)
             Eth0/0/5(D)       Eth0/0/6(D)     Eth0/0/7(D)     Eth0/0/8(D)
             Eth0/0/9(D)       Eth0/0/11(D)    Eth0/0/12(D)    Eth0/0/13(D)
             Eth0/0/14(D)      Eth0/0/15(D)    Eth0/0/16(D)    Eth0/0/17(D)
             Eth0/0/18(D)      Eth0/0/19(D)    Eth0/0/21(D)    Eth0/0/22(D)

10   common  UT:Eth0/0/10(U)   GE0/0/1(U)

20   common  UT:Eth0/0/20(U)   GE0/0/2(U)


VID  Status  Property    MAC-LRN Statistics Description
--------------------------------------------------------------------------------
1    enable  default     enable   disable    VLAN 0001
10   enable  default     enable   disable    VLAN 0010
20   enable  default     enable   disable    VLAN 0020
```

从例 4-4 的输出信息可以看出，SW1 有两个端口被划分到了 VLAN 10 中，这两个端口是 E0/0/10 和 G0/0/1，还有两个端口被划分到了 VLAN 20 中，这两个端口是 E0/0/20 和 G0/0/2。

下面，我们验证配置结果，见例 4-5。

例 4-5  验证配置结果

```
PC1>ping 10.0.20.10

Ping 10.0.20.10: 32 data bytes, Press Ctrl_C to break
From 10.0.20.10: bytes=32 seq=1 ttl=127 time=109 ms
```

```
From 10.0.20.10: bytes=32 seq=2 ttl=127 time=94 ms
From 10.0.20.10: bytes=32 seq=3 ttl=127 time=78 ms
From 10.0.20.10: bytes=32 seq=4 ttl=127 time=78 ms
From 10.0.20.10: bytes=32 seq=5 ttl=127 time=78 ms

--- 10.0.20.10 ping statistics ---
  5 packet(s) transmitted
  5 packet(s) received
  0.00% packet loss
  round-trip min/avg/max = 78/87/109 ms
```

如例 4-5 所示，我们执行 ping 测试的结果是：处于 VLAN 10 中的终端 PC1 可以和处于 VLAN 20 中的终端 PC2 进行通信。这种通信的实现需要路由器使用直连路由为不同 VLAN 间的流量执行转发操作。接下来，我们将演示如何配置华为路由器和交换机，通过单臂路由的方式实现 VLAN 之间的通信。

### 4.2.2 单臂路由的配置

单臂路由解决了路由器接口资源消耗过大的问题，让人们得以使用一个物理接口为多个 VLAN 间的流量提供转发服务。在本节，我们会通过图 4-10 所示配置单臂路由的网络拓扑，演示如何配置华为路由器与交换机，实现单臂路由环境中的 VLAN 间通信。

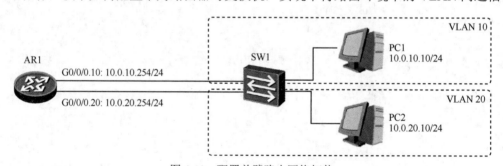

图 4-10  配置单臂路由网络拓扑

图 4-10 所示的网络拓扑相比于图 4-9 所示网络拓扑，只有一点区别，那就是路由器 AR1 并不是通过两个接口连接交换机 SW1。在物理上，AR1 只通过一个物理接口（接口 G0/0/0）连接到 SW1；而在逻辑上，AR1 通过接口 G0/0/0 配置的两个子接口（G0/0/0.10 和 G0/0/0.20）连接 SW1。下面，我们演示如何在 AR1 上创建子接口，并让子接口 G0/0/0.10 转发 VLAN 10 中的流量，同时让另一个子接口 G0/0/0.20 转发 VLAN 20 的流量。

AR1 上的配置见例 4-6。

**例 4-6　AR1 上的配置**

```
[AR1]interface g0/0/0.10
[AR1-GigabitEthernet0/0/0.10]dot1q termination vid 10
```

```
[AR1-GigabitEthernet0/0/0.10]ip address 10.0.10.254 24
[AR1-GigabitEthernet0/0/0.10]arp broadcast enable
[AR1-GigabitEthernet0/0/0.10]quit
[AR1]interface g0/0/0.20
[AR1-GigabitEthernet0/0/0.10]dot1q termination vid 20
[AR1-GigabitEthernet0/0/0.10]ip address 10.0.20.254 24
[AR1-GigabitEthernet0/0/0.10]arp broadcast enable
```

在例 4-6 中，我们通过命令 **interface** *interface-type interface-number.sub- interface number* 创建子接口并进入子接口配置视图。华为路由器子接口编号的取值范围是 1～4096。在例 4-6 中，我们将子接口的编号与 VLAN ID 保持统一，主要是为了增强配置的可读性。

通信的实现需要通信双方使用相同的标准，因此，要让交换机和路由器能够通过它们之间的物理连接（链路）进行通信，就必须确保链路两端的端口采用相同的封装协议。为此，我们分别在两个子接口的配置视图下，使用命令 **dot1q termination** *vid* 为子接口配置 IEEE 802.1Q 协议，并且指定接口的 PVID。鉴于对端的交换机端口执行 IEEE 802.1Q 协议，这条命令的作用是确保路由器子接口与对端交换机端口的封装模式一致。

当完成配置后，子接口在收发数据帧时的处理原则是：当接收到数据帧时，路由器会剥除数据帧中携带的 VLAN 标签，然后进行三层转发；当转发数据帧时，是否带 VLAN 标签由出站子接口决定。当子接口发送数据帧时，路由器会将相应的 VLAN 标签添加到数据帧中再进行发送。

在例 4-6 中，我们还使用命令 **arp broadcast enable** 启用了子接口的 ARP 广播功能。在默认情况下，ARP 广播功能是被禁用的，也就是说，子接口在接收到 ARP 广播帧后会直接丢弃。为了使子接口能够处理广播帧，管理员需要在子接口上配置这条命令。

查看 AR1 的 IP 路由表见例 4-7。

### 例 4-7 查看 AR1 的 IP 路由表

```
[AR1]display ip routing-table
Route Flags: R - relay, D - download to fib
------------------------------------------------------------------------------
Routing Tables: Public
         Destinations : 6        Routes : 6

Destination/Mask  Proto  Pre  Cost  Flags  NextHop      Interface

      10.0.10.0/24  Direct 0    0          D    10.0.10.254  GigabitEthernet0/0/0.10
    10.0.10.254/32  Direct 0    0          D    127.0.0.1    GigabitEthernet0/0/0.10
      10.0.20.0/24  Direct 0    0          D    10.0.20.254  GigabitEthernet0/0/0.20
```

```
  10.0.20.254/32  Direct 0    0      D    127.0.0.1   GigabitEthernet0/0/0.20
  127.0.0.0/8     Direct 0    0      D    127.0.0.1   InLoopBack0
  127.0.0.1/32    Direct 0    0      D    127.0.0.1   InLoopBack0
```

从例 4-7 的输出信息可以看出，AR1 将两个子接口的直连路由添加到了 IP 路由表中，因此，路由表中多出了阴影标识的这两条路由。

接下来，我们在交换机 SW1 上进行配置，具体的配置命令见例 4-8。

### 例 4-8　SW1 上的配置

```
[SW1]vlan batch 10 20
[SW1]interface g0/0/1
[SW1-GigabitEthernet0/0/1]port link-type trunk
[SW1-GigabitEthernet0/0/1]port trunk allow-pass vlan 10 20
[SW1-GigabitEthernet0/0/1]quit
[SW1]interface e0/0/10
[SW1-Ethernet0/0/10]port link-type access
[SW1-Ethernet0/0/10]port default vlan 10
[SW1-Ethernet0/0/10]quit
[SW1]interface e0/0/20
[SW1-Ethernet0/0/20]port link-type access
[SW1-Ethernet0/0/20]port default vlan 20
```

在配置 SW1 时，我们依然先配置两个 VLAN。这次我们使用的是批量创建 VLAN 的命令 **vlan batch 10 20**，通过这条命令创建了 VLAN 10 和 VLAN 20。连接计算机的端口的配置与例 4-3 中的配置相同，连接路由器 AR1 的端口的配置则与例 4-3 中的配置有所不同。

在例 4-8 中，为了节省路由器 AR1 和交换机 SW1 的端口资源，我们只通过一条物理链路连接这两台设备，并在路由器上创建了子接口，因此，我们需要使用端口视图命令 **port link-type trunk** 将连接 AR1 的 SW1 的端口 G0/0/1 配置为 Trunk 端口，让该端口有能力转发不同 VLAN 中的流量。此外，我们还使用命令 **port trunk allow-pass vlan 10 20**，放行了 VLAN 10 和 VLAN 20 的流量。

在完成配置之后，我们查看 SW1 上的 VLAN 信息，见例 4-9。

### 例 4-9　查看 SW1 上的 VLAN 信息

```
[SW1]display vlan
The total number of vlans is : 3
--------------------------------------------------------------------------------
U: Up;          D: Down;         TG: Tagged;         UT: Untagged;
MP: Vlan-mapping;                ST: Vlan-stacking;
#: ProtocolTransparent-vlan;     *: Management-vlan;
--------------------------------------------------------------------------------
```

```
VID  Type    Ports
--------------------------------------------------------------------------------
1    common  UT:Eth0/0/1(D)     Eth0/0/2(D)      Eth0/0/3(D)      Eth0/0/4(D)
             Eth0/0/5(D)        Eth0/0/6(D)      Eth0/0/7(D)      Eth0/0/8(D)
             Eth0/0/9(D)        Eth0/0/11(D)     Eth0/0/12(D)     Eth0/0/13(D)
             Eth0/0/14(D)       Eth0/0/15(D)     Eth0/0/16(D)     Eth0/0/17(D)
             Eth0/0/18(D)       Eth0/0/19(D)     Eth0/0/21(D)     Eth0/0/22(D)
             GE0/0/1(U)         GE0/0/2(D)

10   common  UT:Eth0/0/10(U)
             TG:GE0/0/1(U)

20   common  UT:Eth0/0/20(U)
             TG:GE0/0/1(U)


VID  Status  Property   MAC-LRN Statistics Description
--------------------------------------------------------------------------------
1    enable  default    enable  disable    VLAN 0001
10   enable  default    enable  disable    VLAN 0010
20   enable  default    enable  disable    VLAN 0020
```

从例 4-9 的输出信息可以看出，VLAN 10 和 VLAN 20 都包含端口 G0/0/1，并且该端口是以携带 VLAN 标签（TG）的形式允许 VLAN 10 和 VLAN 20 的流量通行。我们从 PC1 上向 PC2 发起 ping 测试，对配置结果进行验证，见例 4-10。

**例 4-10  验证配置结果**

```
PC1>ping 10.0.20.10

Ping 10.0.20.10: 32 data bytes, Press Ctrl_C to break
From 10.0.20.10: bytes=32 seq=1 ttl=127 time=266 ms
From 10.0.20.10: bytes=32 seq=2 ttl=127 time=78 ms
From 10.0.20.10: bytes=32 seq=3 ttl=127 time=94 ms
From 10.0.20.10: bytes=32 seq=4 ttl=127 time=78 ms
From 10.0.20.10: bytes=32 seq=5 ttl=127 time=93 ms

--- 10.0.20.10 ping statistics ---
  5 packet(s) transmitted
  5 packet(s) received
  0.00% packet loss
  round-trip min/avg/max = 78/121/266 ms
```

从例 4-10 的验证结果可以看出，通过在 AR1 上使用子接口，我们同样可以实现两个 VLAN 之间的通信。由此可见，这种方法可以大大节省路由器的物理接口资源。

## 4.3 三层交换技术

不知道读者在学习图 4-7 所示的物理连接方式时，是否会感到路由器在 VLAN 间路由环境中发挥的作用显得有些多余。从物理的角度上来看，交换机为了让两台与自己直连的终端能够实现 VLAN 间通信，不得不"舍近求远"。而这种"舍近求远"正是因为二层交换机不具备三层转发能力，无法根据数据包的目的 IP 地址查看自己的路由表，以作为向另一个网段中转发数据的依据。于是，二层交换机也就无法成为其所连终端的网关，而是需要一台能够实现路由转发的设备，为与自己连接的终端充当网关。

一个自然而然产生的设想是：如果在二层交换机中集成路由器的三层数据包转发功能，那么交换机就不仅可以给连接在同一个 VLAN 中的终端提供基于 MAC 地址的数据帧转发，还可以为 VLAN 间通信提供三层数据包转发。

### 4.3.1 三层交换技术概述

我们在前文中介绍了交换机对数据帧执行二层转发的方式。在这里，我们不妨进行一个简单的比较。

简单来说，如果不考虑 MAC 地址表条目过期的问题，那么只有第一个来自某个源 MAC 地址的数据帧会改变交换机此后的转发行为，这是因为交换机在将一个新的 MAC 地址添加到自己的 MAC 地址表之后，再转发以该 MAC 地址作为目的 MAC 地址的数据帧时，其操作方式会由 VLAN 内部泛洪改为执行单播转发。至于对其他数据帧的操作，交换机无非是根据其目的 MAC 地址是否完全匹配自己 MAC 地址表中的条目，以及（若匹配）该条目对应的端口是否为数据帧的入站端口，做出转发、泛洪或丢弃的决策。从这个角度来看，对于大多数学习过算法相关内容的学生来说，二层交换机的转发流程完全可以用短短几行伪代码描述出来。

然而，路由器的操作要比这种方式复杂得多。即使不考虑后文中将要介绍的访问控制列表（Access Control List，ACL）和网络地址转换（Network Address Translation，NAT），仅仅只考虑路由器相互学习路由和根据最长匹配原则判断数据包出站接口的过程，也远比交换机执行交换的逻辑复杂得多。此外，路由器是一类旨在连接异构网络的设备，因此必须在各层支持大量不同的协议和标准。而交换机是一类旨在连接同构网络的设备，因此从其所在分层看来，交换机处理的数据是同质化的。

一言以蔽之，相比于路由操作，交换操作是一项高度程式化的固定流程。因此，从 20 世纪 90 年代开始，网桥/交换机厂商已经逐步把数据交换的工作（包括根据 MAC 地址表匹配数据帧的目的 MAC 地址和执行数据帧转发）由中央处理器（Central Processing Unit，CPU）转移到专用集成电路（Application Specific Integrated Circuit，ASIC）上。这就是说，交换机对数据帧执行的是硬件处理/转发。然而，路由器是采用软件处理的方式实现网络层数据包转发的，其中，软件处理指的是由 CPU 执行数据处理。显然，对数据执行硬件转发的速度明显高于执行软件转发的速度。

后来一种在传统以太网交换机的基础上添加专用路由转发硬件的设备出现了，这类设备不仅继承了二层以太网交换机通过硬件处理局域网内部流量的做法，而且可以通过 ASIC 实现对数据包的路由。这种集成了三层数据包转发功能的交换机称为三层交换机。

三层交换机本身可以提供路由功能，因此不需要借助路由器转发不同 VLAN 之间的流量。三层交换机本身拥有大量的高速端口，因此可以直接连接大量的终端。换句话说，一台三层交换机就可以实现将终端隔离在不同的 VLAN 中，同时还可以为这些终端提供 VLAN 间路由的功能。

既然三层交换机具有这样的功能，那么如何通过配置来实现这样的功能就成了我们需要讨论的话题。在演示具体的配置之前，我们先介绍通过三层交换机实现 VLAN 间路由的网络环境，以及在三层交换机 VLAN 间路由中需要用到的一类特殊的虚拟接口的概念。

### 4.3.2 三层交换机与 VLANIF 接口环境

首先，无论是三层交换机还是二层交换机，创建 VLAN 并根据设计方案将各个端口划分到不同的 VLAN 中的配置方法都是相同的。其次，无论是交换机还是路由器，路由部分的配置方法和命令也相差无几。于是，我们唯一需要解决的问题是三层接口的配置方法。

无论是路由器还是三层交换机，如果没有能够分配 IP 地址的三层接口，那么就不具备成为终端网关设备的能力。因此，仅仅配置三层交换机用来连接终端的端口还不够，其原因是这些交换机端口都是工作在 Access 模式下的二层端口。如果读者还是不能理解网络中此时为什么需要三层接口，那么只需回想我们之前配置 4 台终端的默认网关地址就会发现：如果没有三层接口，VLAN 11 和 VLAN 17 中的终端就没有默认网关，那么跨子网的三层通信是无法实现的。

实际上，我们目前面临的问题和单臂路由方案的设计问题多少有些类似：要实现 VLAN 间路由，就需要给每个 VLAN 分配一个独立的三层接口作为网关，而三层交换机的环境中并没有用三层物理接口连接各个 VLAN。因此，三层交换机环境中 VLAN 间路由的解决方案也和单臂路由的设计方案相似：需要通过虚拟化的方式为每个 VLAN 分配一个虚拟的三层接口。

三层交换机具有一种特性，工程师可以直接通过配置命令创建虚拟 VLAN 接口

（VLANIF 接口）。这些虚拟 VLAN 接口是在三层交换机上被创建的，因此，三层交换机视之为直连接口，交换机会将它们所在的网段作为直连路由填充在路由表中。同时，这些虚拟 VLAN 接口和对应的 VLAN 中的物理二层端口处于同一个子网中，基于这两点内容，这些虚拟 VLAN 接口十分适合充当对应 VLAN 所连接设备的网关。三层交换机的 VLAN 间路由环境如图 4-11 所示。

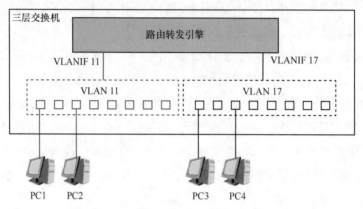

图 4-11　三层交换机的 VLAN 间路由环境

如图 4-11 所示，终端与三层交换机之间的物理连接和使用二层交换机相比没有太大区别，所不同的是三层交换机内部需要通过虚拟 VLAN 接口建立各个 VLAN 与路由引擎之间的关联。通过图 4-11 所示环境对应的逻辑拓扑（如图 4-12 所示）可以看出，虚拟接口 VLANIF 11 和 VLANIF 17 与 VLAN 间路由环境中的物理接口或者单臂路由环境中的逻辑子接口，在 VLAN 间路由中发挥的作用是相同的。

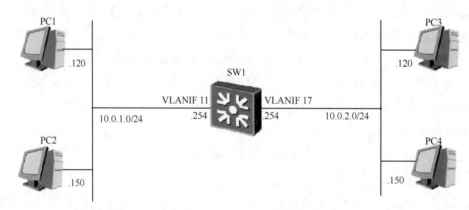

图 4-12　三层交换机的 VLAN 间路由环境对应的逻辑拓扑

在三层交换机上通过 VLANIF 接口实现 VLAN 间路由，数据转发都在交换机内通过专用硬件完成，不需要借助外部设备和外部链路进行转发。因此，无论是转发效率还是扩展性，三层交换机远比通过单臂路由实现 VLAN 间路由的设计方案更优，即使是管理员的管理与配置工作，也可以比在多台不同设备上操作更加简单，在一台三层交换机上便可完成。随着三层交换机的性价比越来越高,这种设计方案已经成为各个园区网实现 VLAN 间路由方案的首选方案。

### 4.3.3 三层交换机 VLAN 间路由的配置

三层交换机是具备路由功能的交换机,管理员可以在三层交换机上设置虚拟 VLAN 接口(VLANIF 接口)。VLANIF 接口相当于每个 VLAN 的三层逻辑接口,可以充当相应 VLAN 中主机的默认网关,也可以实现 VLAN 间路由。我们使用图 4-13 所示的网络拓扑介绍三层交换机 VLAN 间路由的配置。

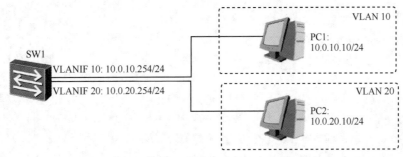

图 4-13 配置三层交换机 VLAN 间路由的网络拓扑

交换机 SW1 上的配置见例 4-11。

**例 4-11 SW1 上的配置**

```
[SW1]vlan batch 10 20
[SW1]interface Vlanif 10
[SW1-Vlanif10]ip address 10.0.10.254 24
[SW1-Vlanif10]quit
[SW1]interface Vlanif 20
[SW1-Vlanif20]ip address 10.0.20.254 24
[SW1-Vlanif20]quit
[SW1]interface e0/0/10
[SW1-Ethernet0/0/10]port link-type access
[SW1-Ethernet0/0/10]port default vlan 10
[SW1-Ethernet0/0/10]quit
[SW1]interface e0/0/20
[SW1-Ethernet0/0/20]port link-type access
[SW1-Ethernet0/0/20]port default vlan 20
```

在例 4-11 中,我们首先创建了两个 VLAN——VLAN 10 和 VLAN 20;然后通过系统视图的命令 **interface Vlanif** *vlan-id*,为 VLAN 10 和 VLAN 20 分别创建了一个 VLANIF 接口——VLANIF 10 和 VLANIF 20。注意,VLANIF 端口的编号必须与 VLAN ID 一一对应。另外,VLAN 中的终端会以对应的 VLANIF 接口的 IP 地址作为自己的默认网关。

查看 SW1 上的 VLAN 信息见例 4-12。

**例 4-12　查看 SW1 上的 VLAN 信息**

```
[SW1]display vlan
The total number of vlans is : 3
--------------------------------------------------------------------------
U: Up;         D: Down;         TG: Tagged;         UT: Untagged;
MP: Vlan-mapping;               ST: Vlan-stacking;
#: ProtocolTransparent-vlan;    *: Management-vlan;
--------------------------------------------------------------------------

VID  Type    Ports
--------------------------------------------------------------------------
1    common  UT:Eth0/0/1(D)   Eth0/0/2(D)    Eth0/0/3(D)    Eth0/0/4(D)
             Eth0/0/5(D)      Eth0/0/6(D)    Eth0/0/7(D)    Eth0/0/8(D)
             Eth0/0/9(D)      Eth0/0/11(D)   Eth0/0/12(D)   Eth0/0/13(D)
             Eth0/0/14(D)     Eth0/0/15(D)   Eth0/0/16(D)   Eth0/0/17(D)
             Eth0/0/18(D)     Eth0/0/19(D)   Eth0/0/21(D)   Eth0/0/22(D)
             GE0/0/1(D)       GE0/0/2(D)

10   common  UT:Eth0/0/10(U)

20   common  UT:Eth0/0/20(U)


VID  Status  Property     MAC-LRN Statistics Description
--------------------------------------------------------------------------
1    enable  default      enable  disable    VLAN 0001
10   enable  default      enable  disable    VLAN 0010
20   enable  default      enable  disable    VLAN 0020
```

从例 4-12 的输出信息可以看出，SW1 上只有两个端口分别加入了 VLAN 10 和 VLAN 20，这两个端口也是连接终端 PC1 和 PC2 的端口；而 VLANIF 接口作为三层接口并没有（也不会）被显示出来。

三层交换机具有路由功能，因此我们可以配置三层接口（如 VLANIF 接口），还可以查看它的 IP 路由表。查看 SW1 的 IP 路由表见例 4-13。

**例 4-13　查看 SW1 的 IP 路由表**

```
[SW1]display ip routing-table
Route Flags: R - relay, D - download to fib
--------------------------------------------------------------------------
Routing Tables: Public
         Destinations : 6        Routes : 6
```

```
Destination/Mask    Proto   Pre  Cost  Flags  NextHop      Interface
    10.0.10.0/24    Direct  0    0     D      10.0.10.254  Vlanif10
  10.0.10.254/32    Direct  0    0     D      127.0.0.1    Vlanif10
    10.0.20.0/24    Direct  0    0     D      10.0.20.254  Vlanif20
  10.0.20.254/32    Direct  0    0     D      127.0.0.1    Vlanif20
     127.0.0.0/8    Direct  0    0     D      127.0.0.1    InLoopBack0
    127.0.0.1/32    Direct  0    0     D      127.0.0.1    InLoopBack0
```

从例 4-13 的输出信息可以看出，SW1 将两个 VLANIF 接口的直连路由加入了 IP 路由表，以此实现了 VLAN 间路由。

我们在 PC1 上验证其与 PC2 之间的连通性，见例 4-14。

### 例 4-14  在 PC1 上验证其与 PC2 之间的连通性

```
PC1>ping 10.0.20.10

Ping 10.0.20.10: 32 data bytes, Press Ctrl_C to break
From 10.0.20.10: bytes=32 seq=1 ttl=127 time=78 ms
From 10.0.20.10: bytes=32 seq=2 ttl=127 time=47 ms
From 10.0.20.10: bytes=32 seq=3 ttl=127 time=47 ms
From 10.0.20.10: bytes=32 seq=4 ttl=127 time=31 ms
From 10.0.20.10: bytes=32 seq=5 ttl=127 time=31 ms

--- 10.0.20.10 ping statistics ---
  5 packet(s) transmitted
  5 packet(s) received
  0.00% packet loss
  round-trip min/avg/max = 31/46/78 ms
```

验证结果显示，PC1 能够成功和 PC2 进行通信。这也证明了三层交换机的 VLANIF 接口能够实现 VLAN 间路由。

## 4.4  VLAN 间路由的排错

从本节开始，我们所维护的网络规模变得越来越大，用来实现数据包路由的手段也不再是由管理员静态指定，而是开始使用动态路由协议，例如，RIP 甚至更复杂的 OSPF 协议。网络规模越大，想要实现快速精准排错的难度就越大。为了将排错工作流程化，我们首先介绍网络排错的主要思路，然后再结合 VLAN 间路由的知识，设计并分析几种故障案例，让读者能够更好地体会网络排错的思路。

我们先介绍网络排错的思路，具体步骤如下。

步骤 1：收集故障信息。故障信息的来源可能是网络监控系统的自动报警，也可能是终端用户的投诉。从网络监控系统收集的故障信息最准确，是进行故障恢复的最好指导。但监控哪些信息及每个信息的紧急程度都需要管理员根据网络环境进行权衡。从终端用户收集的故障信息往往最不准确，这时管理员需要进一步与用户沟通并尝试重现故障，以获得更多有用信息。这就像静态路由的排错案例那样：不同部门的不同员工对其网络体验的描述往往不相同，管理员需要从这些描述中提取有用信息，进一步判断问题有可能出现的位置。

步骤 2：定位故障点。管理员需要根据步骤 1 收集的信息，判断受故障影响的范围，并最终定位到引起故障的中心设备。如果说步骤 1 收集故障信息是一个从少到多的过程，那么本步骤定义故障点就是一个从大到小的过程。这两个步骤有时需要交叉进行，以便一点一点地缩小故障范围，最终实现准确的故障定位，这是排错过程中最关键也是最困难的环节。

步骤 3：提出解决方案并进行测试。通过前两个步骤准确定位到引发故障的设备或服务后，管理员需要提出能够恢复网络功能的解决方案。解决方案需要精确到每一条配置命令，甚至每一个细小的操作，并且还要考虑变更不成功时的回退方案。由于生产网络有时不便在变更前进行测试，因此，回退方案与变更方案同样重要。

步骤 4：实施变更并进行测试。管理员按照步骤 3 提出的解决方案实施变更，在变更结束后对之前的故障进行测试，确保故障已得到解决。在本步骤中，管理员需要确定实施变更的时效性，是立即变更还是延迟变更的时间，这取决于故障的紧急程度及变更对网络的影响程度。管理员需要在这两者之间进行权衡。生产网络中的大多数排错变更都需要在非工作时段进行，尽量把故障及变更对于网络的影响降到最低。

上述 4 个步骤提供了网络故障排查和解决的基本思路。当网络发生故障时，管理员可以按照这些步骤对网络故障进行排查。但在网络发生故障前及故障被解决后，管理员仍有一些工作要做。比如，在网络建设完成之后，管理员要建立完善的网络文档，包括物理拓扑、逻辑拓扑、设备列表、IP 地址与 VLAN 的规划、机房布局图等。又如，当网络故障解决后，管理员要建立问题知识库，包括故障原因、解决方案、预防措施等。这些内容已超过了本书的范畴，我们不详细介绍。

下面，我们依次展示 3 种 VLAN 间路由环境中容易出现的故障，并进行说明。

1. VLAN 间路由环境

在 VLAN 间路由环境中，我们通过图 4-14 所示的 VLAN 间路由环境，展示管理员需要重点关注的配置信息。

图 4-14 展示的是正确的 VLAN 和 IP 地址规划方案，我们对相关信息进行总结，以展示交换机端口与 VLAN，VLAN、IP 地址与网关地址之间的对应关系，见表 4-1 和表 4-2。

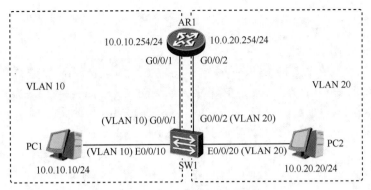

图 4-14　VLAN 间路由环境

表 4-1　　　　　　　　　　　交换机端口与 VLAN 的对应关系

| 交换机端口 | VLAN |
|---|---|
| E0/0/10 | VLAN 10 |
| E0/0/20 | VLAN 20 |
| G0/0/1 | VLAN 10 |
| G0/0/2 | VLAN 20 |

表 4-2　　　　　　　　　VLAN、IP 地址与网关地址的对应关系

| VLAN | IP 地址 | 网关地址 |
|---|---|---|
| VLAN 10 | 10.0.10.0/24 | 10.0.10.254/24 |
| VLAN 20 | 10.0.20.0/24 | 10.0.20.254/24 |

管理员已经按照设计需求，完成了路由器、交换机和终端的配置，但其中有一处配置错误，导致终端 PC1 的用户投诉自己无法与终端 PC2 进行通信。现在，管理员可以按照以下步骤进行排错。

**步骤 1**：检查 PC1、PC2 与各自网关之间的连通性，具体做法是从路由器 AR1 对 PC1 和 PC2 发起 ping 测试，见例 4-15。

**例 4-15**　从 AR1 向 PC1 和 PC2 发起 ping 测试

```
[AR1]ping 10.0.10.10
  PING 10.0.10.10: 56  data bytes, press CTRL_C to break
    Request time out
    Request time out
    Request time out
    Request time out
    Request time out

  --- 10.0.10.10 ping statistics ---
    5 packet(s) transmitted
    0 packet(s) received
```

```
     100.00% packet loss

[AR1]ping 10.0.20.20
  PING 10.0.20.20: 56  data bytes, press CTRL_C to break
    Reply from 10.0.20.20: bytes=56 Sequence=1 ttl=128 time=310 ms
    Reply from 10.0.20.20: bytes=56 Sequence=2 ttl=128 time=130 ms
    Reply from 10.0.20.20: bytes=56 Sequence=3 ttl=128 time=110 ms
    Reply from 10.0.20.20: bytes=56 Sequence=4 ttl=128 time=90 ms
    Reply from 10.0.20.20: bytes=56 Sequence=5 ttl=128 time=70 ms

  --- 10.0.20.20 ping statistics ---
    5 packet(s) transmitted
    5 packet(s) received
    0.00% packet loss
    round-trip min/avg/max = 70/142/310 ms
```

从测试结果可以看出，PC1 与 AR1 之间的通信出现了故障。这样，我们就把故障范围限定在了 AR1 与 PC1 之间。

步骤 2：检查 AR1 的接口 G0/0/1 和 PC1 的 IP 地址/子网掩码的配置。这一步的检查结果是：配置无误。那么，我们进一步把故障范围缩小到了 SW1 上。

步骤 3：检查 SW1 上的 VLAN 配置，见例 4-16，其中，重点查看 VLAN 中的端口。

**例 4-16  检查 SW1 上的 VLAN 配置**

```
[SW1]display vlan
The total number of vlans is : 3
--------------------------------------------------------------------------------
U: Up;         D: Down;         TG: Tagged;          UT: Untagged;
MP: Vlan-mapping;               ST: Vlan-stacking;
#: ProtocolTransparent-vlan;    *: Management-vlan;
--------------------------------------------------------------------------------

VID  Type    Ports
--------------------------------------------------------------------------------
1    common  UT:Eth0/0/1(D)    Eth0/0/2(D)     Eth0/0/3(D)     Eth0/0/4(D)
             Eth0/0/5(D)       Eth0/0/6(D)     Eth0/0/7(D)     Eth0/0/8(D)
             Eth0/0/9(D)       Eth0/0/10(U)    Eth0/0/11(D)    Eth0/0/12(D)
             Eth0/0/13(D)      Eth0/0/14(D)    Eth0/0/15(D)    Eth0/0/16(D)
             Eth0/0/17(D)      Eth0/0/18(D)    Eth0/0/19(D)    Eth0/0/20(U)
             Eth0/0/21(D)      Eth0/0/22(D)    GE0/0/1(U)      GE0/0/2(U)

10   common  UT:Eth0/0/10(U)

20   common  UT:Eth0/0/20(U)   GE0/0/2(U)
```

```
VID  Status  Property  MAC-LRN  Statistics  Description
--------------------------------------------------------------------
1    enable  default   enable   disable     VLAN 0001
10   enable  default   enable   disable     VLAN 0010
20   enable  default   enable   disable     VLAN 0020
```

从例 4-16 的输出信息可以看出，VLAN 10 中只有一个端口，即连接 PC1 的端口 E0/0/10，而没有连接 AR1 的端口 G0/0/1。这时，我们可以确定故障发生在 SW1 的端口 G0/0/1 的配置上。

**步骤 4**：查看 SW1 端口 G0/0/1 的配置，见例 4-17。通过这种方式可以检查配置中的错误。

**例 4-17  查看 SW1 端口 G0/0/1 的配置**

```
[SW1]display current-configuration interface g0/0/1
#
interface GigabitEthernet0/0/1
#
return
[SW1]display current-configuration interface e0/0/10
#
interface Ethernet0/0/10
 port hybrid pvid vlan 10
 port hybrid untagged vlan 10
#
return
```

从例 4-17 的输出信息可以看出，SW1 端口 G0/0/1 上没有任何配置信息，这就是导致 PC1 无法和 PC2 通信的原因。因为端口 G0/0/1 默认的 PVID 是 VLAN 1，所以端口 G0/0/1 只能转发 VLAN 1 的流量，从而导致 AR1 与 PC1 不在同一个 VLAN 中，自然也就无法进行通信。

接下来，管理员按照端口 E0/0/10 的配置，把端口 G0/0/1 的配置补全，那么这个故障就得到了解决。

**步骤 5**：查看 SW1 的变更结果，并测试 SW1、PC1 和 PC2 的连通情况。查看变更结果见例 4-18。

**例 4-18  查看变更结果**

```
[SW1]display current-configuration interface g0/0/1
#
interface GigabitEthernet0/0/1
 port hybrid pvid vlan 10
 port hybrid untagged vlan 10
```

```
#
return
[SW1]
PC>ping 10.0.20.20

Ping 10.0.20.20: 32 data bytes, Press Ctrl_C to break
Request timeout!
From 10.0.20.20: bytes=32 seq=2 ttl=127 time=78 ms
From 10.0.20.20: bytes=32 seq=3 ttl=127 time=78 ms
From 10.0.20.20: bytes=32 seq=4 ttl=127 time=78 ms
From 10.0.20.20: bytes=32 seq=5 ttl=127 time=78 ms

--- 10.0.20.20 ping statistics ---
 5 packet(s) transmitted
 4 packet(s) received
 20.00% packet loss
 round-trip min/avg/max = 0/78/78 ms
```

我们按照网络排错的步骤，从用户的投诉（PC1 无法与 PC2 通信）开始，一边判断有可能发生故障的地方，一边通过适当的命令验证每一次猜测，这样反复分析并验证几次后，最终找到了故障的根源，并解决了故障，使 PC1 能够与 PC2 通信。

**2．单臂路由与路由器子接口环境**

单臂路由与路由器子接口环境与 VLAN 间路由环境非常相似，只是为了节省接口资源，前者把交换机连接路由器的链路缩减为一条，并在路由器上以子接口的形式，为不同的 VLAN 提供 VLAN 间路由。

在这里，我们不再设置问题并进行排查，只是根据图 4-15 所示单臂路由与路由器子接口环境，逐一指出该环境中有可能导致 VLAN 间路由故障的地方。

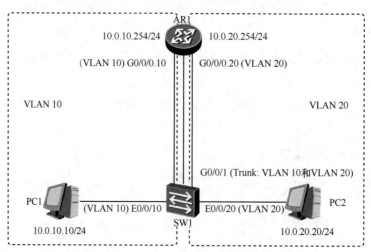

图 4-15　单臂路由与路由器子接口环境

在图 4-15 所示的环境中，除了要确保交换机 SW1 上连接路由器 AR1、PC1 和 PC2 的端口配置正确外，管理员还要关注 AR1 上子接口的配置，特别要注意在子接口 G0/0/0.10 和 G0/0/0.20 下的 VLAN 的配置。

我们对图 4-15 所示信息进行总结，以展示交换机/路由器端口、VLAN、IP 地址与网关地址之间的对应关系，见表 4-3 和表 4-4。

表 4-3　　　　　　　　　　　交换机/路由器端口与 VLAN 的对应关系

| 交换机端口 | VLAN |
|---|---|
| E0/0/10 | VLAN 10 |
| E0/0/20 | VLAN 20 |
| G0/0/1 | VLAN 10、VLAN 20 |

| 路由器接口 | VLAN |
|---|---|
| G0/0/0.10 | VLAN 10 |
| G0/0/0.20 | VLAN 20 |

表 4-4　　　　　　　　　　　VLAN、IP 地址与网关地址的对应关系

| VLAN | IP 地址 | 网关地址 |
|---|---|---|
| VLAN 10 | 10.0.10.0/24 | 10.0.10.254/24 |
| VLAN 20 | 10.0.20.0/24 | 10.0.20.254/24 |

在图 4-15 所示环境中，管理员若判断出网络故障由 VLAN 间路由引发，则可以重点执行以下操作。

① 检查路由器 AR1 上子接口的配置，重点检查 VLAN 配置和 IP 地址配置。

② 检查交换机 SW1 上端口的配置，重点检查连接 AR1 的接口配置。如果端口被配置为 Trunk 端口，那么要确保端口上放行 VLAN 10 和 VLAN 20 的流量。如果端口被配置为 Hybrid 端口，则要确保端口以携带标签的方式发送 VLAN 10 和 VLAN 20 的流量。此外还要检查 SW1 上连接终端 PC1 和 PC2 的端口配置。

③ 检查 PC1 和 PC2 的配置，重点检查 IP 地址/子网掩码，以及网关的配置。

在图 4-15 所示环境中，路由器 AR1 上的配置比 VLAN 间路由环境的配置要复杂一点。因此，管理员也需要格外留意 AR1 的配置。这里需要说明，路由器子接口的编号不强烈要求与其对应的 VLAN ID 相匹配。管理员在进行故障排查时，要根据真实环境中使用的子 PID 和 VLAN ID 的对应关系进行检查。

（3）三层交换机环境

使用三层交换机实现 VLAN 间路由是越来越普遍的做法，这种方式的优势在前文中已经介绍，这里不再赘述。接下来，我们通过图 4-16 所示的三层交换机 VLAN 间路由环境，说明这种环境中容易出现问题的地方。

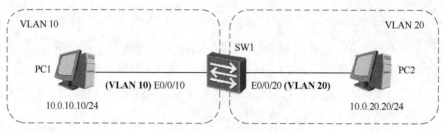

图 4-16 三层交换机 VLAN 间路由环境

我们对图 4-16 中的信息进行总结，以展示交换机端口、VLAN、IP 地址与网关地址之间的对应关系，见表 4-5 和表 4-6。

表 4-5　　　　　　　　　交换机端口与 VLAN 的对应关系

| 交换机端口 | VLAN |
| --- | --- |
| E0/0/10 | VLAN 10 |
| E0/0/20 | VLAN 20 |

表 4-6　　　　　　VLAN、IP 地址与网关地址的对应关系

| VLAN | IP 地址 | 网关地址 |
| --- | --- | --- |
| VLAN 10 | 10.0.10.0/24 | 10.0.10.254/24 |
| VLAN 20 | 10.0.20.0/24 | 10.0.20.254/24 |

在使用三层交换机 VLANIF 接口实现 VLAN 间路由的环境中，由于所涉设备的数量减少了，连接的线路数量减少了，所涉接口的数量也减少了，因此容易出现故障的地方也变少了。当管理员确定故障出现在与三层交换机相关的 VLAN 间路由上时，可以重点执行以下操作。

① 查看交换机 SW1 上 VLANIF 接口的 IP 地址/子网掩码配置，管理员可以使用命令 **display ip interface brief** 进行检查，见例 4-19。

例 4-19　查看 SW1 上 VLANIF 接口的 IP 地址/子网掩码配置

```
[SW1]display ip interface brief
*down: administratively down
^down: standby
(l): loopback
(s): spoofing
The number of interface that is UP in Physical is 4
The number of interface that is DOWN in Physical is 1
The number of interface that is UP in Protocol is 3
The number of interface that is DOWN in Protocol is 2

Interface                IP Address/Mask      Physical     Protocol
```

| | | | |
|---|---|---|---|
| MEth0/0/1 | unassigned | down | down |
| NULL0 | unassigned | up | up(s) |
| Vlanif1 | unassigned | up | down |
| Vlanif10 | 10.0.10.254/24 | up | up |
| Vlanif20 | 10.0.20.254/24 | up | up |

从例 4-19 的输出信息可以看出，管理员配置了两个 VLANIF 接口，这两个 VLANIF 接口的 IP 地址配置与规划相符，并且所处状态都正常。

② 检查 SW1 上连接终端 PC1 和 PC2 的端口配置，重点检查 VLAN 的配置。

③ 检查 PC1 和 PC2 的配置，重点检查 IP 地址/子网掩码及网关的配置。

从本节展示的 VLAN 间路由排错步骤和案例可以看出，对于配置错误而言，如果网络的设计方案足够详尽，那么配置错误是能够很容易被定位和修复的。希望读者能够根据 VLAN 间路由的排错步骤和案例演示，熟悉网络排错的主要思路和步骤，并在后面的实验环境中，尝试使用这种排错思路，排查可能出现的配置错误。

## 4.5 本章总结

本章从物理拓扑与逻辑拓扑之间的对比开始，介绍了 VLAN 间路由的基础知识及其实现方式。具体来说，我们介绍了 3 种典型的 VLAN 间路由环境：VLAN 间路由、单臂路由和通过三层交换机实现的 VLAN 间路由。在对比这 3 种 VLAN 间路由环境的过程中，我们提到了虚拟化技术在这些环境中的应用，以及对应的配置方法。虽然在 VLAN 间路由、单臂路由和通过三层交换机实现的 VLAN 间路由这 3 种环境中，VLAN 间路由的配置过程越来越抽象，但后两种环境中用到的子接口和 VLANIF 接口，却是读者应该掌握的两个重要概念。此外，我们还通过几个案例介绍并演示了如何对 VLAN 间路由的环境进行排错。

## 4.6 练习题

一、选择题

1.（多选）能够用来实现 VLAN 间路由的设备有（ ）。
   A．集线器                    B．网桥
   C．二层交换机                D．三层交换机
   E．路由器

2. 以下有关传统 VLAN 间路由的说法中，正确的是（ ）。

A. 一个 VLAN 占用一个路由器物理接口

B. 多个 VLAN 占用一个路由器物理接口

C. 一个 VLAN 占用一个路由器虚拟子接口

D. 多个 VLAN 占用一个路由器虚拟子接口

3.（多选）以下有关单臂路由的说法中，正确的是（　　）。

A. 一个 VLAN 占用一个路由器物理接口

B. 多个 VLAN 占用一个路由器物理接口

C. 一个 VLAN 占用一个路由器虚拟子接口

D. 多个 VLAN 占用一个路由器虚拟子接口

4.（多选）无须管理员额外配置就会出现在路由表中的路由条目有（　　）。

A. 物理接口的 IP 地址　　　　　　B. 逻辑子接口的 IP 地址

C. VLANIF 接口的 IP 地址　　　　D. 直连链路对端设备的 IP 地址

5. 下列有关 VLANIF 接口的说法中，错误的是（　　）。

A. VLANIF 接口号必须与 VLAN ID 一一对应

B. VLANIF 接口是三层交换机上的虚拟接口

C. VLANIF 接口是三层接口

D. VLANIF 接口是三层交换机上的物理接口

二、判断题（说明：若内容正确，则在后面的括号中画"√"；若内容不正确，则在后面的括号中画"×"。）

1. 逻辑拓扑能够真实反映设备之间的物理连接情况。（　　）

2. 三层交换机是通过物理的三层路由接口来实现 VLAN 间路由的。（　　）

3. 在单臂路由环境中，路由器的 IP 路由表会将子接口作为路由的出接口。（　　）

# 第 5 章
# 动态路由协议

5.1 路由概述
5.2 距离矢量型路由协议
5.3 RIP 原理
＊5.4 RIP 配置
5.5 链路状态型路由协议
5.6 本章总结
5.7 练习题

在本系列教材《网络基础》的第 6 章（路由技术基础）中，我们第一次明确提出了静态路由和动态路由协议的概念，同时详细介绍了静态路由的使用与配置方法。

从本章开始，本册图书的内容均以路由的介绍为主。因此，在正式开始介绍动态路由协议前，我们会首先结合前面已经介绍过的内容，总结一下动态路由协议相对于静态路由的优势，同时分析动态路由协议的适用环境。

在本章中，我们会介绍动态路由协议的两个类别：距离矢量型和链路状态型路由协议，并对比两者的异同。首先，我们会用一节的内容（5.2 距离矢量型路由协议）着重介绍距离矢量型路由协议，旨在为后面两节的内容做好铺垫。

在本书中，我们介绍的第一个动态路由协议是路由信息协议（Routing Information Protocol，RIP），这个动态路由协议是本章后半部分内容的重点。RIP 分为 RIPv1、RIPv2 和 RIPng 这 3 个版本，本书重点介绍 RIPv1 和 RIPv2。在本章的第 3 节（5.3 RIP 原理）中：我们首先介绍 RIP 的理论知识，其中包括 RIP 的由来，以及为适应时代发展做出的改变；接着通过 RIPv1 和 RIPv2 两个版本的对比，强调 RIPv2 中增强的特性；然后着重介绍 RIPv2 的协议特征、报文类型以及工作方式；在理论知识部分的最后介绍 RIP 环路避免的机制。在 5.4 RIP 配置一节中，我们则会通过大量案例展示 RIP 的基本配置和特性配置，详细展示如何配置 RIP、调试 RIP 参数以及验证 RIP 配置的案例。

在 5.5 节中，我们会对比距离矢量型路由协议，介绍链路状态型路由协议，帮助读者自然过渡到后面 3 章即将介绍的链路状态型路由协议。

- 掌握动态路由协议相比于静态路由的优势；
- 理解距离矢量型路由协议和链路状态型路由协议的区别；
- 理解距离矢量型路由协议工作原理；
- 了解 RIP 的起源与发展；
- 理解 RIP 的局限性；
- 理解 RIPv2 的协议特征和报文类型；
- 理解 RIPv2 的工作方式；
- 掌握 RIPv2 的配置方法；
- 理解链路状态型路由协议的工作原理。

# 5.1 路由概述

相比较于静态路由，动态路由协议具有更强的可扩展性，具备更强的应变能力。对于两者的配置来说，在特定环境中，动态路由协议的配置和参数调整比静态路由复杂。网络规模越大，静态路由越无法满足需求，配置也越加复杂。本节首先介绍动态路由协议的优势，然后介绍动态路由协议的分类。

## 5.1.1 静态路由与动态路由协议的对比

本系列教材在介绍静态路由的优缺点时，曾经对静态路由和动态路由各自的特点进行了比较，并且讲述了静态路由和动态路由协议各自的优势和劣势。作为动态路由协议 4 章内容中的第一个节，我们首先通过案例带领读者复习静态路由的优缺点，总结工程师使用动态路由协议的理由。

动态路由协议的适用环境可以用一句话总结为：网络规模越大，越适合部署动态路由协议。对于规模庞大到一定程度的网络来说，网络中的路由器势必会在一定程度上借助动态路由协议来充实自己的路由表。因此，对于任何一位对自己的职业发展稍有期待的工程师来说，动态路由协议都是其技能列表中不可或缺的项目。

大规模网络环境中必须部署动态路由协议的原因可以总结为以下两点。
- 动态路由协议的扩展性强。
- 动态路由协议具备应变能力。

本节的内容将围绕这两点展开。

**1．动态路由协议的扩展性强**

本系列教材在介绍静态路由的相关内容时，曾经对静态路由难以适应大规模组网需求的原因做了初步分析。就配置方面而言，随着网络规模的增加、网络复杂程度的提高、路由设备数量的增大,管理员在所有路由设备上针对各个子网一一配置静态路由的难度也会随之加大。

在本书图 4-1 所示的网络环境中,两台路由器 AR1 和 AR2 直连,每台路由器的 G0/0/0 接口连接了一个子网,AR1 连接了子网 10.0.1.0/24,而 AR2 连接了子网 10.0.2.0/24。如果网络中的所有路由器都要通过动态路由协议宣告所有直连的子网,或者通过静态路由配置所有远端子网的明细路由来实现网络的全互联,那么在该图所示的环境中,管理员使用动态路由协议需要宣告 4 条直连路由(因为 AR1 有 2 个直连网络、AR2 有 2 个直连网络),而使用静态路由则只需要配置 2 条路由条目(在 AR1 上配置子网 10.0.2.0/24 的直连路由、在 AR2 上配置子网 10.0.1.0/24 的直连路由),因为 AR1 和 AR2 各自都只有一个非直连子网。

显然,即使不包括调整其他动态路由的参数,或者启用动态路由的命令,图 4-1 所示的网络也应该通过静态路由进行配置。然而,如果网络规模增加会怎么样呢?比如在图 5-1 所示的这种 5 台路由器串联,每台路由器各自连接两个子网的环境中,部署动态路由协议和配置静态路由相比,哪种方法更加简单易行呢?

以图 5-1 中的 AR1 为例,AR1 的直连子网有 3 个(即子网 11、子网 12 和 AR1 与 AR2 之间的子网),非直连子网有 11 个。把图 5-1 中所有路由器的数目相加,我们可以计算出如果全部配置明细静态路由,5 台路由器上一共需要配置 52 条路由。如果通过动态路由协议宣告直连网络,则一共需要在 5 台路由器上宣告 18 个子网。

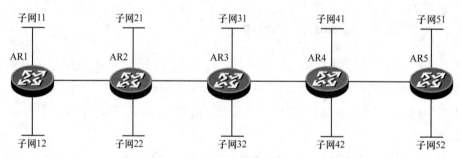

图 5-1　5 台路由器串联的环境

表 5-1 总结了多台路由器串联时,在每台路由器分别连接 1 个子网或 2 个子网的环境中,通过动态路由协议宣告所有直连子网和通过静态路由配置所有远端子网的明细路由,各自需要配置几条命令(不考虑启用动态路由协议的命令和调整路由协议参数的命令)。

表 5-1　　　　　　　　配置动态路由协议与配置静态路由的对比

| 串联路由器数量 | 每台路由器直连子网数 | 需配置明细静态路由数 | 需宣告直连子网数 |
|---|---|---|---|
| 2 | 1 | 2 | 4 |
| 3 | 1 | 8 | 7 |
| 4 | 1 | 18 | 10 |
| 5 | 1 | 32 | 13 |
| 2 | 2 | 4 | 6 |

— 152 —

续表

| 串联路由器数量 | 每台路由器直连子网数 | 需配置明细静态路由数 | 需宣告直连子网数 |
| --- | --- | --- | --- |
| 3 | 2 | 14 | 10 |
| 4 | 2 | 30 | 14 |
| 5 | 2 | 52 | 18 |

通过表 5-1 可以看出，随着串联路由器数量的增加，以及每台路由器直连子网数量的增加，与通过动态路由协议宣告直连子网相比，工程师配置静态路由的工作量会大幅增加。在有 5 台路由器串联的环境中，通过静态路由实现全网互联就已经远比使用动态路由协议宣告直连子网要复杂得多了。注意，我们在表 5-1 中只考虑了最简单的路由器串联环境。在真实的网络环境中，路由器之间的相互连接远不像"手拉手"那么简单。这意味着在包含 5 台路由器的真实网络环境中，与部署动态路由协议相比，通过静态路由配置网络很可能比表 5-1 展现出来的差距还要大。此外，包含 5 台路由器的网络也远远达不到中等规模网络的标准。

由此我们也可以判断出，在绝大多数网络中，工程师至少会在其中的某些区域部署动态路由协议。

**2．动态路由具备应变能力**

静态路由无法适应网络的变化，这个缺陷同样让静态路由难以适应大型、复杂的网络环境。管理员在图 5-2 所示网络的 AR1 上配置了一条静态路由，这条路由的下一跳为 AR3 的 E0 接口地址。

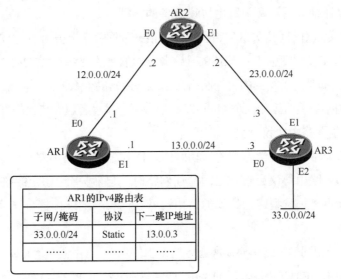

图 5-2 一个简单的 3 台路由器网络环境

如果网络一切正常，AR1 可以凭借这条路由向网络 33.0.0.0/24 发送数据包。然而，如果 AR3 的 E0 接口出现了故障，路由器 AR1 和网络 33.0.0.0/24 之间的通信就会中断。这也就是说，即使网络中还有另一条通路（图 5-2 中通过 AR2 到达 AR3 的冗余路径），路由器 AR1 也并不知道可以把数据包通过接口 E0 发送出去（若管理员也在 AR2 上配置了去往网络 33.0.0.0/24 的静态路由），数据包也可以经由 AR2 转发，到达网络 33.0.0.0/24。

静态路由缺乏应变能力也是导致静态路由不适合在大型网络中单独使用的原因。如果工程师在网络中部署了动态路由协议，即在 3 台路由器上都启用了相同的动态路由协议，并在 AR3 上通过这个动态路由协议宣告了网络 33.0.0.0/24。那么，AR3 的 E0 接口出现故障时，动态路由协议会自动收敛。AR1 意识到网络出现故障后，会通过自己运行的动态路由协议计算出这条通过 AR2 的路径，并且用这条路由转发去往网络 33.0.0.0/24 的数据包，这个过程完全不需要管理员参与。

综上所述，相对于配置静态路由而言，部署动态路由协议的优势主要体现在扩展性和灵活性方面。不过，不同的路由协议也可以提供不同的特性，展现出不同程度的可靠性与收敛效率。关于这个话题，我们会通过后面的两节进行详细说明。

## 5.1.2 路由协议的分类（算法角度）

在过去近 30 年间，人们定义了形形色色的路由协议。为了方便根据这些路由协议的特点对它们进行区分，人们按照不同的方式对这些路由协议进行了分类。比如，如果根据路由协议所使用的算法对路由协议进行分类，路由协议可以被分为距离矢量型（Distance Vector）路由协议和链路状态型（Link State）路由协议。在本节中，我们会对这两种类型的动态路由协议的区别进行简单的说明。在本章后面的内容中，我们还会分别用一节的内容详细说明这两类路由协议具备的特征。

在很多技术文献里，距离矢量型路由协议会根据单词首字母被简写为 DV 路由协议。在这两个首字母中，D 是"距离"，描述的是这条路由的目的网络距离本地路由器有多远；V 是"矢量"，描述的是这条路由的目的网络在本地路由器的什么方向，也就是路由器在根据这条路由转发数据包时，应该把数据包转发给哪台下一跳设备或者自己的哪个出站接口。

### 1. 距离矢量型路由协议简介

对于通过 DV 路由协议学习到的远端网络，D 和 V 就是路由器所了解的全部信息；路由器在通过 DV 路由协议通告自己的直连网络时，自然只会提供路由的距离和矢量信息。所以，运行距离矢量型路由协议的路由设备在向相邻的路由器分享路由信息时，情况如图 5-3 所示。

在学习到运行相同 DV 路由协议所通告的路由信息后，路由器会运行路由算法来计算去往这些网络的路由，并把开销值最低的路由填充到路由表中。大多数距离矢量型路由协议采用的算法是贝尔曼-福特（Bellman-Ford）算法，因此距离矢量型路由协议也曾经被称为贝尔曼-福特型路由协议。这种算法可以根据其他路由器分享的距离和矢量信息，计算出去往各个网络的路由。因为其他路由器通过距离矢量型路由协议分享的路由信息无非是距离信息和矢量信息，所以贝尔曼-福特算法的逻辑比较直观，也比较简单易懂。

图 5-3　运行 DV 路由协议的路由器通告路由信息

### 2．链路状态型路由协议简述

运行链路状态型路由协议（很多技术文献会根据首字母将其简写为 LS 路由协议）的路由器要相互分享的信息则比运行 DV 路由协议的路由器要分享的信息复杂得多，这些路由器之间会相互交换链路状态信息。路由器通过 LS 路由协议通告的链路状态信息中包括了关于这个网络的全部具体信息。因此，运行链路状态型路由协议的路由器在向邻居分享路由信息时，情况如图 5-4 所示。

图 5-4　运行 LS 路由协议的路由器通告路由信息

运行 LS 路由协议的路由器完成了全部的链路状态信息交互后，每一台路由器上都会拥有对于整个网络完全相同的信息。接下来，路由器会使用 Dijkstra 算法，通过这些信息计算去往各个网络的最优路径。

### 3．两类路由协议的比较

运行距离矢量型路由协议的路由器只拥有自己周围这几台路由器分享的距离和矢量信息，因此它们只知道如何通过这几台相邻路由器连接的接口，分别向它们通告的网络转发数据包。

如果数据包是游客，那么运行距离矢量型路由协议的路由器就是徒步路线上的分道指示牌。在路口处，也许我们可以看到在某个岔路口，一条道旁插着写有"峻极峰 4.8km"

的指示牌，因此游客可以判断出转入这条路（矢量），继续前行 4.8km（距离）就可以到达嵩山太室山的最高峰。当然，这个岔路口的另外几条道旁可能还插着写有"峻极峰 6.5km"的指示牌。但仅凭这些指示牌，游客除了知道这些道路可以通往峻极峰以及各条道路到达目的地的距离外，对其他信息一无所知。选路时，大家当然也只能根据这个千米数来决定要走哪条道路。此外，指示牌在每个岔道口都会变化，因此对于后面路径一无所知的游客每次也都只能像这样根据不同的指示牌选路。

相比之下，运行链路状态型路由协议的路由器则像是在每个路口为游客提供一张完整的区域地图，游客通过这张地图可以了解整个区域中的所有路线。因为地图可以展示从始发地到目的地的完整路线，所以每个路口的地图都是相同的。只要拥有了一张完整的地图，游客就可以随时根据自己当前的所在地来规划后面的路线，而不是每到岔道口再根据路牌指示的路径选择下一程的路线。不过，这种方式要求游客本人拥有一定的线路规划能力。所以，提供地图的方式可以让信息全面而统一，但游客寻址时有些"费脑"。

**注释：**

当然，在游客的类比中，选路的是具有主观能动性的游客。网络转发时，则是由路由器负责为数据包选路。地图与指示牌的类比（及本系列教材中使用的一切类比）只是为了用生活中的近似方式，相对形象地阐述距离矢量型路由协议与链路状态型路由协议的差异，不建议读者对全部细节一一对号入座。

关于距离矢量型路由协议和链路状态型路由协议的特点和工作方式，我们还会在本章中通过 5.2 节（距离矢量型路由协议）和 5.5 节（链路状态型路由协议）分别进行介绍。接下来，我们来介绍另一种路由协议的分类方法。

### 5.1.3 路由协议的分类（掩码角度）

从路由协议在发送路由更新信息时是否会携带掩码，可以将路由协议分为有类路由协议和无类路由协议两类。

有类路由协议（Classful Routing Protocol）的诞生早于 IPv4 子网划分技术。这类路由协议不支持 VLSM 和 CIDR，运行这类协议的路由器会根据 IPv4 地址的前 3 位二进制数判断这个网络地址的主类（A 类、B 类或 C 类），因此在发送路由更新消息时也不会携带掩码信息。

**注释：**

忘记了 IP 地址主类概念的读者可以阅读《网络基础》第 5 章（网络层）中的内容，复习 IP 地址分类的概念。

由于有类路由协议在发送更新消息时不会携带掩码，因此当一个运行有类路由协议的路由器向自己的邻居发送路由更新时，如果它要发送的路由信息不是去往某个主类网络的路由信息，而是去往某个子网的路由，这台路由器就会执行下面一系列的判断，根据判断结果来决定如何发送路由更新。

（1）这台路由器会判断发送路由更新的接口 IP 地址和该路由信息的网络地址是否在同一个主类网络中，如果不在同一个主类网络中，那么路由器就会将这条路由汇总为主类网络进行发送。

（2）如果路由器发现发送路由更新的接口 IP 地址和该路由信息的网络地址处于同一个主类网络中，那么它会继续判断这条路由的网络地址掩码与发送这条路由的接口掩码是否一致，如果不一致，则也将这条路由汇总为主类网络进行发送。

（3）如果这台路由器发现，这条路由的网络地址掩码与发送这条路由的接口掩码也一致，那么路由器就会直接发送这条路由更新。

路由器接收到路由更新消息时，由于消息本身不携带掩码，因此路由器为了判断路由更新的掩码，也需要遵循一系列类似的流程。

当接收到路由更新时，它会比较更新信息中的网络地址与自己的接口地址是否处于同一个主类网络。

（1）这台路由器会判断接收该路由更新的接口 IP 地址与该路由的网络地址是否在同一个主类网络中，如果不在同一个主类网络中，那么路由器赋予这条路由主类网络的掩码。

（2）如果路由器发现接收路由更新的接口 IP 地址和该路由的网络地址处于同一个主类网络中，那么它会尝试用接收这条路由的接口掩码来匹配这条路由的网络地址；如果发现该网络地址的主机位不全为 0，则赋予该路由 32 位的掩码。

（3）如果这台路由器用接收这条路由更新的接口掩码来匹配这条路由的网络地址，发现该网络地址的主机位全部为 0，那么路由器就会赋予该路由接收接口的掩码。

这个流程看起来十分复杂，下面我们通过一个简单的例子说明。

如图 5-5 所示，AR1 通过有类路由协议 RIPv1 发送的路由更新，学习到了一条关于网络 22.0.0.0/8 的路由信息。之所以 AR1 添加到自己 IPv4 路由表中的条目不是 22.1.1.0/24，是因为 AR2 在通告路由时，需要首先判断发送路由更新的接口 IP 地址和该更新消息中的网络地址是否在同一个主类网络中。经过判断，AR2 发现自己用来发送这条路由的 E0 接口 IP 地址 12.1.1.2 属于 12.0.0.0/8 这个 A 类网络，而 22.1.1.0/24 这条路由则属于 22.0.0.0/8 这个 A 类网络，它们并不处于同一个主类网络中，于是 AR2 将这条路由汇总为主类网络 22.0.0.0/8 发送给了 AR1。

然而，AR2 收到 AR1 发送的 RIPv1 路由更新消息，却可以学习到关于子网 12.1.2.0/24 的信息。这是因为，AR1 在通告路由时，发现发送路由更新的接口 IP 地址（12.1.1.1）和该路由的网络地址（12.1.2.0）都处于主类网络 12.0.0.0/8 中；同时，这条路由的子网掩码和 AR1 E0 接口的掩码都是 24 位。于是，AR1 直接发送了去往子网 12.1.2.0 的路由更新，而不会将它汇总为主类网络。在 AR2 接收到更新消息时，AR2 发现自己接收这条路由更新的 E0 接口 IP 地址（12.1.1.2）与该路由的网络地址（12.1.2.0/24）都处于 12.0.0.0

这个 A 类网络中；同时，路由器用自己 E0 接口的 24 位掩码匹配 12.1.2.0 这个网络地址，发现主机位全部为 0，于是 AR2 就将 E0 接口的 24 位掩码赋予了 12.1.2.0 这条路由，将 12.1.2.0/24 作为路由条目保存进了自己的 IPv4 路由表中。

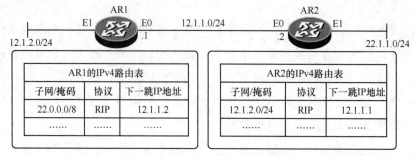

图 5-5　有类路由协议学习远端路由的逻辑

AR2 的 E1 接口如果连接了另一台路由器 AR3，如图 5-6 所示，我们就可以在 AR2 向 AR3 发送路由更新时，更加清晰地看到跨越主类网络边界的含义。此时，AR2 通告给 AR3 的有关 12.1.2.0/24 与 12.1.1.0/24 这两条路由前缀都会被汇总为同一主类网络。于是，AR3 的路由表中也就只有 12.0.0.0/8 这一条主类网络路由。读者可以参照上面的流程，自己尝试分析有类路由协议发送和接收路由的具体过程。

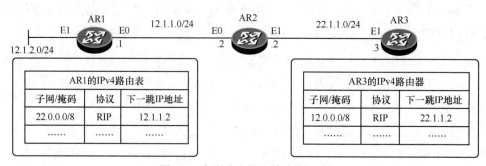

图 5-6　有类路由协议的路由汇总

根据有类路由协议的工作方式可以看出，**运行有类路由协议的主类网络边界路由器会将本地接口主类网络外的路由通告汇总为主类网络路由**。这种汇总与其说是一种特性，倒不如说是因有类路由协议在发送路由更新时不携带掩码而给网络引入的一种限制。鉴于使用有类路由协议的路由器会执行汇总操作，这本身就是因为有类路由协议发送的更新中没有携带足够的信息（子网掩码）可以让路由器将路由信息依照其子网划分方式填充到路由表中，因此这种汇总操作是无法被关闭的。在子网划分大行其道的年代，这种汇总行为常常会导致出现意料之外的问题。

20 世纪 90 年代以后，IPv4 子网划分技术变得越来越常见。自此涌现出的一波新兴 IPv4 路由协议必须顺应时代的需求，因此它们大多数可以对 VLSM 和 CIDR 提供支持。这就意味着运行这些路由协议的路由器在发送更新消息时，会在更新消息中携带子网掩码。而接收方也可以根据更新消息中的子网掩码将对方通告的子网纳入路由表中。这类路由协议称为无类路由协议（Classless Routing Protocol）。

有类路由协议现已作古，无类路由协议已经成为人们部署路由协议时考虑的最基本需求。就连无类路由协议的路由自动汇总特性，这项能够让无类路由协议像有类路由协议那样在主类网络边界自动实现路由汇总的功能，人们在部署无类路由协议时也常常会予以禁用。由此可见，我们在后面介绍具体的路由协议时，除了阐述某项协议的起源时有可能偶尔提到它有类的近亲协议外，并不会真正向读者讲解和分析任何有类路由协议。也就是说，后文所有内容都将围绕无类路由协议展开。但我们借助有类路由协议的特点，通过图 5-6 介绍了动态路由协议的自动汇总方式，这部分内容可以为我们在后文中介绍无类路由协议同类功能的风险做好铺垫。

**注释：**

本章在后文中介绍路由更新的案例时，凡没有提及路由器使用的具体路由协议，一概默认路由器运行的是无类路由协议。

## 5.2 距离矢量型路由协议

距离矢量型路由协议的配置简单，具有动态路由的可扩展性和应变能力，能够自动学习路由、选择路由，通过多种特性避免网络中出现环路。本节将详细介绍距离矢量型路由协议的特点和环路避免机制。

### 5.2.1 路由学习

距离矢量型路由协议定义的路由通告方式是周期更新。运行这类路由协议的路由器会每隔一段固定的时间，就将自己当前完整的路由表通告给相邻（运行相同路由协议）的路由器。路由器就是通过这种方法获得非直连网络的路由信息。

我们在图 5-6 的基础上再给 AR3 扩充出一个直连子网，以此来演示距离矢量型路由协议学习路由的过程。扩展后的网络如图 5-7 所示。

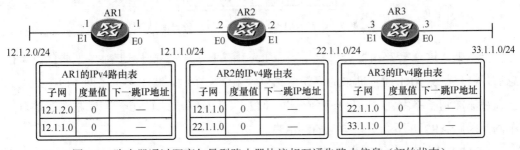

图 5-7　路由器通过距离矢量型路由器协议相互通告路由信息（初始状态）

在图 5-7 所示的初始状态下，所有路由器都只拥有自己直连网络的路由。而一旦 3 台路由器上都启用了距离矢量型路由协议，这些路由器就会对外通告路由。

AR2 接收到 AR1 通告的直连路由信息后，它会发现在 AR1 通告的两条路由中，有一条路由是自己的直连路由，另一条路由是自己未知网络的路由。直连路由拥有至高的优先级，因此 AR2 不可能把 AR1 通告的 12.1.1.0/24 网络的路由信息添加到路由表中；然而，AR1 通告的网络 12.1.2.0/24 并不是 AR2 的直连网络，AR2 路由表中也没有关于这个网络的信息。在接收到 AR1 的路由通告消息后，AR2 发现自己可以将 AR1 的 E0 接口地址作为下一跳传输去往 12.1.2.0/24 这个网络的数据包。于是 AR2 将这个网络作为一条路由条目添加到了自己的路由表中。显然，AR2 去往 12.1.2.0/24 这个子网的距离比 AR1 要远，因此在 AR2 的路由表中，关于子网 12.1.2.0/24 这个网络的路由条目，其度量值一定会大于 AR1 路由表中关于该子网路由的度量值。如果我们在此运行的距离矢量型路由协议为 RIP，则 AR2 路由表中 12.1.2.0/24 路由的度量值就会变成 1，因为 RIP 路由的度量值即本地路由器向该子网转发数据包时，数据包会经历的路由设备跳数（Hop Count）。

**注释：**

路由条目在通告的过程中跳数增加，是通告方路由器的操作还是接收方路由器的操作，取决于路由器用来通告路由条目的路由协议。对于 RIP 而言，增加度量值的操作是在通告方发送路由信息时执行的。如果套用图 5-7 的示例，那么 AR2 上关于 12.1.2.0/24 这个网络的度量值为 1，是因为 AR1 在通告 12.1.2.0/24 这个网络时增加了该路由的度量值。

按照上面叙述的方式可以判断，在 3 台路由器第一次相互通告并学习了路由信息后，这 3 台路由器的路由表如图 5-8 所示。

图 5-8　路由器通过距离矢量型路由器协议相互通告路由信息（第一次交互）

接下来，这 3 台路由器会再次相互通告路由信息。AR2 接收到 AR1 通告的路由信息后，它会发现 AR1 通告过来的更新信息包含了 3 个子网：其中一个子网（12.1.2.0/24）已经被添加到了路由表中；另外两个子网（12.1.1.0/24 和 22.1.1.0/24）都是自己的直连子网。因此 AR2 并不会更新自己的路由表。

而 AR1 接收到 AR2 通告的路由信息时，AR1 会发现自己并不了解 33.1.1.0/24 这个子网的信息。在接收到 AR2 的路由通告消息后，AR1 发现可以以 AR2 的 E0 接口地址作为下一跳来传输去往子网 33.1.1.0/24 这个网络的数据包。于是 AR1 将这个网络作为一条路由条目添加到了自己的路由表中。当然，AR1 去往 33.1.1.0/24 路由的度量值应该高于 AR2 去往该网络路由的度量值。如果我们讨论的这种距离矢量型路由协议用跳数作为度量值，那么 AR2 路由表中 33.1.1.0/24 这个路由的度量值就会变成 2。

于是，在 3 台路由器第二次相互通告并学习了路由信息后，这 3 台路由器的路由表如图 5-9 所示。

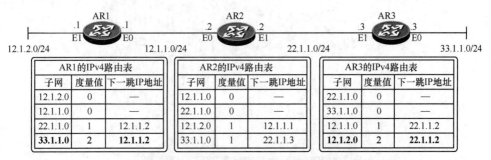

图 5-9 路由器通过距离矢量型路由器协议相互通告路由信息（最终态）

至此，我们可以看到这 3 台路由器上已经拥有了相同的路由条目，任何一台路由器都了解了如何向这个网络中的所有子网转发数据包，因此这个网络已经完成收敛。

在更大规模的网络中，尽管收敛速度会因为网络半径变长而变慢，但路由信息还是可以通过这种方式一跳一跳地被传递给网络中的其他路由设备。

### 5.2.2 环路隐患

我们在 5.2.1 小节介绍的这种路由信息传递机制其实并不完善，潜藏着某种风险。为了解释清楚这种风险，我们循着图 5-9 的思路继续进行演绎。

当网络中的 3 台路由器都学习到了去往这个网络中各个子网的路由后，AR1 的 E1 接口出于某种原因而由 up 状态变为了 down 状态。所以，AR1 从自己的路由表中清除了去往 12.1.2.0/24 这个子网的直连路由。于是，AR1 现在并不知道该如何转发去往子网 12.1.2.0/24 的数据包，如图 5-10 所示。

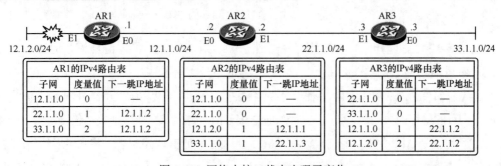

图 5-10 网络中接口状态出现了变化

然而，在图 5-10 中，我们也可以看到此时并没有哪种机制可以让 AR2 迅速了解到 AR1 与网络 12.1.2.0/24 之间的连接已经不复存在，因此 AR2 也没有理由把自己去往子网 12.1.2.0/24 的这条路由删除。

在下一个更新周期中，问题就出现了。如图 5-11 所示，AR1 会听到 AR2 对自己说："从我这儿去子网 12.1.2.0 有 1 跳，你知道这么多就够了。"

图 5-11　贝尔曼-福特算法潜藏的风险

于是，通过 AR2 的路由更新消息，AR1 学习到了一条去往 12.1.2.0/24 的路由，这条路由的下一跳为 12.1.1.2，度量值为 2。AR1 当然不会知道，在 AR2 的 IPv4 路由表中，去往子网 12.1.2.0/24 的路由下一跳是自己的 E0 接口（12.1.1.1），而且路由的度量值是 1 跳，如图 5-12 所示。

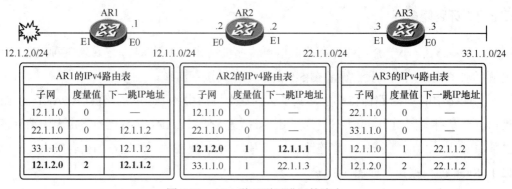

图 5-12　AR1 学习到了错误的路由

在图 5-12 中，诡异的一幕出现了：虽然子网 12.1.2.0/24 已经退隐江湖，但江湖中还是流传着可以访问它的传说。那么，这个传说是不是无害的呢？

首先，如果子网 33.1.1.0/24 中有一台终端发送了一个以子网 12.1.2.0/24 中某台主机的 IP 地址作为目的地址的数据包，那么 AR3 会通过查询 IPv4 路由表，将这个数据包转发给下一跳 22.1.1.2，也就是 AR2 的 E1 接口；然后，AR2 会通过查询 IPv4 路由表，将它转发给 AR1 的 E0 接口；最后，AR1 会查询 IPv4 路由表，将它转发回 AR2（的 E0 接口），如图 5-13 所示。

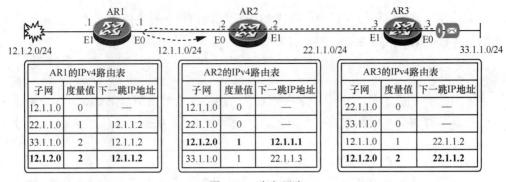

图 5-13 路由环路

尽管在图 5-13 所示的网络中，目前没有任何一台路由器有能力将数据包转发给子网 12.1.2.0/24，但它们都相信网络中存在去往该子网的路径。实际上，所有以该子网为目的网络的数据包最终都只能在 AR1 和 AR2 之间循环转发，这就导致网络中出现了路由环路。

上述问题是距离矢量型路由协议自身的缺陷造成的，因为通过图 5-3 这种通告方式，路由器无法根据相邻设备通告的路由信息，判断自己是不是被包含在了去往该网络的路径中。路由环路的产生源自距离矢量算法，因此距离矢量型路由协议都需要提供某种防环机制来解决路由环路的问题。我们下一节要介绍的路由信息协议就是一个经典的距离矢量型路由协议。在下一节讲述 RIP 的工作原理时，我们会在第 5.3.3 小节（RIP 的环路避免机制）中，介绍 RIP 提供的防环机制。

## 5.3　RIP 原理

RIP 作为一种距离矢量型路由协议，有其自身的优点和缺陷。本节我们会围绕距离矢量型路由协议的特点，对比 RIPv1 和 RIPv2 两个版本，以此强调 RIPv2 对于距离矢量型路由协议的改进。本节我们介绍 RIP 的理论基础，下一节重点介绍相关特性的具体配置和验证方法。

### 5.3.1　RIP 简史与 RIPv1 简介

20 世纪 70 年代初期，在实现更广泛互联这一需求的带动下，协议栈的设计被一些机构摆上了议事日程。1974 年，就在后来诞生了以太网的施乐公司（Xerox）的帕洛阿尔托研究中心（Palo Alto Research Center，PARC），一个名为帕洛阿尔托研究中心通用数据包（PARC Universal Packet，PUP）的协议栈雏形问世。在这个协议栈中，有一个类似于 IP 的编址协议，这个在 PUP 协议栈中扮演着至关重要角色的协议，被直接以协议栈的名字命名，称为 PUP。PUP 地址也是由 32 位组成的，前 8 位固定为网络位，第 9～16 位固定为主机位，而后面的 16 位则为套接字位（其作用相当于今天 TCP/IP 协议栈中端口号的作用）。在这个协议栈中，根据 PUP 地址为数据包提供路由的协议，叫作网关信息协议（Gateway Information Protocol）。

**注释：**

　　本系列教程曾经在第 1 册第 4 章中介绍以太网的由来时提到过 PARC，感兴趣的读者可以在这一节顺便复习一下以太网的由来及相关概念（可参考上一册教材 4.4.1 小节以太网概述）。

　　几年之后，施乐公司开发部在 PUP 协议栈的基础上设计出了施乐网络系统（Xerox Network Systems）协议栈，简称 XNS 协议栈。原来 PUP 协议栈中的一些协议只经过十分简单的修改，就被移植到了新的 XNS 协议栈中。比如，PUP 协议栈中的网关信息协议在经过了一些修改之后，以 RIP 之名在 XNS 协议栈中粉墨登场。而在 XNS 协议栈中充当编址标准的，是互联网数据报协议（Internet Datagram Protocol，IDP），这个协议同样也只是设计者以 PUP 为蓝本，略加修改的结果。因此，定义 XNS RIP 的目的，是为 IDP 数据包提供路由。

　　但随着以太网这种局域网技术在 20 世纪 80 年代的普及，各个厂商的操作系统或不加修改直接使用，或大量借用或少量参考了 XNS 协议栈的全部或部分内容。于是，RIP 也随之通过简单的修改，即被移植到了运行不同协议栈的各个平台上，开始为不同的协议提供路由，由此诞生了 Novell 的 IPX RIP、Apple 的 RTMP。伴随着 IPX 和 AppleTalk 纷纷退出历史舞台，这些版本的 RIP 自然也就不再为人所知。不过，RIP 被移植到了运行 TCP/IP 协议栈的 UNIX 4.2BSD 版上时（1982 年），如今被人们称为 RIPv1 的这个协议即告问世。

　　1988 年，RIP 经过标准化，被定义在了 RFC 1058 中。1993 年，为了弥补 RIP 原始版本中所存在的缺陷，人们定义了一个更新版本的 RIP，这个新版的 RIP 被称为 RIP 第 2 版（RIPv2）。RIPv2 在 1998 年完成了标准化，被定义在了 RFC 2453 中。

**注释：**

　　在 RIPv2 实现标准化前，RIPv2 的 IPv6 扩展版首先实现了标准化。这个版本的 RIP 被称为下一代 RIP（RIP next generation，RIPng）。RIPng 的标准化于 1997 年完成，RIPng 被定义在 RFC 2080 中。关于 RIPng 的内容，我们会留待本系列教材第 3 册的第 8 章（IPv6 路由）中再行介绍，这里暂且不提。本章后文中关于 RIP 的内容将大体围绕 RIPv2 展开。

　　与 RIPv2 相比，RIPv1 的缺陷主要体现在以下几点。

- **有类路由协议**：RIP 与 TCP/IP 协议栈的结合始于 1982 年。1985 年，RFC 950 发布。在主题为"互联网标准子网划分流程（Internet Standard Subnetting Procedure）"的 RFC 文档中，提到了在互联网地址中把一个宽度可变的部分

（Variable-Width Field）作为地址的子网部分，让每个网络可以拥有不同的规模概念。之后又过了 8 年，CIDR 才通过 RFC 1517 得到了标准化。因此，RIPv1 是有类路由协议，也就顺理成章了。关于有类路由协议的概念和问题，我们已经在本章第 1 节中进行了介绍，下文还会进行进一步的说明，这里不再赘述。

- **广播更新**：所有诞生于 20 世纪 80 年代的路由协议，都采用了相同的方式来发送路由更新——广播更新。也就是说，运行 RIPv1 的路由器会把路由更新封装成广播数据包，从启用了这个路由协议的接口发送出去。这意味着只要一个广播域中有启用 RIPv1 的接口，那么这个广播域中即使没有启用 RIPv1 的设备也必须频繁地处理 RIPv1 路由器发送的广播更新消息，尽管这些更新与它们实际上毫无干系。这种做法无疑增加了无关设备的开销。
- **无法认证身份**：RIPv1 不支持认证（Authentication）功能。所谓认证，其目的在于确认信息发送方身份的合法性。由于 RIPv1 不支持认证，因此任何人都可以将一些伪造的路由信息发送给启用了 RIPv1 的路由器，以达到修改 RIPv1 路由器路由表的目的。

在 IP 地址日益紧缺、网络安全趋势日益严峻的大背景下，如果不能解决上述问题（尤其是有类问题和认证问题），那么 RIP 则只能面临被淘汰的命运。RIPv2 顺利解决了上述几大核心问题，新版 RIP 会在发送路由更新时携带子网掩码。换句话说，**RIPv2 是无类路由协议**。**RIPv2 选择通过组播而不是广播发送路由更新。另外，RIPv2 支持在更新消息中对路由器进行认证**，路由安全也能够得到保障。

关于 RIPv2 的具体内容，我们将在下一节中详细说明。

## 5.3.2 RIPv2 的基本原理

RIPv2 的大部分特征承袭 RIPv1。我们在上一节中介绍过，RIP 与 TCP/IP 协议栈的结合始于 UNIX 4.2BSD 版系统，运行这个 UNIX 系统的工作站在网络中扮演着今天路由器的角色为数据包执行路由转发时，负责使用 RIP 在这些工作站之间传递路由信息的是一个名为 routed 的进程，这个进程通过 TCP/IP 协议栈中的 UDP 来提供传输层的服务。所以，**RIP（无论是 RIPv1 还是 RIPv2）是基于 UDP 的应用层协议，RIP 对应的端口号是 UDP 520**。路由器之间通过 RIP 交互路由信息时，路由器封装的更新消息会首先被封装到源端口号和目的端口号均为 520 的 UDP 数据段中，然后路由器再将这个数据段封装在 IP 数据包中。

不过，RIPv2 在封装网络层 IP 协议头部时，使用的目的 IP 地址就会与 RIPv1 存在一些区别。在上一节中我们提到，RIPv1 会通过广播来通告路由更新，因此 RIPv1 封装的 RIP 消息，其目的地址也就是 255.255.255.255。为了减少这种做法造成的资源浪费，**RIPv2 在发送 RIP 消息时，封装的目的 IP 地址为组播地址 224.0.0.9**。具体来说，一台路由器的某个接口启用了 RIPv2 时，它就会通过那个接口监听发往 224.0.0.9 的数据包，因为这个接口所在的广播域中如果还有其他启用了 RIPv2 的设备，这些设备会通过这个地址来发布 RIP 消息。当然，这台路由器本身也会使用这个组播 IP 地址来向外发送与 RIP 有关的信息。

说到通告路由更新，**RIPv1 和 RIPv2 都采用了周期更新的方式来通告路由信息**。在启用了 RIP 后，路由器会以 **RIP 更新计时器（Update Timer）** 设置的参数为周期，每个周期向外通告一次路由更新信息。工程师可以通过命令修改这个参数，默认时间为 30s。

除了更新计时器外，RIP 还有另外两个计时器同样发挥着重要的作用。

- **老化计时器（Age Timer）**：如果路由器连续一段时间没有通过启用了 RIP 的接口接收到某条路由的更新消息，而这条路由的更新消息就应该通过这个接口接收到时，路由器就会将这条路由标注为不可达，但不会将这条路由从 RIP 数据库中删除。这段时间是由 RIP 老化计时器定义的，工程师同样可以配置老化计时器，老化计时器默认的时间为 180s。
- **垃圾收集计时器（Garbage Collect Timer）**：这个计时器定义的是从一条路由被标记为不可达，到路由器将其彻底删除之间的时间。垃圾收集计时器默认的设置时间是 120s，工程师可以修改这个参数。

运行 RIP 的路由器接收到多条去往同一个目的子网的路由时，它会以路由的跳数作为比较路由优劣的唯一参数。这也就是说，**RIP 路由的度量值等于跳数，或者说，RIP 认为相邻路由器间的开销值都是 1**。某台路由器的一条 RIP 路由的度量值为 1 时，就代表这台路由器向该子网转发的数据包，在到达目的子网前需要经历 1 跳路由设备。

然而，根据距离矢量型路由协议的特点，路由信息传递如果出现环路，跳数很容易随着路由信息在路由器之间的相互传递而不断增加。关于这一点，读者可以回顾上一节中的图 5-12。在图 5-12 中我们提到，当路由器 AR1 学习到了一条去往 12.1.2.0/24 的错误路由时，它会将这条度量值为 2 的路由保存在自己的路由表中。接下来，当更新计时器到期时，路由器当然会以度量值 3 再将这条路由通告给 AR2。此时，AR2 再次从 AR1 那里学习到了去往 12.1.2.0/24 的这条路由，但这条路由的度量值不再是 1（因为 AR1 与该网络直连的端口状态已经变为 down），而是 3。于是，AR2 会认为 AR1 虽然失去了与该网络直连的路径，但 AR1 找到了一条用 2 跳可以将数据包转发给网络 12.1.2.0/24 的替代路径，因此 AR2 将去往网络 12.1.2.0/24 的路由度量值修改为 3。接下来，当 AR2 再将这条路由通告给 AR1 时，它会以度量值为 4 发送路由更新信息。于是，关于网络中仍然有路由器能够向 12.1.2.0/24 这个网络转发数据包的流言就会一直在这个小小的网络中不断振荡传输，两台路由器上去往 12.1.2.0/24 这个网络的路由，其度量值也会不断攀高。

使用距离矢量型路由协议的路由器无法通过对方通告的路由更新信息，判断出这条路由所经历的路径中是否包含自己，而以跳数作为度量值的 RIP 又会在通告路由信息时在路由条目的度量值的基础上加一跳通告给对端。**RIP 规定最大度量值为 16 跳**。当一条路由增大到 16 跳时，这条路由就会被 RIP 视为不可达。

**注释：**

我们介绍老化计时器时，曾经提到当老化计时器过期，路由器却依然没有接收到某条路由的更新时，路由器就会将这条路由标记为不可达。在这种情况下，路由器将路由标记为不可达的具体操作，就是将这条路由的度量值设置为 16 跳。

介绍了 RIP 的参数和特性后，接下来我们会对 RIP 定义的报文封装结构和报文类型进行简单的讨论。

我们在前文反复提到，RIP 与 TCP/IP 协议栈的结合始于 UNIX 4.2BSD 版系统。BSD 编址需要将每个字段拓展到 32 位边界。因此，RIPv1 的报文结构中有大量字段没有得到使用，这些字段在封装时会被强制设置为 0，其存在的实际作用只是凑位。这就给 RIPv2 沿用 RIPv1 的报文结构提供了很好的机会。

RIPv2 与 RIPv1 的报文结构没有任何区别，但 RIPv2 通过有效利用 RIPv1 报文结构中的一些未使用字段，提供了一些 RIPv2 特有的属性。比如，RIPv2 是无类路由协议，为了在发送更新时携带网络的子网掩码，RIPv2 利用了 RIPv1 报文结构中的一个未使用字段作为子网掩码字段。RIPv2 的封装结构如图 5-14 所示。

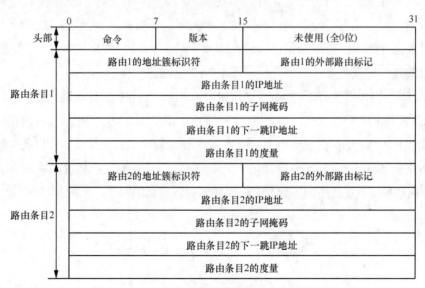

图 5-14　RIPv2 的消息封装结构（未实施认证）

**注释：**

在上面的封装中，外部路由标记字段、子网掩码字段和下一跳字段都是 RIPv2 定义的字段，这些字段在 RIPv1 的封装中都没有进行定义，RIPv1 路由器在封装数据时会将这些字段强制设置为全 0。

通过封装结构中的命令（Command）字段，**RIP 定义了两种不同的消息类型，即请求报文（Request）和响应报文（Reponse）**。Command 字段设置为 1 时，这个 RIP 消息就是请求报文。刚刚启用 RIP 的接口会通过请求报文向该接口连接的其他 RIP 路由器请求它们的路由信息。Command 字段设置为 2 时，这个 RIP 消息就是响应报文，接收到了请求报文的 RIP 路由器通过响应报文回复自己的路由信息；即使没有接收到请求消息，启用了 RIP 的路由器也会在每次更新计时器到期时，通过响应报文从启用了 RIP 的接口周期性地对外通告自己的路由信息。因此，RIP 响应报文其实就是我们之前提到的 RIP 通告消息。

地址簇标识符（Address Family Identifier）字段的作用是标识这条路由的地址类型，如果为 IP 地址，则这个字段的值取 2——通过这个字段可以看出 RIP 不仅支持 IP 地址，还支持其他协议的地址；外部路由标记（Route Tag）字段是 RIPv2 新增的字段，这个字段可以告诉接收方路由器，这条路由是通过 RIP 学习到的，还是通过其他路由协议学习到的。

此外，我们通过观察图 5-14 不难发现，几个计时器参数完全没有包含在 RIP 的封装结构中。这说明 RIP 路由器相互并不知道对方是如何设置计时器参数的，由此可以推断 **RIP 的任何一项计时器参数不匹配都不会影响路由器之间交互路由信息**。当然，相信读者根据定义也不难得出这样的结论：如果工程师将一台 RIP 路由器上的更新计时器时长修改得比其直连 RIP 的路由器老化计时器还长，那么这台直连路由器在使用它通告的路由转发数据包时，就有可能发现这些路由已经被置为不可达，甚至已经被删除。

通过上面介绍的信息，相信读者现在大致了解了 RIPv2 的工作方式。下面我们把这两节介绍的知识串联起来，具体介绍一下 RIPv2 是如何工作的。

首先，一台路由器（AR1）的某个接口启用了 RIPv2 协议时，这台路由器就会封装一个 RIP 请求报文和 RIP 响应报文，然后将这些目的地址为 224.0.0.9、目的端口为 UDP 520 的报文从启用了 RIPv2 的接口发送出去。其中，RIP 请求报文的目的是让该接口所在链路的其他 RIPv2 路由器将自己的路由信息通过 RIP 响应报文通告给自己；而 RIP 响应报文的作用则显然是向该接口所在链路的其他 RIPv2 路由器通告自己的网络，如图 5-15 所示。

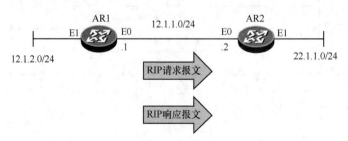

图 5-15 路由器通过刚刚启用 RIP 的接口在网络中发送组播 RIP 报文

此时，如果这个接口连接了另一台 RIPv2 路由器（AR2），那么由于启用了 RIPv2，这台路由器就会监听 224.0.0.9 组播地址。它接收到路由器 AR1 发送的 RIP 请求消息后，发现这个消息的目的地址就是 224.0.0.9，因此会进一步对数据包进行解封装，并根据数据的目的端口号（UDP 520）将这个消息交给 RIP 进程处理。处理的结果是路由器发现这是一个 RIP 请求消息，于是这台路由器（AR2）就会用 RIP 响应报文发送自己的路由更新作为回应。与此同时，这台路由器也会接收到请求方发送的 RIP 响应报文，于是这台路由器会运行贝尔曼-福特算法计算响应报文中的信息，然后把计算出的去往各个网络的最优路由放进自己的路由表中。此时，针对这些新路由的老化计时器开始计时，如图 5-16 所示。

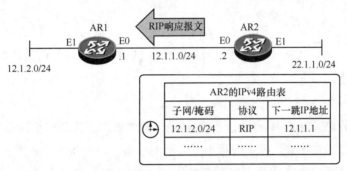

图 5-16 路由器用 RIP 响应报文回应 RIP 请求、更新路由表并针对新路由启动老化计时器

在另一边，请求方（AR1）通过自己刚刚启用 RIPv2 的接口，接收到对方路由器（AR2）发送的 RIPv2 响应报文后，也会运行贝尔曼-福特算法计算响应报文中的信息，计算出去往各个网络的最优路由，将其放进自己的路由表中，并针对这些路由启动老化计时器，如图 5-17 所示。

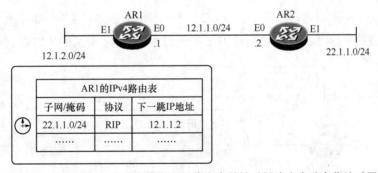

图 5-17 路由器用 RIP 响应报文更新路由表并针对新路由启动老化计时器

一台路由器针对某条或某些路由的更新计时器到期时，它就会封装一个 RIP 响应报文对外发送。此时，如果对方路由器在接收到这个 RIP 响应报文时，针对这条路由的老化计时器还没有过期，那么它就会重置老化计时器并重新开始计时，期待在下一个老化周期之内也能接收到这个或这些路由更新消息。如果对方路由器在接收到这个 RIP 响应报文时，针对这条路由的老化计时器已经过期，路由器已经将这条路由标记为不可达，

并且启动了垃圾收集计时器，那么路由器会用刚刚接收到的路由信息中了解到的跳数重新激活这个条目，同时重置老化计时器并关闭垃圾收集计时器。

然而，某条 RIP 路由如果启动了垃圾收集计时器，那么路由器就会在网络中发送关于这条路由不可达的更新消息，让其他路由器也更新这条路由已经不可达的信息，垃圾收集计时器超时后会将这条路由从 RIP 数据库中彻底删除。路由器对外通告不可达路由，其目的是让其他路由器也能及时清除网络中的不可用路由，这与我们接下来一节要讨论的话题紧密相关。

### 5.3.3 RIP 的环路避免机制

我们在前文中介绍过，RIP 将最大跳数定义为 16 跳，且 16 跳表示该网络不可达。在本节中，我们介绍 RIP 其他的环路避免特性和机制，并且解释这些特性为什么可以防止发生上述问题。

**1. 水平分割**

引入水平分割（**Split Horizon**）的规则是，**禁止路由器将从一个接口学习到的路由，再从同一个接口通告出去**。为了解释水平分割的效果，我们继续沿着图 5-10 的思路进行演绎，看一看通过水平分割是否还会出现像图 5-12 和图 5-13 那样的环路。

在图 5-18 所示的环境中，AR1 的 E1 接口出于某种原因由 up 状态变为了 down 状态。所以，AR1 从自己的路由表中清除了去往 12.1.2.0 子网的直连路由。于是，AR1 现在并不知道该如何转发去往子网 12.1.2.0 的数据包。至此为止，一切都和图 5-10 相同。

然而，AR2 启用了水平分割特性，因此图 5-11 所示的情形就不会发生。因为 AR2 上去往 12.1.2.0/24 这个网络的路由是 AR2 通过自己的 E0 接口接收到的，所以 AR2 不会再通过自己的 E0 接口通告去往 12.1.2.0/24 这个网络的路由。鉴于 AR1 不会再从 AR2 那里学习到去往 12.1.2.0/24 网络的路由，图 5-12 和图 5-13 所示的环路也就不会发生。

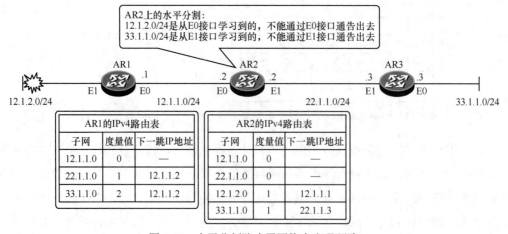

图 5-18 水平分割防止了网络中出现环路

## 2. 毒性反转

毒性反转（Poison Reverse）和水平分割的理念相同，做法相似，属于水平分割的一种变体，因此很多人称之为带毒性反转的水平分割（Split-Horizon Routing with Poison Reverse）。两者的区别在于，如果说水平分割是一种被动的防环机制，那么毒性反转则是一种主动的防环机制。**毒性反转的做法是，路由器从一个接口学习到一条去往某个网络路由时，它就会通过这个接口通告一条该网络不可达的路由。**

有了水平分割的基础，相信读者很容易理解毒性反转是如何防止网络中出现环路的。我们还是通过演绎图 5-10 的情形来解释这个问题。

在图 5-19 所示的环境中，AR2 通过自己的 E0 接口学习到了去往 12.1.2.0/24 的路由。由于 AR2 启用了毒性反转，因此它会立刻通过自己的 E0 接口向 AR1 通告一条 12.1.2.0/24 这个网络通过自己的跳数为 16 跳的信息。AR1 接收到这条信息时，就知道 12.1.2.0/24 通过 AR2 是不可达的。因此，即使 AR1 的 E1 接口出于某种原因而变为了 down 状态，AR1 也不会因为以 AR2 作为下一跳路由器来转发去往网络 12.1.2.0/24 的数据包，而图 5-13 所示的情况也就不会发生。

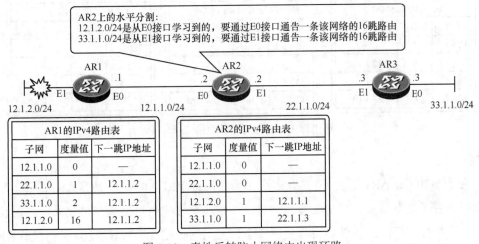

图 5-19 毒性反转防止网络中出现环路

**注释：**

在图 5-19 中，AR2 通过 E0 接口通告了去往网络 12.1.2.0 的 16 跳路由后，AR1 路由表中即保留了这条路由。但请注意，我们这样绘图旨在突出毒性反转的效果，方便读者理解这个特性。实际上，尽管毒性反转确实会让设备（即本例中的 AR2）通告这样一条路由，但接收方（即本例中的 AR1）实际上**并不会**将这条不可达的路由保存到自己的路由表中。

路由毒化（Route Poisoning）是指路由器会将自己路由表中已经失效的路由作为一条不可达路由主动通告出去。触发更新（Triggered Update），顾名思义，是指路由器在

— 171 —

网络发生变化时，不等待更新计时器到时就主动发送更新。

将路由毒化和触发更新这两种机制结合在一起，可以迅速将网络出现了变化的消息通告给网络中的其他路由器，避免网络在等待计时器过期的过程中出现环路。

我们还是根据图 5-10 中的出现情形来解释这个机制的效果。在图 5-20 所示的环境中，AR1 的 E1 接口基于某种原因由 up 状态变为了 down 状态。此时，根据路由毒化机制，AR1 应该将自己路由表中的路由 12.1.2.0/24 已经失效的消息通告出去，即通过自己启用了 RIP 的接口通告出去；又根据触发更新机制，在网络出现变化的情况下，AR1 应该直接发送这条更新，而非等待更新计时器过期。于是，AR1 在发现 12.1.2.0/24 不可达之后，立刻将这个消息通过 RIP 响应报文通告给了 AR2。AR2 在接收到这条消息后，将通过 AR1 去往 12.1.2.0/24 的路由从 IP 路由表中删除，同时将信息转发给了 AR3。

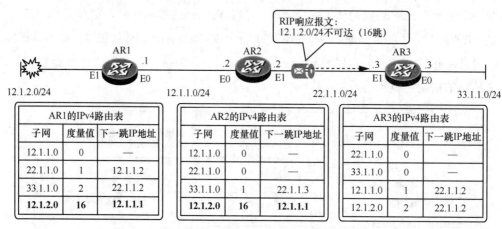

图 5-20 路由毒化与触发更新结合防止网络中出现环路

**注释：**

在图 5-20 中，AR1 通过 E0 接口通告了去往网络 12.1.2.0 的 16 跳路由后，AR2 路由表中即保留了这条路由。但请注意，我们这样绘图旨在突出路由毒化的效果，方便读者理解这个特性。实际上，尽管路由毒化确实会让监测到网络变化的设备（如本例中的 AR1）通告这样一条路由，但接收方（无论是本例中的 AR2，还是未来接收到 RIP 响应报文后的 AR3）实际上**并不会**将这条不可达的路由保存到自己的路由表中。

通过图 5-20 也可以看到，通过路由毒化和触发更新的结合机制，某个网络暂时"失联"的信息会在瞬间传遍整个 RIP 网络。这样一来，网络中也就没有哪台 RIP 路由器还可以继续凭借自己的过期路由条目，向其他路由器声称自己还有办法向该网络转发数据包了。

综上所述，通过定义最大跳数、部署水平分割/毒性反转特性、提供路由毒化和触发更新机制，RIP 弥补了距离矢量型路由协议在环路方面的天然缺陷。但这些举措本身又会引入一些新的问题，比如最大跳数限制了 RIP 网络的规模、水平分割影响了网络的收敛速度、毒性反转和路由毒化增加了网络中传输的管理流量（RIP 响应报文）。因此，距离矢量型路由协议尽管拥有配置简单、部署方便等优势，但这类路由协议在网络（尤其是大型网络）中还是日渐失势。不过，RIP 的理论和配置都可以为学习路由技术的人员提供一个非常理想的起点。在下一节中，我们会详细介绍 RIP 在各个环境中的配置方法。

## *5.4 RIP 配置

在本节中，我们会对 RIP 的配置方法进行介绍。RIP 是各类动态路由协议中，配置最简单的协议。因此，读者可以通过学习 RIP 的配置方法来熟悉动态路由协议的配置方法。

鉴于 RIPv1 在实际网络中已经被淘汰，因此我们在本节中重点介绍的是 RIPv2 的配置。不过，考虑有些读者可能希望测试（我们在前文中介绍过的）有类路由协议的工作方式，我们首先简单演示一下 RIPv1 的配置方法。

**注释：**
对 RIPv1 配置方法不感兴趣的读者可以直接阅读 5.4.1 小节 RIPv2 的基本配置。

在本节中，我们以图 5-21 所示的环境为例，演示如何在路由器 AR1 和 AR2 上配置 RIPv1。

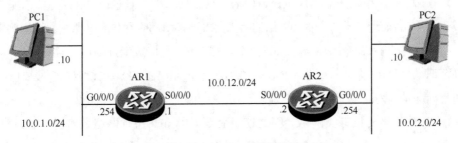

图 5-21　RIPv1 配置案例

在这个网络中，AR1 和 AR2 分别连接一个 LAN，子网地址分别为 10.0.1.0/24 和 10.0.2.0/24。这两台路由器之间通过串行链路连接在一起，这条串行链路使用的是 10.0.12.0/24 子网。现在，管理员要在 AR1 和 AR2 上启用 RIPv1，并在 RIPv1 中通告两台路由器各自直连的子网，使 PC1 与 PC2 之间能够进行通信。例 5-1 展示了 AR1 和 AR2 上的配置。

**例 5-1　在路由器 AR1 和 AR2 上配置 RIP**

```
[AR1]interface g0/0/0
[AR1-GigabitEthernet0/0/0]ip address 10.0.1.254 24
[AR1-GigabitEthernet0/0/0]quit
[AR1]interface s0/0/0
```

```
[AR1-Serial0/0/0]ip address 10.0.12.1 24
[AR1-Serial0/0/0]quit
[AR1]rip
[AR1-rip-1]network 10.0.0.0
```

```
[AR2]interface g0/0/0
[AR2-GigabitEthernet0/0/0]ip address 10.0.2.254 24
[AR2-GigabitEthernet0/0/0]quit
[AR2]interface s0/0/0
[AR2-Serial0/0/0]ip address 10.0.12.2 24
[AR2-Serial0/0/0]quit
[AR2]rip
[AR2-rip-1]network 10.0.0.0
```

从例 5-1 中可以看出，AR1 和 AR2 上除了常规的接口配置外，管理员使用系统视图命令 **rip** 启用了 RIP，并且默认就是运行 RIPv1。这条命令的完整句法是 **rip** [*process-id*]，其中 *process-id* 指定了 RIP 进程 ID。如果像本例的配置一样，管理员没有指定 *process-id*，路由器将使用 1 作为默认的进程 ID。进程 ID 只具有本地意义，因此 AR1 和 AR2 上就算配置了不同的进程 ID，它们之间也能够相互交换 RIP 路由信息。

管理员在系统视图中配置了命令 **rip** 后，路由器的所有接口上默认是禁用 RIP 进程的。要想在相应的接口上启用 RIP 进程，管理员必须在 RIP 视图中使用命令 **network** 来通告主类网络。这条命令的完整句法格式为 **network** *network-address*，一旦管理员在路由器上配置了这条命令，所有 IP 地址属于这个主类网络的路由器本地接口都会参与 RIP 路由。以本例来说，管理员在 AR1 上输入命令 network 10.0.0.0 后，AR1 的 G0/0/0 和 S0/0/0 接口都会启用 RIP 进程；而管理员在 AR2 上输入命令 network 10.0.0.0 后，AR2 的 G0/0/0 和 S0/0/0 接口也会启用 RIP 进程，这是因为这 4 个接口的 IP 地址都在 10.0.0.0 这个主类网络中。

由于 RIPv1 只支持有类网络，因此使用命令 **network** 进行网络通告时，管理员要按照 IP 地址 A 类、B 类、C 类的分类原则，通告主类网络并且无须写明掩码。

通过这一条命令，RIPv1 的配置即告完成。在例 5-2 中，我们通过查看 IP 路由表中的 RIP 路由，验证了 RIPv1 的配置效果。

**例 5-2　验证 RIPv1 的配置效果**

```
[AR1]display ip routing-table protocol rip
Route Flags: R - relay, D - download to fib
------------------------------------------------------------------------------
Public routing table : RIP
         Destinations : 1        Routes : 1

RIP routing table status : <Active>
```

```
       Destinations : 1          Routes : 1

Destination/Mask    Proto  Pre  Cost     Flags   NextHop        Interface

       10.0.2.0/24  RIP    100  1        D       10.0.12.2      Serial0/0/0

RIP routing table status : <Inactive>
       Destinations : 0          Routes : 0
```

在例 5-2 中，我们使用命令 **display ip routing-table protocol rip** 展示了 AR1 上 IP 路由表中的 RIP 路由条目。

**注释：**

命令 **display ip routing-table protocol rip** 中的参数 **rip** 可以改为其他路由来源，比如 direct（直连）、static（静态）、ospf 等，通过这种方式对命令输出的路由条目进行限制，可以更清晰快速地找到希望查看的目标路由。

如例 5-2 的阴影行所示，路由器 R1 通过 S0/0/0 接口学习到了一条 RIP 路由，这条路由的目的子网是 10.0.2.0/24，路由优先级是 100。本系列教材前文在解释路由优先级时曾经介绍过，RIP 路由的默认优先级就是 100。此外，静态路由的优先级是 60。优先级值越低，优先级越高。通过两者对比可知，静态路由优于 RIP 路由。

例 5-3 测试了配置的最终效果，管理员从 PC1 上对 PC2 发起 ping 测试。

**例 5-3 在 PC1 上验证配置结果**

```
PC1>ping 10.0.2.10

Ping 10.0.2.10: 32 data bytes, Press Ctrl_C to break
From 10.0.2.10: bytes=32 seq=1 ttl=126 time=93 ms
From 10.0.2.10: bytes=32 seq=2 ttl=126 time=109 ms
From 10.0.2.10: bytes=32 seq=3 ttl=126 time=109 ms
From 10.0.2.10: bytes=32 seq=4 ttl=126 time=109 ms
From 10.0.2.10: bytes=32 seq=5 ttl=126 time=93 ms

--- 10.0.2.10 ping statistics ---
  5 packet(s) transmitted
  5 packet(s) received
  0.00% packet loss
  round-trip min/avg/max = 93/102/109 ms
```

从例 5-3 的测试可以看出，管理员通过在路由器 AR1 和 AR2 上配置 RIP 并通告各自的直连路由，使拓扑两端子网中的主机 PC1 和 PC2 之间能够进行通信。RIPv1 虽然实施起来简单，但前文也提过它的不足之处。因此，如果读者希望在网络中实施 RIP，那么还是需要掌握 RIPv2 的配置和参数调试方法。从下一小节开始，我们就会通过几个案例来详细介绍 RIPv2 的配置。

## *5.4.1　RIPv2 的基本配置

RIPv2 的启用和路由通告与 RIPv1 非常类似，本节会使用与 RIPv1 配置案例相同的拓扑（见图 5-21）来演示 RIPv2 的配置。在完成基本配置后，我们会通过这个拓扑分别展示 RIPv2 的环路避免机制：水平分割和毒性反转。在这节的最后，我们还会通过手动关闭接口的方式主动在拓扑中引入变化，借此展示 RIPv2 的触发更新。

首先，管理员要在 AR1 和 AR2 上启用 RIPv2，使 PC1 与 PC2 之间能够进行通信。例 5-4 中展示了 AR1 和 AR2 上的配置。

**例 5-4　在路由器 AR1 和 AR2 上配置 RIPv2**

```
[AR1]interface g0/0/0
[AR1-GigabitEthernet0/0/0]ip address 10.0.1.254 24
[AR1-GigabitEthernet0/0/0]quit
[AR1]interface s0/0/0
[AR1-Serial0/0/0]ip address 10.0.12.1 24
[AR1-Serial0/0/0]quit
[AR1]rip
[AR1-rip-1]version 2
[AR1-rip-1]network 10.0.0.0

[AR2]interface g0/0/0
[AR2-GigabitEthernet0/0/0]ip address 10.0.2.254 24
[AR2-GigabitEthernet0/0/0]quit
[AR2]interface s0/0/0
[AR2-Serial0/0/0]ip address 10.0.12.2 24
[AR2-Serial0/0/0]quit
[AR2]rip
[AR2-rip-1]version 2
[AR2-rip-1]network 10.0.0.0
```

从本例中可以看出，RIPv2 的启用与 RIPv1 的启用之间就差了一条命令。以 AR1 为例，管理员首先在系统视图中使用命令 rip 启用 RIP 进程 1，然后在 RIP 视图中使用命令 **version 2**。这条命令修改了 RIP 的运行版本，鉴于华为路由器默认使用的 RIP 版本为 RIPv1，因此若要使用 RIPv2，管理员需要使用这条命令把版本修改为 RIPv2。

最后，管理员在 RIP 视图中使用命令 **network** 通告了本地子网，这条命令会使 IP 地址属于通告子网的接口启用 RIP 进程。RIPv2 支持 VLSM，但在配置路由通告时仍会使用主类网络。例 5-5 展示了 AR1 的 IP 路由表,其中用阴影标出了 AR1 通过 RIPv2 学习到的路由。

**例 5-5　在 AR1 上查看 IP 路由表**

```
[AR1]display ip routing-table
Route Flags: R - relay, D - download to fib
-------------------------------------------------------------------------
Routing Tables: Public
        Destinations : 8      Routes : 8

Destination/Mask   Proto    Pre   Cost  Flags   NextHop        Interface

 10.0.1.0/24       Direct   0     0     D       10.0.1.254     GigabitEthernet0/0/0
 10.0.1.254/32     Direct   0     0     D       127.0.0.1      GigabitEthernet0/0/0
 10.0.2.0/24       RIP      100   1     D       10.0.12.2      Serial0/0/0
 10.0.12.0/24      Direct   0     0     D       10.0.12.1      Serial0/0/0
 10.0.12.1/32      Direct   0     0     D       127.0.0.1      Serial0/0/0
 10.0.12.2/32      Direct   0     0     D       10.0.12.2      Serial0/0/0
 127.0.0.0/8       Direct   0     0     D       127.0.0.1      InLoopBack0
 127.0.0.1/32      Direct   0     0     D       127.0.0.1      InLoopBack0
```

从 AR1 的 IP 路由表中可以看到它从 S0/0/0 接口(连接 AR2)学来的 RIP 路由,这条路由的 Proto 仍被标记为 RIP,这与例 5-2 中通过 RIPv1 学到的路由标记相同,因此管理员通过 IP 路由表无法判断路由器运行的 RIP 版本。

管理员可以使用命令 **display rip** 来查看 RIP 的更多详细信息,例 5-6 展示了这条命令在 AR1 上的输出信息。

**例 5-6　在 AR1 上使用命令 display rip**

```
[AR1]display rip
Public VPN-instance
   RIP process : 1
     RIP version      : 2
     Preference       : 100
     Checkzero        : Enabled
     Default-cost     :0
     Summary          : Enabled
     Host-route       : Enabled
     Maximum number of balanced paths : 32
     Update time    : 30 sec         Age time : 180 sec
     Garbage-collect time : 120 sec
     Graceful restart     : Disabled
```

```
       BFD                    : Disabled
       Silent-interfaces      : None
       Default-route          : Disabled
       Verify-source          : Enabled
       Networks :
       10.0.0.0
       Configured peers            : None
       Number of routes in database  : 4
       Number of interfaces enabled  : 2
       Triggered updates sent        : 25
       Number of route changes       : 17
       Number of replies to queries  : 8
       Number of routes in ADV DB    : 3

 Total count for 1 process :
       Number of routes in database  : 4
       Number of interfaces enabled  : 2
       Number of routes sendable in a periodic update : 8
       Number of routes sent in last periodic update : 4
```

从例 5-6 中可以看出，命令 **display rip** 能够查看有关 RIP 的更多信息，其中包括这台路由器上使用的 RIP 进程号（默认 1）、版本号（默认 1，管理员通过 RIP 视图的命令 **version 2** 将其修改为 2）、优先级（默认 100），以及通告的网络（管理员使用命令 **network** 通告的本地子网）。其他参数比如汇总、默认路由等，会在接下来的几个小节中一一介绍。

接下来，我们会在这个环境中通过抓包的形式验证 RIPv2 的水平分割特性。

### 1．RIPv2 水平分割

要想查看案例环境中 AR1 的 RIPv2 水平分割特性是否启用，管理员可以使用命令 **display rip 1 interface s0/0/0 verbose** 进行判断，例 5-7 中展示了这条命令的输出信息。

**例 5-7　查看 AR1 上的 RIPv2 水平分割状态**

```
[AR1]display rip 1 interface s0/0/0 verbose
Serial0/0/0(10.0.12.1)
 State          : UP          MTU       : 500
 Metricin       : 0
 Metricout      : 1
 Input          : Enabled     Output : Enabled
 Protocol       : RIPv2 Multicast
 Send version   : RIPv2 Multicast Packets
 Receive version: RIPv2 Multicast and Broadcast Packets
```

```
Poison-reverse                    : Disabled
Split-Horizon                     : Enabled
Authentication type               : None
Replay Protection                 :Disabled
```

例 5-7 所示命令可以显示接口上有关 RIP 进程的详细信息，其中不仅可以看到水平分割（阴影部分）特性默认已启用，还可以看到毒性反转特性默认已禁用。

在这个环境中，以 AR1 为例，它通过 S0/0/0 接口，从 AR2 收到了去往 10.0.2.0/24 的 RIPv2 路由，根据水平分割规则，它不能将这条路由再从 S0/0/0 接口发送出去。下面我们通过在 AR1 的 S0/0/0 接口上抓包，查看它发出的 RIPv2 路由通告条目，如图 5-22 所示。

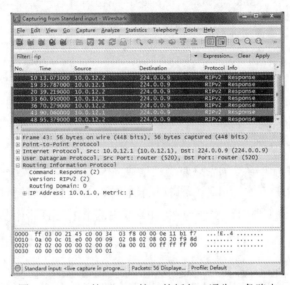

图 5-22　AR1 的 S0/0/0 接口的抓包：通告 1 条路由

从图 5-22 所示的抓包截图可以看出，源地址为 10.0.12.1（AR1 的 S0/0/0 接口），目的地址为组播地址 224.0.0.9（RIPv2 使用的组播地址）的数据包中，RIPv2 通告了一条路由：10.0.1.0，度量值为 1。这也就是说，AR1 并没有将它通过 S0/0/0 接口学到的 10.0.2.0 路由，再次通过 S0/0/0 接口发布出去——这正是 RIPv2 水平分割特性的结果。

### 2. RIPv2 毒性反转

接下来，我们继续沿用上述案例环境，但我们需要在例 5-7 配置的基础上，在 AR1 和 AR2 的 S0/0/0 接口开启毒性反转特性。例 5-8 中展示了启用毒性反转特性的配置命令。

**例 5-8　在 AR1 和 AR2 上启用毒性反转特性**

```
[AR1]interface s/0/0
[AR1-Serial0/0/0]rip poison-reverse

[AR2]interface s0/0/0
[AR2-Serial0/0/0]rip poison-reverse
```

毒性反转特性是在接口上启用的，因此，管理员分别在 AR1 和 AR2 的 S0/0/0 接口上启用了毒性反转特性。管理员可以使用前面查看水平分割特性的命令来查看毒性反转特性的状态。例 5-9 中展示了 AR1 上这条命令的输出信息。

**例 5-9  在 AR1 上查看毒性反转特性**

```
[AR1]display rip 1 interface s0/0/0 verbose
Serial0/0/0(10.0.12.1)
    State               : UP              MTU       : 500
    Metricin            : 0
    Metricout           : 1
    Input               : Enabled   Output : Enabled
    Protocol            : RIPv2 Multicast
    Send version        : RIPv2 Multicast Packets
    Receive version     : RIPv2 Multicast and Broadcast Packets
    Poison-reverse      : Enabled
    Split-Horizon       : Enabled
    Authentication type : None
    Replay Protection   : Disabled
```

从例 5-9 的命令输出信息中可以看出，现在 AR1 上已经启用了毒性反转特性。路由器接口上同时启用 RIPv2 水平分割和毒性反转特性时，毒性反转特性占优。现在我们再从 AR1 的 S0/0/0 接口上抓包，看看现在 AR1 发出的 RIPv2 通告中都包含哪些路由，如图 5-23 所示。

图 5-23  AR1 的 S0/0/0 接口的抓包：通告 2 条路由

从图 5-23 所示的抓包截图可以看出，开启了毒性反转后，AR1 从 S0/0/0 接口发出的 RIPv2 路由变为 2 条，其中一条是自己的直连路由 10.0.1.0，另一条是从 AR2 学到的路由 10.0.2.0。也就是说，AR1 将从 S0/0/0 接口学到的路由 10.0.2.0 再次从该接口通告出去，同时把度量值设置为 16。通过度量值 16 表示路由不可达，主动消除了产生环路的可能，这就是启用了毒性反转的效果。

### 3．RIPv2 触发更新

接下来，我们继续之前的案例和配置，来展示 RIPv2 触发更新的效果。为了使网络中出现拓扑变动，我们会手动关闭 AR2 的 G0/0/0 接口，让子网 10.0.2.0/24 变得不可达。例 5-10 中展示了 AR2 上的配置信息。

**例 5-10　手动关闭 AR2 的 G0/0/0 接口**

```
[AR2]interface g0/0/0
[AR2-GigabitEthernet0/0/0]shutdown
```

管理员关闭了 AR2 的 G0/0/0 接口后，我们仍在 AR1 的 S0/0/0 接口抓包，验证 AR2 是否发来了通告子网 10.0.2.0/24 不可达的触发更新，如图 5-24 所示。

图 5-24　AR1 的 S0/0/0 接口的抓包：收到触发更新

从图 5-24 所示的抓包截图可以看出，AR1 的 S0/0/0 接口上收到了源地址为 10.0.12.2（AR2 的 S0/0/0 接口），目的地址为 224.0.0.9（RIPv2 使用的组播地址）的触发更新包。这里只包含一条状态发生变化的路由：10.0.2.0，而度量值 16 则表示这条路由不再可达。

AR1 收到这条触发更新后，会立即把这条路由从 IP 路由表中删除，无须等待。因此，触发更新可以加速网络的收敛。

## *5.4.2 配置 RIPv2 路由自动汇总

一些读者可能已经从例 5-6 命令 **display rip** 的输出信息中，看到了本小节介绍的重点"Summary：Enabled"（汇总：已启用）。这行信息表示当前运行的 RIP 已启用了路由自动汇总功能，实际上，华为路由器上的 RIPv1 和 RIPv2 默认都启用了路由自动汇总功能。

启用了路由自动汇总功能后，RIP 在向其他网络通告同一个主类网络中的子网路由时，会将这些子网的路由汇总为一条有类网络的路由进行通告。这样做的好处在于可以减少路由表的大小，并且降低网络上传输的 RIP 消息数量，但它的缺点所带来的危害有时远远大于优点带来的好处。在本小节中，我们将通过案例展示路由自动汇总带来的危害。

由于 RIPv1 并不支持 VLSM，RIPv1 会始终启用路由自动汇总功能。在 RIPv2 中，管理员可以通过 RIP 视图的命令 **undo summary** 来禁用路由自动汇总功能。实际上，华为对 RIPv2 的自动汇总功能进行了优化：只有接口上禁用了水平分割特性后，RIPv2 才会执行自动汇总。华为路由器默认接口的水平分割特性是启用的，因此在 RIPv2 发出的报文中并没有自动汇总的路由条目，只有明细路由条目。

本小节以图 5-25 所示的网络为例，AR1 和 AR3 的 LAN 接口上各自连接了 4 个子网，这 4 个子网是同一个主类网络的不同子网，同时这两台路由器都通过串行链路接口与 AR2 相连。3 台路由器都运行 RIPv2，本小节先展示华为路由器上 RIPv2 的配置以及默认的路由通告效果，再讨论关闭接口的水平分割特性后，令自动汇总特性真正生效，查看自动汇总后的路由通告效果，并分析自动汇总在这个网络中带来的问题。

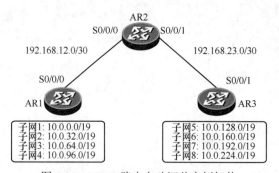

图 5-25 RIPv2 路由自动汇总案例拓扑

图 5-25 中列出了 AR1 和 AR3 上各自的 4 个子网/掩码，例 5-11 展示了 AR1、AR2 和 AR3 上的接口配置，路由器接口 IP 地址的配置已经被展示过很多次，在这里我们换一种方式查看接口的状态。

例 5-11 查看路由器接口的状态

```
[AR1]display ip interface brief
*down: administratively down
!down: FIB overload down
```

```
^down: standby
(l): loopback
(s): spoofing
(d): Dampening Suppressed
The number of interface that is UP in Physical is 6
The number of interface that is DOWN in Physical is 5
The number of interface that is UP in Protocol is 6
The number of interface that is DOWN in Protocol is 5

Interface                IP Address/Mask      Physical    Protocol
Ethernet0/0/0            unassigned           down        down
Ethernet0/0/1            unassigned           down        down
GigabitEthernet0/0/0     10.0.0.254/19        up          up
GigabitEthernet0/0/1     10.0.32.254/19       up          up
GigabitEthernet0/0/2     10.0.64.254/19       up          up
GigabitEthernet0/0/3     10.0.96.254/19       up          up
NULL0                    unassigned           up          up(s)
Serial0/0/0              192.168.12.1/30      up          up
Serial0/0/1              unassigned           down        down
Serial0/0/2              unassigned           down        down
Serial0/0/3              unassigned           down        down

[AR2]display ip interface brief
*down: administratively down
!down: FIB overload down
^down: standby
(l): loopback
(s): spoofing
(d): Dampening Suppressed
The number of interface that is UP in Physical is 3
The number of interface that is DOWN in Physical is 8
The number of interface that is UP in Protocol is 3
The number of interface that is DOWN in Protocol is 8

Interface                IP Address/Mask      Physical    Protocol
Ethernet0/0/0            unassigned           down        down
Ethernet0/0/1            unassigned           down        down
GigabitEthernet0/0/0     10.8.4.2/24          down        down
GigabitEthernet0/0/1     10.8.5.2/24          down        down
GigabitEthernet0/0/2     10.8.6.2/24          down        down
GigabitEthernet0/0/3     10.8.7.2/24          down        down
```

| | | | |
|---|---|---|---|
| NULL0 | unassigned | up | up(s) |
| Serial0/0/0 | 192.168.12.2/30 | up | up |
| Serial0/0/1 | 192.168.23.2/30 | up | up |
| Serial0/0/2 | unassigned | down | down |
| Serial0/0/3 | unassigned | down | down |

```
[AR3]display ip interface brief
*down: administratively down
!down: FIB overload down
^down: standby
(l): loopback
(s): spoofing
(d): Dampening Suppressed
The number of interface that is UP in Physical is 6
The number of interface that is DOWN in Physical is 5
The number of interface that is UP in Protocol is 6
The number of interface that is DOWN in Protocol is 5
```

| Interface | IP Address/Mask | Physical | Protocol |
|---|---|---|---|
| Ethernet0/0/0 | unassigned | down | down |
| Ethernet0/0/1 | unassigned | down | down |
| GigabitEthernet0/0/0 | 10.0.128.254/19 | up | up |
| GigabitEthernet0/0/1 | 10.0.160.254/19 | up | up |
| GigabitEthernet0/0/2 | 10.0.192.254/19 | up | up |
| GigabitEthernet0/0/3 | 10.0.224.254/19 | up | up |
| NULL0 | unassigned | up | up(s) |
| Serial0/0/0 | unassigned | down | down |
| Serial0/0/1 | 192.168.23.1/30 | up | up |
| Serial0/0/2 | unassigned | down | down |
| Serial0/0/3 | unassigned | down | down |

在例 5-11 中，我们使用命令 **display ip interface brief** 查看了路由器接口的 IP 地址和状态。从命令的输出内容中，我们可以看出本例中使用的接口上都已经配置了 IP 地址，并且接口状态都是 up/up。接着，管理员要在 3 台路由器上分别启用 RIPv2，并通告所有本地子网。我们先从 AR2 开始，详见例 5-12。

例 5-12　在 AR2 上配置 RIPv2 并通告本地子网

```
[AR2]rip
[AR2-rip-1]version 2
[AR2-rip-1]network 192.168.12.0
[AR2-rip-1]network 192.168.23.0
```

从 AR2 的配置中可以看出，管理员使用了 5.4.1 小节展示的命令将 RIP 更改为版本 2。由于在 AR2 上只有两个接口需要参与 RIPv2 进程：分别连接 AR1 和 AR3 的接口，管理员通过命令 network 通告了这两个接口所连接的子网。

接下来我们换一种方法查看 AR1 和 AR3 上的配置，如例 5-13 所示。

例 5-13  查看 AR1 和 AR3 上的 RIP 配置

```
[AR1]display current-configuration configuration rip
#
rip 1
 version 2
 network 10.0.0.0
 network 192.168.12.0
#
return
[AR1]
```

```
[AR3]display current-configuration configuration rip
#
rip 1
 version 2
 network 10.0.0.0
 network 192.168.23.0
#
return
[AR3]
```

例 5-13 使用命令 **display current-configuration configuration rip** 查看了路由器上的 RIP 配置。从 AR1 和 AR3 的 RIP 配置中，我们可以看出这两台路由器上运行的是 RIPv2，它们也各自宣告了两个网络。注意，虽然 RIPv2 支持 VLSM，但是在使用命令 network 通告子网时，管理员仍然要使用主网络进行通告，因此命令输出内容中显示的是 **network 10.0.0.0**。

在 RIP 进程配置完成后，例 5-14 展示了 AR2 的 IP 路由表，以查看 AR2 通过 RIPv2 学到的路由。

例 5-14  查看 AR2 通过 RIPv2 学到的路由

```
[AR2]display ip routing-table protocol rip
Route Flags: R - relay, D - download to fib
------------------------------------------------------------------------
Public routing table : RIP
         Destinations : 8        Routes : 8

RIP routing table status : <Active>
```

```
        Destinations : 8       Routes : 8

Destination/Mask    Proto   Pre   Cost   Flags   NextHop         Interface
      10.0.0.0/19   RIP     100   1      D       192.168.12.1    Serial0/0/0
     10.0.32.0/19   RIP     100   1      D       192.168.12.1    Serial0/0/0
     10.0.64.0/19   RIP     100   1      D       192.168.12.1    Serial0/0/0
     10.0.96.0/19   RIP     100   1      D       192.168.12.1    Serial0/0/0
    10.0.128.0/19   RIP     100   1      D       192.168.23.1    Serial0/0/1
    10.0.160.0/19   RIP     100   1      D       192.168.23.1    Serial0/0/1
    10.0.192.0/19   RIP     100   1      D       192.168.23.1    Serial0/0/1
    10.0.224.0/19   RIP     100   1      D       192.168.23.1    Serial0/0/1

RIP routing table status : <Inactive>
        Destinations : 0       Routes : 0
```

为了简化 AR2 路由表中的内容，管理员使用命令 **display ip routing-table protocol rip** 只查看通过 RIP 学到的路由。从例 5-14 中的第一部分阴影可以看出，AR2 通过 RIP 学到了 8 个目的地，分别有 8 条路由。

虽然从例 5-6 所示的命令 **display rip** 输出的内容中可以看出 RIPv2 默认是启用了自动汇总的，但我们通过案例展示了华为设备针对 RIPv2 进行的调整。为了展示自动汇总的效果，我们在例 5-15 中首先在 AR1 和 AR3 的串行接口上禁用 RIP 的水平分割特性。

**例 5-15  在接口上禁用 RIP 水平分割特性**

```
[AR1]interface s0/0/0
[AR1-Serial0/0/0]undo rip split-horizon
```

```
[AR3]interface s0/0/1
[AR3-Serial0/0/0]undo rip split-horizon
```

在接口视图下配置 RIP 水平分割的命令是 **rip split-horizon**，因此禁用 RIP 水平分割的命令就是 **undo rip split-horizon**。

在禁用了水平分割后，我们再查看一下 AR2 的路由表，如例 5-16 所示。

**例 5-16  禁用 RIP 水平分割后的 AR2 路由表**

```
[AR2]display ip routing-table protocol rip
Route Flags: R - relay, D - download to fib
------------------------------------------------------------------------
Public routing table : RIP
        Destinations : 3       Routes : 4


RIP routing table status : <Active>
```

```
         Destinations : 3         Routes : 4

Destination/Mask      Proto    Pre    Cost    Flags   NextHop         Interface

      10.0.0.0/8       RIP     100     1       D      192.168.12.1    Serial0/0/0
                       RIP     100     1       D      192.168.23.1    Serial0/0/1
    192.168.12.0/24    RIP     100     1       D      192.168.12.1    Serial0/0/0
    192.168.23.0/24    RIP     100     1       D      192.168.23.1    Serial0/0/1

RIP routing table status : <Inactive>
         Destinations : 0         Routes : 0
```

现在 AR2 的 IP 路由表变得完全不一样了。首先，读者应该关注上半部分的阴影行。这部分信息显示出 AR2 通过 RIP 学到了 3 个目的地，共计 4 条路由。下半部分用阴影标出的两行是去往同一个目的地的两条路由，即目的地 10.0.0.0/8，这两条路由的下一跳分别为 AR1 和 AR3。从图 5-25 所示的拓扑可以看出，AR2 现在的路由表与网络拓扑不符。如果按照这个路由表转发数据包，AR2 会将指向 AR1 和 AR3 的两条路由当作等价路径同时使用，这样会有大量数据包因"碰巧"选到了错误的路径而遭到下一跳设备丢包。因此在这个案例网络中，RIPv2 的路由自动汇总特性必须关闭，才能使网络正常工作。

最后看另两条路由，是在禁用 RIPv2 路由自动汇总（通过启用水平分割特性）的情况下，并没有出现的 RIP 路由。之所以现在会有这两个网络，是因为这两个子网（尽管没有跨越主类网络的边界）被汇总为了主类网络（C 类网络，掩码为/24）。这导致路由条目中包含的 IP 地址数量远远大于网络中实际使用的 IP 地址数量，最终形成路由黑洞。并且这两个网络在汇总前，各自的子网掩码是/30，分别是 AR2 上直连的两个网络。对于直连网络来说，也无须再通过 RIP 学到。

综上所述，RIPv2 的路由自动汇总特性真正生效后，AR2 上学到的 RIP 路由全部都是无用路由。AR2 上的路由表大小缩小了一半，但整个网络中的数据包路由全部乱了套。鉴于 RIPv2 自动汇总特性的局限性，管理员可以根据需要进行手动路由汇总。在下一小节中，我们将继续使用本小节的案例拓扑，在本小节的基础上实施手动路由汇总。

**警告：**

5.4.2 小节不具备现场应用价值，只为帮助读者学习 RIPv2 的相关命令及效果。读者切勿在工程项目中模仿 5.4.2 小节中的操作。

## *5.4.3 配置 RIPv2 路由手动汇总

通过上一小节展示的案例，我们看到了 RIP 自动汇总的缺点：容易产生错误和无效的路由，导致路由黑洞和路由环路。不过，华为设备为用户提供了手动汇总的选择，使管理员能够获得汇总带来的好处，同时又不会承担自动汇总引入的风险。在本小节中，我们会延续上一小节的环境和配置，演示如何在华为路由器上配置 RIPv2 手动汇总。图 5-26 复制了图 5-25 的拓扑环境，并计算出 AR1 和 AR3 上将要汇总的路由。

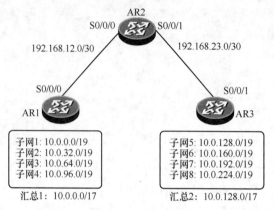

图 5-26 RIPv2 路由手动汇总案例

在图 5-26 中，我们直接写明了子网路由和汇总路由。关于汇总路由的计算方法，本系列教材已经在介绍静态路由汇总时进行了详细的介绍。下面，我们结合图 5-26 中的环境，复习一下汇总路由的计算方法，同时验证计算结果。首先，我们把 AR1 上 4 个子网的第 3 位十进制数值转换为二进制数值，对比有区别的比特位。

- 10.0.0.0/19：  10.0.**0**0000000.0
- 10.0.32.0/19： 10.0.**0**0100000.0
- 10.0.64.0/19： 10.0.**0**1000000.0
- 10.0.96.0/19： 10.0.**0**1100000.0

通过对比可以看出，这 4 个子网的第 18、19 位（阴影位）有变化，换句话说，这 4 个子网的前 17 位都是相同的，因此可以得出汇总子网的掩码为/17。再把 AR3 上 4 个子网的第 3 位十进制数值转换为二进制数值，对比有区别的比特位。

- 10.0.128.0/19：  10.0.**1**0000000.0
- 10.0.160.0/19：  10.0.**1**0100000.0
- 10.0.192.0/19：  10.0.**1**1000000.0
- 10.0.224.0/19：  10.0.**1**1100000.0

通过对比可以看出，这 4 个子网也是第 18、19 位（阴影位）有变化，也就是说，这 4 个子网也是前 17 位相同，因此可以得出汇总子网的掩码为/17。AR1 和 AR3 上的汇总子网如下。

- 10.0.0.0/17：  10.0.**0**0000000.0
- 10.0.128.0/17： 10.0.**1**0000000.0

有心的读者一定在之前的列表中就发现这 8 个子网的第 17 位用粗体字突出显示出来。这是为了向读者说明一点，即如果这 3 台路由器构成的网络是企业网的一部分，比如一个分支，那么这个分支网络在向企业网中的其他站点通告路由时，可以把这两个汇总路由再次汇总为 10.0.0.0/16。

**提示：**

通过分析这个子网汇总案例，我们复习了计算汇总网络的地址和掩码的方法。读者应该由此意识到，在划分子网时，我们的工作步骤与本节展示的计算逻辑正好相反。管理员需要首先通过网络地址的第 17 位，把地址空间分为两个子网，然后在 AR1 上使用其中一个子网并再次进行划分，最后在 AR3 上使用另一个子网并进行划分。这说明只有在 IP 地址的规划阶段就考虑到汇总的需求，才能够在需要汇总时"刚好"有能够汇总的路由。

对于 RIPv2 的手动汇总来说，配置是最后一步，也是最简单的一步，因此我们花大篇幅再次梳理了计算汇总的方法，并再次强调事前规划的重要性。接下来，我们来看看如何在华为路由器上配置 RIPv2 手动汇总路由。

RIPv2 的手动汇总路由是在接口视图下配置的，命令为 **rip summary-address** *ip-address ip-address-mask*，其中子网掩码必须配置为点分十进制格式。在接口上应用这条命令后，接口在向外通告 RIPv2 路由时，就会抑制所有属于这条汇总路由的明细路由，而对这个网络中所包含的子网统统只通告一条汇总路由。在配置汇总路由前，我们先展示一下 AR1、AR2 和 AR3 上当前通过 RIP 学到的路由信息，详见例 5-17。

**例 5-17　汇总前的 IP 路由表**

```
[AR1]display ip routing-table protocol rip
Route Flags: R - relay, D - download to fib
------------------------------------------------------------------
Public routing table : RIP
         Destinations : 5        Routes : 5

RIP routing table status : <Active>
         Destinations : 5        Routes : 5

Destination/Mask    Proto   Pre  Cost     Flags NextHop         Interface

    10.0.128.0/19   RIP     100  2          D   192.168.12.2    Serial0/0/0
    10.0.160.0/19   RIP     100  2          D   192.168.12.2    Serial0/0/0
    10.0.192.0/19   RIP     100  2          D   192.168.12.2    Serial0/0/0
```

```
             10.0.224.0/19   RIP        100  2      D    192.168.12.2    Serial0/0/0
          192.168.23.0/30    RIP        100  1      D    192.168.12.2    Serial0/0/0


RIP routing table status : <Inactive>
        Destinations : 0        Routes : 0
```

```
[AR2]display ip routing-table protocol rip
Route Flags: R - relay, D - download to fib
------------------------------------------------------------------------
Public routing table : RIP
        Destinations : 8        Routes : 8

RIP routing table status : <Active>
        Destinations : 8        Routes : 8

Destination/Mask    Proto   Pre   Cost    Flags  NextHop         Interface

       10.0.0.0/19    RIP    100   1        D    192.168.12.1    Serial0/0/0
      10.0.32.0/19    RIP    100   1        D    192.168.12.1    Serial0/0/0
      10.0.64.0/19    RIP    100   1        D    192.168.12.1    Serial0/0/0
      10.0.96.0/19    RIP    100   1        D    192.168.12.1    Serial0/0/0
     10.0.128.0/19    RIP    100   1        D    192.168.23.1    Serial0/0/1
     10.0.160.0/19    RIP    100   1        D    192.168.23.1    Serial0/0/1
     10.0.192.0/19    RIP    100   1        D    192.168.23.1    Serial0/0/1
     10.0.224.0/19    RIP    100   1        D    192.168.23.1    Serial0/0/1

RIP routing table status : <Inactive>
        Destinations : 0        Routes : 0
```

```
[AR3]display ip routing-table protocol rip
Route Flags: R - relay, D - download to fib
------------------------------------------------------------------------
Public routing table : RIP
        Destinations : 5        Routes : 5

RIP routing table status : <Active>
        Destinations : 5        Routes : 5

Destination/Mask      Proto   Pre   Cost    Flags  NextHop         Interface

       10.0.0.0/19     RIP    100   2        D    192.168.23.2    Serial0/0/1
```

```
        10.0.32.0/19      RIP     100     2     D     192.168.23.2     Serial0/0/1
        10.0.64.0/19      RIP     100     2     D     192.168.23.2     Serial0/0/1
        10.0.96.0/19      RIP     100     2     D     192.168.23.2     Serial0/0/1
     192.168.12.0/30      RIP     100     1     D     192.168.23.2     Serial0/0/1

 RIP routing table status : <Inactive>
         Destinations : 0        Routes : 0
```

通过 3 台路由器的路由表我们可以看到，AR1 和 AR3 上都有 5 条 RIP 路由，其中包括它们通过 AR2 学习到的对方通告的 4 条 10 网段路由，由于中间经历了 AR2 这一跳，它们的开销值为 2。而 AR2 则通过 RIP 学习到了 8 条路由，鉴于这 8 条 10 网段的路由是从直连设备学来的，因此开销值为 1。

例 5-18 展示了 AR1 和 AR3 上的 RIPv2 手动汇总配置。

#### 例 5-18  在 AR1 和 AR3 上配置 RIPv2 手动汇总

```
[AR1]interface s0/0/0
[AR1-Serial0/0/0]rip summary-address 10.0.0.0 255.255.128.0
```

```
[AR3]interface s0/0/1
[AR3-Serial0/0/1]rip summary-address 10.0.128.0 255.255.128.0
```

在本例中，管理员在 AR1 的 S0/0/0 接口上配置了 RIPv2 汇总路由 10.0.0.0/17，使 S0/0/0 接口在向外通告这个子网的路由时，只通告这条汇总路由。同样地，管理员在 AR3 的 S0/0/1 接口上配置了 RIPv2 汇总路由 10.0.128.0/17，使 S0/0/1 接口在向外通告这个子网的路由时，只通告这条汇总路由。例 5-19 中展示了汇总后 3 台路由器上的 IP 路由表。

#### 例 5-19  汇总后 3 台路由器上的 IP 路由表

```
[AR1]display ip routing-table protocol rip
Route Flags: R - relay, D - download to fib
------------------------------------------------------------------------------
Public routing table : RIP
         Destinations : 2        Routes : 2

RIP routing table status : <Active>
         Destinations : 2        Routes : 2

Destination/Mask      Proto    Pre    Cost    Flags    NextHop          Interface

      10.0.128.0/17   RIP      100    2       D        192.168.12.2     Serial0/0/0
    192.168.23.0/30   RIP      100    1       D        192.168.12.2     Serial0/0/0

RIP routing table status : <Inactive>
```

```
            Destinations : 0         Routes : 0

[AR2]display ip routing-table protocol rip
Route Flags: R - relay, D - download to fib
------------------------------------------------------------------------------
Public routing table : RIP
            Destinations : 2         Routes : 2

RIP routing table status : <Active>
         Destinations : 2         Routes : 2

Destination/Mask    Proto   Pre  Cost    Flags  NextHop         Interface

     10.0.0.0/17      RIP    100   1        D    192.168.12.1    Serial0/0/0
     10.0.128.0/17    RIP    100   1        D    192.168.23.1    Serial0/0/1

RIP routing table status : <Inactive>
         Destinations : 0         Routes : 0

[AR3]display ip routing-table protocol rip
Route Flags: R - relay, D - download to fib
------------------------------------------------------------------------------
Public routing table : RIP
            Destinations : 2         Routes : 2

RIP routing table status : <Active>
         Destinations : 2         Routes : 2

Destination/Mask    Proto   Pre   Cost   Flags  NextHop         Interface

     10.0.0.0/17       RIP    100   2       D    192.168.23.2    Serial0/0/1
     192.168.12.0/30   RIP    100   1       D    192.168.23.2    Serial0/0/1

RIP routing table status : <Inactive>
         Destinations : 0         Routes : 0
```

  从汇总后的 IP 路由表可以看出，3 台路由器上的 RIP 路由数量都有所减少：AR1 和 AR3 从 5 条减少为 2 条，AR2 则从 8 条减少为 2 条。通过观察每条路由的子网和掩码，我们也可以发现这个路由精确反映了拓扑的实际情况，并不会出现路由黑洞和路由环路。这也正是汇总路由真正应该实现的效果以及带来的好处：缩小路由表、减少网络中传输的路由管理流量、降低路由器查询路由表的资源开销等。

## *5.4.4 配置 RIPv2 下发默认路由

在前面的教程中，我们已经介绍了默认路由的概念，并且展示了静态默认路由的配置。在本小节中，我们会介绍第一种动态默认路由：由 RIP 下发的默认路由。在本小节中，我们会使用图 5-27 所示的拓扑来展示 RIP 默认路由的应用。

图 5-27　RIPv2 下发默认路由使用的拓扑

在图 5-27 所示的网络中，AR1 的 S0/0/0 接口连接到了 Internet，这个接口使用的是由 ISP（互联网运营商）分配的 IP 地址 198.4.8.10/30，同时管理员在这台路由器上配置了一条去往 ISP 的静态默认路由。企业网络中的 3 台路由器上都运行 RIPv2，为了使企业中的用户都能访问互联网，工程师配置 AR1 通过 RIPv2 动态下发默认路由。这 3 台路由器上的配置见例 5-20。

**例 5-20　这 3 台路由器上的配置**

```
[AR1]interface s0/0/0
[AR1-Serial0/0/0]ip address 198.4.8.10 255.255.255.252
[AR1-Serial0/0/0]interface s0/0/1
[AR1-Serial0/0/1]ip address 10.0.12.1 255.255.255.0
[AR1-Serial0/0/1]quit
[AR1]ip route-static 0.0.0.0 0.0.0.0 198.4.8.9
[AR1]rip 1
[AR1-rip-1]version 2
[AR1-rip-1]network 10.0.0.0
[AR1-rip-1]default-route originate

[AR2]interface s0/0/1
[AR2-Serial0/0/1]ip address 10.0.12.2 255.255.255.0
[AR2-Serial0/0/1]interface s0/0/2
[AR2-Serial0/0/2]ip address 10.0.23.2 255.255.255.0
[AR2-Serial0/0/2]quit
[AR2]rip 1
[AR2-rip-1]version 2
[AR2-rip-1]network 10.0.0.0

[AR3]interface s0/0/2
[AR3-Serial0/0/2]ip address 10.0.23.3 255.255.255.0
[AR3-Serial0/0/2]quit
```

```
[AR3]rip 1
[AR3-rip-1]version 2
[AR3-rip-1]network 10.0.0.0
```

在所有的配置中，只有 AR1 上 RIP 配置中的一条命令是新面孔：**default-route originate**。这条命令可以使路由器在 RIPv2 中通告一条默认路由。例 5-21 展示了 AR2 上的 IP 路由表。

**例 5-21　查看 AR2 上的 IP 路由表**

```
[AR2]display ip routing-table protocol rip
Route Flags: R - relay, D - download to fib
------------------------------------------------------------------------
Public routing table : RIP
        Destinations : 1        Routes : 1

RIP routing table status : <Active>
        Destinations : 1        Routes : 1

Destination/Mask    Proto    Pre    Cost    Flags    NextHop        Interface

        0.0.0.0/0    RIP      100    1       D        10.0.12.1      Serial0/0/1

RIP routing table status : <Inactive>
        Destinations : 0        Routes : 0
```

从 AR2 的 IP 路由表可以看出，AR2 通过 RIP 学到了一条默认路由，下一跳是 10.0.12.1，出接口是 S0/0/1，开销值为 1。例 5-22 展示了 AR3 上的 IP 路由表。

**例 5-22　查看 AR3 上的 IP 路由表**

```
[AR3]display ip routing-table protocol rip
Route Flags: R - relay, D - download to fib
------------------------------------------------------------------------
Public routing table : RIP
        Destinations : 2        Routes : 2

RIP routing table status : <Active>
        Destinations : 2        Routes : 2

Destination/Mask    Proto    Pre    Cost    Flags    NextHop        Interface

        0.0.0.0/0       RIP    100    2       D        10.0.23.2      Serial0/0/2
        10.0.12.0/24    RIP    100    1       D        10.0.23.2      Serial0/0/2
```

```
RIP routing table status : <Inactive>
         Destinations : 0      Routes : 0
```

从 AR3 的 IP 路由表可以看出，AR3 通过 RIP 学到了一条默认路由，下一跳是 10.0.23.2，出接口是 S0/0/2，开销值为 2，因为经过了 AR2，所以开销值增加了一跳。

管理员在 RIP 配置视图下使用命令 **default-route originate** 通告默认路由时要注意，这条命令会在 RIP 通告消息中生成一条默认路由，但本地路由器上是不会自动生成默认路由的。因此如果本地路由器中没有全部所需路由，管理员还需要在本地另行配置其他静态路由。

## *5.4.5 配置 RIPv2 认证

在前文中我们对比 RIPv1 和 RIPv2 时提到，RIPv2 支持认证。具体而言，RIPv2 既支持明文认证，也支持 MD5 和 HMAC-SHA-1 加密认证。RIPv2 的认证需要配置在接口上，以链路为单位进行配置，因此只需要直连设备之间使用相同的密码，就可以使它们通过认证并建立邻居关系。不同链路上可以使用不同的密码。本节以图 5-28 所示的拓扑展示 RIPv2 的认证配置。

图 5-28 RIPv2 认证配置案例

例 5-23 展示了 3 台路由器的基本配置。

**例 5-23　3 台路由器的基本配置**

```
[AR1]interface loopback 0
[AR1-LoopBack0]ip address 1.1.1.1 32
[AR1-LoopBack0]quit
[AR1]interface s0/0/1
[AR1-Serial0/0/1]ip address 10.0.12.1 24
[AR1-Serial0/0/1]quit
[AR1]rip
[AR1-rip-1]version 2
[AR1-rip-1]network 1.0.0.0
[AR1-rip-1]network 10.0.0.0

[AR2]interface loopback 0
[AR2-LoopBack0]ip address 2.2.2.2 32
[AR2-LoopBack0]quit
[AR2]interface s0/0/1
```

```
[AR2-Serial0/0/1]ip address 10.0.12.2 24
[AR2-Serial0/0/1]quit
[AR2]interface s0/0/2
[AR2-Serial0/0/2]ip address 10.0.23.2 24
[AR2-Serial0/0/2]quit
[AR2]rip
[AR2-rip-1]version 2
[AR2-rip-1]network 2.0.0.0
[AR2-rip-1]network 10.0.0.0
```

```
[AR3]interface loopback 0
[AR3-LoopBack0]ip address 3.3.3.3 32
[AR3-LoopBack0]quit
[AR3]interface s0/0/2
[AR3-Serial0/0/2]ip address 10.0.23.3 24
[AR3-Serial0/0/2]quit
[AR3]rip
[AR3-rip-1]version 2
[AR3-rip-1]network 3.0.0.0
[AR3-rip-1]network 10.0.0.0
```

注意，在例 5-23 中，管理员在每台路由器的环回接口 0 上配置了掩码为/32 位的 IP 地址，我们将在这个案例中以环回接口的/32 位路由来验证 RIP 路由的传输。管理员在 RIP 配置视图下通告了每个环回接口 0 的路由。注意，这里要使用主类网络进行通告。

**注释：**

简言之，环回接口是设备的虚拟接口，相较于物理接口，更稳定。只要路由器运行正常，环回接口就是 up 状态。

对于路由器的物理（网络适配器）接口来说，如果它的接收器没有从对端接收到信号，那么它的物理层就只能停留在 down 状态。人们希望搭建一个简单的测试环境时，往往不希望真的给物理接口的对端连接真实的设备，但又希望这个物理接口能够正常工作，于是人们创建了一种称为自环接口的物理插头。这种插头插在物理接口上就相当于将物理（网络适配器）接口的发送器与它的接收器直接相连，使它的接收器能够检测到物理信号，从而保持在 up 状态。使用逻辑的环回接口则进一步避免了这样的需求，同时也不必占用本就有限的物理接口来满足测试需求。

环回接口的使用方式很多，除了通过创建虚拟的环回接口执行测试外，由于环回接口不会受到网络变化和设备故障的影响，远比物理接口稳定，环回接口上配置的 IP 地址也会优先被一些路由协议用作它们使用的标识符，或者建立邻居关系。

例 5-24 以 AR2 为例，展示了当前 AR2 上学到的 RIP 路由。

**例 5-24　查看 AR2 学到的 RIP 路由**

```
[AR2]display ip routing-table protocol rip
Route Flags: R - relay, D - download to fib
------------------------------------------------------------------------------
Public routing table : RIP
         Destinations : 2        Routes : 2

RIP routing table status : <Active>
         Destinations : 2        Routes : 2

Destination/Mask    Proto   Pre   Cost    Flags   NextHop          Interface

        1.1.1.1/32   RIP    100    1        D     10.0.12.1        Serial0/0/1
        3.3.3.3/32   RIP    100    1        D     10.0.23.3        Serial0/0/2

RIP routing table status : <Inactive>
         Destinations : 0        Routes : 0
```

从 AR2 的 IP 路由表中可以看到两条 RIP 路由，AR2 学到了 AR1 和 AR3 的环回接口路由。接下来我们来配置认证。RIPv2 的认证是在接口下启用的，我们在这里先以 AR1 与 AR2 之间的链路为例配置 RIPv2 明文认证，如例 5-25 所示。

**例 5-25　在 AR1 和 AR2 上配置 RIPv2 明文认证**

```
[AR1]interface s0/0/1
[AR1-Serial0/0/1]rip authentication-mode simple huawei12
```

```
[AR2]interface s0/0/1
[AR2-Serial0/0/1]rip authentication-mode simple huawei12
```

管理员在 AR1 和 AR2 之间的链路上配置了 RIPv2 明文认证。这种配置方式较为不安全，任何人从配置中都可以看到密码，详见例 5-26。

**例 5-26　在 AR2 上查看 S0/0/1 接口下的配置**

```
[AR2-Serial0/0/1]display this
#
interface Serial0/0/1
 link-protocol ppp
 ip address 10.0.12.2 255.255.255.0
 rip authentication-mode simple huawei12
#
Return
```

管理员在接口视图下使用命令 **display this**，可以看到该接口的配置信息。从例 5-26 中，我们可以看出管理员在这条链路上配置的 RIPv2 认证密码为 huawei12。

除了这种简单的认证方式外，我们可以通过配置，让认证信息在数据包传输过程中以加密形式传输，也可以让设备的管理员无法通过查看设备配置看到密码原文。

在 AR2 与 AR3 之间的链路上配置 RIPv2 加密认证的方法如例 5-27 所示。

例 5-27　在 AR2 和 AR3 上配置 RIPv2 加密认证

```
[AR2]interface s0/0/2
[AR2-Serial0/0/2]rip authentication-mode md5 nonstandard cipher huawei23 1
```

```
[AR3]interface s0/0/2
[AR3-Serial0/0/2]rip authentication-mode md5 nonstandard cipher huawei23 1
```

管理员在命令 **rip authentication-mode** 中选择关键字 **md5**，就表示使用了加密认证。在关键字 **md5** 后管理员可以选择两种数据包加密格式：**nonstandard**（IETF 格式）和 **usual**（华为格式）。关键字 **cipher** 能够在配置中把密码加密。后面的 huawei23 是管理员使用的密码字符串，1 是 MD5 认证使用的密钥 ID，这两个值必须在认证的双方设备上保持一致。例 5-28 展示了 AR2 的 S0/0/2 接口下的配置。

例 5-28　在 AR2 上查看 S0/0/2 接口下的配置

```
[AR2-Serial0/0/2]display this
#
interface Serial0/0/2
 link-protocol ppp
 ip address 10.0.23.2 255.255.255.0
 rip authentication-mode md5 nonstandard cipher Is75E%y{5MECB7Ie7'/)z6d# 1
#
Return
```

从例 5-28 展示的配置中可以看到密码已经被加密了。根据上文的叙述，读者应该能够判断出这是在配置命令中加入关键字 **cipher** 的效果。

现在网络中的两条链路上分别使用了不同的加密方式和密码，下面我们来看看 AR1 上学到的 RIP 路由，详见例 5-29。

例 5-29　在 AR1 上查看 RIP 路由

```
[AR1]display ip routing-table protocol rip
Route Flags: R - relay, D - download to fib
------------------------------------------------------------------------
Public routing table : RIP
        Destinations : 3        Routes : 3

RIP routing table status : <Active>
```

```
         Destinations : 3      Routes : 3

Destination/Mask    Proto  Pre  Cost   Flags   NextHop      Interface

       2.2.2.2/32   RIP    100  1      D       10.0.12.2    Serial0/0/1
       3.3.3.3/32   RIP    100  2      D       10.0.12.2    Serial0/0/1
      10.0.23.0/24  RIP    100  1      D       10.0.12.2    Serial0/0/1

RIP routing table status : <Inactive>
         Destinations : 0      Routes : 0
```

从 AR1 的 IP 路由表中可以看出，AR1 顺利学习到了 AR3 的环回接口地址。因此在 RIPv2 网络中，建立邻居关系的双方必须使用相同的认证方式和密码，不直接建立邻居关系的路由器接口可以使用不同的认证方式和密码。在哪些链路上实施认证、使用哪种认证方式，全由管理员根据网络需求衡量和设计。

## *5.4.6 RIP 公共特性的调试

在上面几节中，我们介绍了 RIP 的基本配置，以及与路由相关的配置选项。在 RIP 配置的最后一节，我们会介绍 RIP 中一些重要特性的用途与配置。

### 1. RIP 计时器与优先级值的调试

RIP 使用了 3 个计时器，它们分别为更新计时器、老化计时器和垃圾收集计时器。在本节中，我们会先介绍它们各自的作用和默认值，再通过案例展示它们的配置。这 3 个计时器的作用和默认值如下。

- **更新计时器（Update Timer）**：默认时间为 30s。更新计时器定义的是路由器从每个启用了 RIP 的接口，向外发送周期性 RIP 路由更新的时间。这个计时器结束时，RIP 就会从接口发送出周期性路由更新。
- **老化计时器（Age Timer）**：默认时间为 180s，即 3min。关于老化计时器的内容，我们已经在第 5.3.2 节（RIPv2 的基本原理）中进行了介绍，每条 RIP 路由都有各自的老化计时器，如果在老化计时器结束时，路由器都没有从相同的邻居那收到有关这条路由的更新消息，那么路由器就会认为这条路由不再可达，并将其从 IP 路由表中删除。但此时路由器并不会把它从 RIP 数据库中删除，只是将它的开销值改为 16。
- **垃圾收集计时器（Garbage-Collect Timer）**：默认时间为 120s，即 2min。关于垃圾收集计时器的内容，我们已经在第 5.3.2 节（RIPv2 的基本原理）中进行了介绍。一条路由的老化计时器超时后，垃圾收集计时器开始计时。如果在垃圾收集计时器结束时，路由器仍没有从相同的邻居那收到有关这条路由的更新消息,那么它就会把这条路由从 RIP 数据库中彻底删除。

本小节会以图 5-29 所示的网络环境为例,来展示上述 3 个计时器的作用、配置和验证方法。

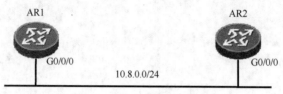

图 5-29  RIP 计时器配置案例

如图 5-29 所示,两台路由器 AR1 和 AR2 通过各自的 G0/0/0 接口连接在相同的 LAN 中,这个局域网的子网地址为 10.8.0.0/24。两台路由器上各自配置了一个环回接口地址,并将其作为 RIP 路由通告给对方。例 5-30 展示了两台路由器上的配置。

**例 5-30  两台路由器上的配置**

```
[AR1]interface g0/0/0
[AR1-GigabitEthernet0/0/0]ip address 10.8.0.1 24
[AR1-GigabitEthernet0/0/0]quit
[AR1]interface loopback0
[AR1-LoopBack0]ip address 1.1.1.1 32
[AR1-LoopBack0]quit
[AR1]rip
[AR1-rip-1]version 2
[AR1-rip-1]network 10.0.0.0
[AR1-rip-1]network 1.0.0.0

[AR2]interface g0/0/0
[AR2-GigabitEthernet0/0/0]ip address 10.8.0.2 24
[AR2-GigabitEthernet0/0/0]quit
[AR2]interface loopback0
[AR2-LoopBack0]ip address 2.2.2.2 32
[AR2-LoopBack0]quit
[AR2]rip
[AR2-rip-1]version 2
[AR2-rip-1]network 10.0.0.0
[AR2-rip-1]network 2.0.0.0
```

配置完成后,管理员通过例 5-31 中的命令验证了 AR1 学习到的 RIP 路由。

**例 5-31  在 AR1 上查看 RIP 路由**

```
[AR1]display ip routing-table protocol rip
Route Flags: R - relay, D - download to fib
```

```
--------------------------------------------------------------
Public routing table : RIP
       Destinations : 1        Routes : 1

RIP routing table status : <Active>
       Destinations : 1        Routes : 1

Destination/Mask  Proto  Pre  Cost  Flags  NextHop   Interface

       2.2.2.2/32  RIP   100   1      D    10.8.0.2  GigabitEthernet 0/0/0

RIP routing table status : <Inactive>
       Destinations : 0        Routes : 0
```

从例 5-31 的阴影部分,我们可以看到 AR1 已经学到了 AR2 通告的 2.2.2.2/32 路由。由于在这个案例中,我们还没有修改计时器的默认设置,现在两台路由器使用的更新计时器、老化计时器和垃圾收集计时器应该分别为默认的 30s、180s 和 120s。

首先,我们先来验证更新计时器的参数,如例 5-32 所示。

**例 5-32 通过邻居关系验证更新计时器的参数**

```
[AR1]display rip 1 neighbor
--------------------------------------------------------------
 IP Address      Interface            Type  Last-Heard-Time
--------------------------------------------------------------
 10.8.0.2        GigabitEthernet0/0/0  RIP   0:0:30
 Number of RIP routes  : 1
[AR1]display rip 1 neighbor
--------------------------------------------------------------
 IP Address      Interface            Type  Last-Heard-Time
--------------------------------------------------------------
 10.8.0.2        GigabitEthernet0/0/0  RIP   0:0:1
 Number of RIP routes  : 1
```

在收集例 5-32 中的输出信息时,管理员在 AR1 上连续输入了命令 **display rip 1 neighbor**。从案例的输出信息中可以观察到,AR1 上只有一个邻居(AR2),Last-Heard-Time 表示最后一次从邻居那收到 RIP 更新消息后,所经过的时间。通过管理员连续不断输入命令,我们可以看到 30s 后 AR1 从 AR2 那再次收到了 RIP 更新消息。

现在我们禁用 AR2 的 G0/0/0 接口,使 AR1 无法再收到来自 AR2 的 RIP 更新消息。接着我们在 AR1 上观察 RIP 邻居关系以及 RIP 路由的变化。例 5-33 展示了老化计时器的变化。

例 5-33  在 AR1 上观察老化计时器的变化

```
[AR1]display rip 1 route
 Route Flags : R - RIP
             A - Aging, G - Garbage-collect
 ----------------------------------------------------------------
 Peer 10.8.0.2 on GigabitEthernet0/0/0
       Destination/Mask        Nexthop     Cost    Tag     Flags    Sec
        2.2.2.2/32            10.8.0.2      1       0       RA      179
[AR1]display rip 1 route
 Route Flags : R - RIP
             A - Aging, G - Garbage-collect
 ----------------------------------------------------------------
 Peer 10.8.0.2 on GigabitEthernet0/0/0
       Destination/Mask        Nexthop     Cost    Tag     Flags    Sec
        2.2.2.2/32            10.8.0.2     16       0       RG       0
```

在例 5-33 中，我们使用命令 **display rip 1 route** 查看了 AR1 通过 RIP 学习到的路由。根据输出信息可知，R1 此时只学到了 1 条 RIP 路由：2.2.2.2/32。从案例中第一条命令的输出内容可以看出，这条路由的开销值为 1；Flags（路由标记）为 RA，A 表示老化计时器；Sec 中显示的是经过的时间，也就是老化计时器的时间——179s。第二条命令是在第一条命令输入后 1s 在 AR1 上输入的，从它的输出内容可以看出，老化计时器已经超时（默认时间为 180s）。现在这条路由的开销值变为了 16，表示路由不可达；路由标记由 RA 变为 RG，其中 G 表示垃圾收集计时器；Sec 从 0 开始计时，但是是垃圾收集计时器开始计时。

在垃圾收集计时器超时前，我们继续查看 AR1 上的 IP 路由表和 RIP 数据库，确认这条 RIP 邻居和路由的状态，如例 5-34 所示。

例 5-34  老化计时器超时后，确认 RIP 邻居和路由的状态

```
[AR1]display ip routing-table protocol rip
[AR1]display rip 1 database
 ----------------------------------------------------------------
 Advertisement State : [A] - Advertised
                       [I] - Not Advertised/Withdraw
 ----------------------------------------------------------------
  1.0.0.0/8, cost 0, ClassfulSumm
      1.1.1.1/32, cost 0, [A], Rip-interface
  2.0.0.0/8, cost 16, ClassfulSumm
      2.2.2.2/32, cost 16, [I], nexthop 10.8.0.2
 10.0.0.0/8, cost 0, ClassfulSumm
     10.8.0.0/24, cost 0, [A], Rip-interface
```

```
[AR1]display rip 1 neighbor
------------------------------------------------------------
IP Address       Interface                  Type   Last-Heard-Time
------------------------------------------------------------
10.8.0.2         GigabitEthernet0/0/0       RIP    0:4:43
Number of RIP routes : 1
```

从例 5-34 的第一条命令输出中我们可以看出，老化计时器超时后，路由器将这条老化的 RIP 路由从 IP 路由表中删除，因此路由表中已经没有通过 RIP 学习到的路由条目。但通过第二条命令，我们可以看出 RIP 数据库中仍记录了这条路由，并且这条路由的开销值为 16，表示路由不可达。

除了这两条命令外，本例还通过第三条命令查看了当前的 RIP 邻居关系。通过输出信息可以看出，AR1 上当前仍有 AR2 这个 RIP 邻居的记录，而此时距离最后一次收到 AR2 发来的 RIP 更新消息，已经过去了 4 分 43 秒。

接下来我们等待垃圾收集计时器超时，并再次查看例 5-34 中的 3 条命令，详见例 5-35。

**例 5-35　垃圾收集计时器超时后，查看 RIP 邻居和路由的状态**

```
[AR1]display rip 1 route
Route Flags : R - RIP
              A - Aging, G - Garbage-collect
------------------------------------------------------------
Peer 10.8.0.2 on GigabitEthernet0/0/0
     Destination/Mask     Nexthop      Cost    Tag    Flags    Sec
       2.2.2.2/32         10.8.0.2     16      0      RG       118
[AR1]display rip 1 route
[AR1]display rip 1 database
------------------------------------------------------------
Advertisement State : [A] - Advertised
                      [I] - Not Advertised/Withdraw
------------------------------------------------------------
 1.0.0.0/8, cost 0, ClassfulSumm
     1.1.1.1/32, cost 0, [A], Rip-interface
 10.0.0.0/8, cost 0, ClassfulSumm
     10.8.0.0/24, cost 0, [A], Rip-interface
[AR1]display rip 1 neighbor
[AR1]
```

例 5-35 中的第一条命令展示了垃圾收集计时器超时前的一刻。在该计时器超时后，管理员又输入了 3 条命令。从这个案例的输出内容我们可以看出，垃圾收集计时器超时后，AR1 不仅将从 AR2 学到的 RIP 路由彻底删除，而且清除了 AR2 邻居关系。

例 5-32～例 5-35 展示了 RIP 更新计时器、老化计时器和垃圾收集计时器对 RIP 路由状态和邻居关系的影响。接下来，我们来演示如何修改这 3 个计时器值。例 5-36 展示了修改这 3 个计时器的配置命令。

例 5-36　修改 RIP 计时器

```
[AR1]rip
[AR1-rip-1]timers rip 10 60 40
```

如例 5-36 所示，要修改 RIP 计时器，管理员需要进入 RIP 配置视图。修改 RIP 计时器的命令为 **timers rip** *update age garbage collect timer*，这 3 个计时器值的取值范围都是 1～86400，以秒为单位。在本例中，管理员把 AR1 上的 RIP 计时器值修改为：更新计时器 10s、老化计时器 60s、垃圾收集计时器 40s。

需要注意的是，RIP 路由域中的所有 RIP 路由器，建议使用相同的计时器值。尽管计时器参数不一致并不会让路由器之间停止交互路由信息，但的确会导致路由不稳定的情况发生。

接下来，我们来展示一下 RIP 路由优先级默认值的修改方式，如例 5-37 所示。

例 5-37　修改 RIP 路由优先级默认值

```
[AR1]rip
[AR1-rip-1]preference 50
```

如例 5-37 所示，管理员需要在 RIP 配置视图中修改 RIP 路由优先级默认值，具体命令的句法为 **preference** *value*，其中路由优先级默认值的取值范围是 1～255。在本例中，管理员把 AR1 上的 RIP 路由优先级默认值改为 50。这个值只具有路由器本地意义，不会随路由信息传递，也不会影响其他 RIP 邻居的路由选择。例 5-38 通过 IP 路由表验证了配置的结果。

例 5-38　通过 IP 路由表验证配置的结果

```
[AR1]display ip routing-table protocol rip
Route Flags: R - relay, D - download to fib
------------------------------------------------------------------------------
Public routing table : RIP
        Destinations : 1        Routes : 1

RIP routing table status : <Active>
        Destinations : 1        Routes : 1

Destination/Mask    Proto Pre Cost Flags NextHop       Interface

       2.2.2.2/32   RIP   50  1    D     10.8.0.2      GigabitEthernet0/0/0
```

```
RIP routing table status : <Inactive>
        Destinations : 0     Routes : 0
```

从例 5-38 的命令输出中，我们可以看出 AR1 学到的 2.2.2.2/32 路由优先级的默认值已经被修改为了 50，其他参数没有任何变化。

### 2. RIP 抑制接口与单播更新

除了我们在 RIP 原理一节中介绍的工作方式外，RIP 还提供了一些特性以供管理员根据自己的需要对协议的工作方式进行微调，抑制接口和单播更新就是这样的特性。下面，我们简单介绍一下这两种特性的作用与效果。

- **抑制接口**：如果管理员将某个接口指定为 RIP 抑制接口，表示路由器不会从该接口向外发送 RIP 更新消息，但该接口仍会接收 RIP 更新消息，并以此更新自己的 IP 路由表。在默认情况下，RIP 会根据命令 network 宣告的网段和本地接口的 IP 地址，将属于该通告主网络的所有接口都加入 RIP 进程，使这些接口接收和发送 RIP 更新。设想一台路由器或三层交换机上只有一个接口需要参与 RIP 路由，设备上其他属于同一主网络的工作接口都不需要收发 RIP 更新消息。为了减轻路由器和交换机的性能负担，也为了减少网络上传输的无用 RIP 更新消息数量，管理员可以使用抑制接口特性，将不需要发送和/或接收 RIP 更新的接口设置为抑制接口。实现抑制接口的方式有两种，它们之间的共性和区别，以及具体配置方法详见下文。
- **单播更新**：如果将一个 RIP 指定为单播更新邻居，路由器就会以单播的方式向这个 RIP 邻居发送 RIP 更新消息。这个特性常与抑制接口特性的一种配置方法结合使用。

在配置抑制接口特性时，管理员有下面两种实现方法。

（1）**使接口不发送 RIP 更新**：在 RIP 配置视图中使用命令 **silent-interface**，令所有接口或指定接口不向外发送广播或组播 RIP 更新；在接口配置视图中使用命令 **undo rip output**，令这个接口不向外发送 RIP 更新。

无论是哪种配置方法，此时接口仍然会接收 RIP 更新消息，并以此来更新自己的 IP 路由表。

上文提到过，单播更新特性常与一种抑制接口的配置方式结合使用，这里指的是第一种配置方式，也就是在 RIP 配置视图中使用命令 **silent-interface** 的配置方式。这是因为命令 **silent-interface** 实际上是禁止接口向外发送广播（RIPv1）或组播（RIPv2）更新，当管理员又配置了单播更新后，如果单播更新的邻居子网与该抑制接口属于相同的子网，这个抑制接口就会以单播的形式向指定邻居发送更新消息。

如果管理员在接口配置视图中配置了命令 **undo rip output**，那么这个接口既不会向外发送广播（RIPv1）或组播（RIPv2）更新，也不会向外发送单播 RIP 更新。管理员配置了 RIP 单播更新，并且单播更新的邻居子网与该接口属于相同的子网，这个接口还是不会以单播的形式向指定邻居发送更新消息。换句话说，这条命令会让接口彻底不发送 RIP 更新。

（2）使接口不接收 RIP 更新：在接口配置视图中使用命令 **undo rip input**，会令这个接口不再接收 RIP 更新。

本节将通过图 5-30 所示的拓扑展示上述特性的适用场合、配置命令以及验证命令。

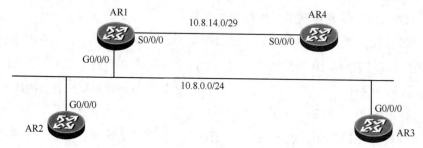

图 5-30　RIP 抑制接口与单播更新配置案例

图 5-30 展示了 4 台路由器，每台路由器上都配置了环回接口地址。路由器 AR1、AR2 和 AR3 通过各自的 LAN 接口（都使用 G0/0/0 接口）连接到同一个 LAN 中，这个 LAN 的子网地址为 10.8.0.0/24。路由器 AR1 和 AR4 通过串行链路连接在一起，这条链路使用的子网为 10.8.14.0/29。

这个网络拓扑看起来简单，但我们在这里提出的需求并不简单。针对这个拓扑，我们的要求如下。

- AR2 只向 AR1 发送 RIP 更新（抑制接口+单播路由）。
- AR3 不发送 RIP 更新（undo rip output）。
- AR4 不接收 RIP 更新（undo rip input）。

下面我们针对 AR2、AR3 和 AR4 上的特殊需求，一一讨论每台设备上的配置方式，以及它们的邻居（AR1）是否应该配置相应的命令来优化网络资源。

首先，例 5-39 展示了这 4 台路由器上的接口配置。

**例 5-39　路由器上的接口配置**

```
[AR1]interface loopback 0
[AR1-LoopBack0]ip address 1.1.1.1 32


[AR1]interface g0/0/0
[AR1-GigabitEthernet0/0/0]ip address 10.8.0.1 24


[AR1]interface s0/0/0
```

```
[AR1-Serial0/0/0]ip address 10.8.14.1 29
```

```
[AR2]interface loopback 0
[AR2-LoopBack0]ip address 2.2.2.2 32

[AR2]interface g0/0/0
[AR2-GigabitEthernet0/0/0]ip address 10.8.0.2 24
```

```
[AR3]interface loopback 0
[AR3-LoopBack0]ip address 3.3.3.3 32

[AR3]interface g0/0/0
[AR3-GigabitEthernet0/0/0]ip address 10.8.0.3 24
```

```
[AR4]interface loopback 0
[AR4-LoopBack0]ip address 4.4.4.4 32

[AR4]interface s0/0/0
[AR4-Serial0/0/0]ip address 10.8.14.4 29
```

管理员首先在路由器 AR1 上配置了基本的 RIPv2 进程，并将 AR1 上的 3 个接口地址通告到 RIP 进程中。例 5-40 展示了 AR1 上的 RIP 进程配置。

**例 5-40　AR1 上的 RIP 进程配置**

```
[AR1]display current-configuration configuration rip
#
rip 1
 version 2
 network 10.0.0.0
 network 1.0.0.0
#
return
[AR1]
```

下面，我们来依次讨论 AR2、AR3 和 AR4 的 RIP 配置。路由器 AR2 只向 AR1 发送 RIP 路由更新，因此我们要在 AR2 上配置抑制接口和单播更新。例 5-41 中展示了 AR2 上的 RIP 进程配置。

**例 5-41　AR2 上的 RIP 进程配置**

```
[AR2]rip
[AR2-rip-1]version 2
[AR2-rip-1]silent-interface all
[AR2-rip-1]peer 10.8.0.1
[AR2-rip-1]network 10.0.0.0
```

```
[AR2-rip-1]network 2.0.0.0
```

上文介绍过，输入命令 **silent-interface all** 会使路由器本地的所有接口不向外发送广播或组播 RIP 消息，但这条命令并不禁止路由器发送单播 RIP 消息。在默认情况下，路由器是不会对外发送单播 RIP 消息的，但管理员配置了命令 **peer 10.8.0.1** 后，就启用了本地属于 10.8.0.0/24 子网的接口发送 RIP 单播更新的功能。下面我们通过在 AR2 的 G0/0/0 接口抓包的方式，查看 AR2 与 AR1 之间收发的 RIP 更新信息。图 5-31 中展示了 AR2 的 G0/0/0 接口的抓包信息。

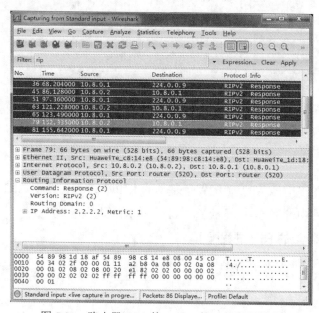

图 5-31　路由器 AR2 的 G0/0/0 接口的抓包信息

从图 5-31 可以看出，AR2 发出 RIP 更新消息的目的地址为单播 IP 地址 10.8.0.1，这是 AR1 的 G0/0/0 接口的 IP 地址，也是管理员在 RIP 配置视图中在命令 peer 中指明的 IP 地址。

AR1 发出 RIP 更新消息的目的地址仍为表示 RIP 路由器的组播地址 224.0.0.9。

接下来我们先讨论路由器 AR3 上的 RIP 配置，再结合这个 LAN 中 3 台路由器各自的情况，分析 AR1 上的 RIP 配置是否需要优化。鉴于 AR3 不发送 RIP 更新消息，因此 AR3 上的 RIP 进程配置如例 5-42 所示。

**例 5-42　AR3 上的 RIP 进程配置**

```
[AR3]interface g0/0/0
[AR3-GigabitEthernet0/0/0]undo rip output
[AR3]rip
[AR3-rip-1]version 2
[AR3-rip-1]network 10.0.0.0
```

配置需求中规定 AR3 不发送任何 RIP 更新，因此管理员使用命令 **network 10.0.0.0**，为 G0/0/0 接口启用 RIP 进程，同时在接口下使用命令 **undo rip output** 禁止该接口以任何形式（广播、组播、单播）向外发送 RIP 更新。

例 5-43 展示了 AR3 上的 RIP 路由。

例 5-43　AR3 上的 RIP 路由

```
[AR3]display rip 1 route
 Route Flags : R - RIP
            A - Aging, G - Garbage-collect
 ----------------------------------------------------------------
 Peer 10.8.0.1 on GigabitEthernet0/0/0
       Destination/Mask    Nexthop      Cost   Tag      Flags    Sec
          1.1.1.1/32       10.8.0.1      1      0        RA      26
          10.8.14.0/29     10.8.0.1      1      0        RA      26
[AR3]display ip routing-table protocol rip
Route Flags: R - relay, D - download to fib
----------------------------------------------------------------
Public routing table : RIP
         Destinations : 2        Routes : 2

RIP routing table status : <Active>
         Destinations : 2        Routes : 2

Destination/Mask    Proto  Pre  Cost  Flags  NextHop    Interface

      1.1.1.1/32     RIP   100   1     D    10.8.0.1   GigabitEthernet0/0/0
      10.8.14.0/29   RIP   100   1     D    10.8.0.1   GigabitEthernet0/0/0

RIP routing table status : <Inactive>
         Destinations : 0        Routes : 0
```

例 5-43 通过命令 **display rip 1 route** 查看了 AR3 上学到的 RIP 路由，并且通过命令 **display ip routing-table protocol rip** 显示出 AR3 已经将学到的 RIP 路由放入自己的 IP 路由表中。

我们可以看到 AR3 并没有学习到 AR2 通告的路由 2.2.2.2/32，这是因为我们在 AR2 上（通过 RIP 视图的命令 **silent-interface all**）禁止了以组播方式发送 RIP 更新的行为。而 AR1 在通过单播收到 2.2.2.2 路由更新后，由于水平分割的作用，它不会再将该路由从 G0/0/0 接口通告出去。因此对于 2.2.2.2/32 这条路由，AR3 既不会从 AR2 那里收到组播 RIP 更新，也不会从 AR1 那里收到更新。

例 5-44 查看了 AR1 上的 RIP 邻居信息。

**例 5-44　查看 AR1 上的 RIP 邻居信息**

```
[AR1]display rip 1 neighbor
 ----------------------------------------------------------------
 IP Address      Interface                Type    Last-Heard-Time
 ----------------------------------------------------------------
 10.8.0.2        GigabitEthernet0/0/0     RIP     0:0:25
 Number of RIP routes : 1
[AR1]
```

如上所示，AR1 目前只学到了一个 RIP 邻居（AR2），AR3 虽然能够接收 AR1 发出的 RIP 更新消息，并已经将相关 RIP 路由放入自己的 IP 路由表中，但这一切对于 AR1 来说都是未知的。

AR1 通过组播的方式向 G0/0/0 所连接的 LAN 发送 RIP 更新消息，这个 LAN 中所有能够接收 RIP 更新的接口都会接收到 AR1 发出的 RIP 更新消息。AR3 虽然不发送 RIP 更新，但却需要接收 RIP 更新，因此在这个 LAN 中，AR1 上最简单的 RIP 配置就是保留默认的组播更新方式。

接下来，我们需要在 AR4 上配置 RIP。鉴于 AR4 的需求是不接收 RIP 更新，但发送自己的 RIP 路由，因此 AR4 上的 RIP 配置方法如例 5-45 所示。

**例 5-45　AR4 上的 RIP 相关配置**

```
[AR4]interface s0/0/0
[AR4-Serial0/0/0]undo rip input
[AR4]rip
[AR4-rip-1]version 2
[AR4-rip-1]network 10.0.0.0
[AR4-rip-1]network 4.0.0.0
```

在 AR4 上配置了 RIP 进程后，我们可以通过例 5-46 在 AR1 上查看 RIP 邻居和 RIP 路由。

**例 5-46　在 AR1 上查看 RIP 邻居和 RIP 路由**

```
[AR1]display rip 1 neighbor
 ----------------------------------------------------------------
 IP Address      Interface                Type    Last-Heard-Time
 ----------------------------------------------------------------
 10.8.0.2        GigabitEthernet0/0/0     RIP     0:0:5
 Number of RIP routes : 1
 10.8.14.4       Serial0/0/0              RIP     0:0:19
 Number of RIP routes : 1
[AR1]display rip 1 route
 Route Flags : R - RIP
```

```
                A - Aging, G - Garbage-collect
 --------------------------------------------------------------------
 Peer 10.8.0.2 on GigabitEthernet0/0/0
      Destination/Mask          Nexthop         Cost   Tag     Flags    Sec
         2.2.2.2/32             10.8.0.2          1     0       RA      30
 Peer 10.8.14.4 on Serial0/0/0
      Destination/Mask          Nexthop         Cost   Tag     Flags    Sec
         4.4.4.4/32            10.8.14.4          1     0       RA      11
```

从例 5-46 的命令输出内容可以看出，AR1 已经学习到了 AR4 这个邻居，并且从 AR4 那里学习到了 RIP 路由 4.4.4.4/32。图 5-32 所示展示了路由器 AR4 的 S0/0/0 接口的抓包信息。

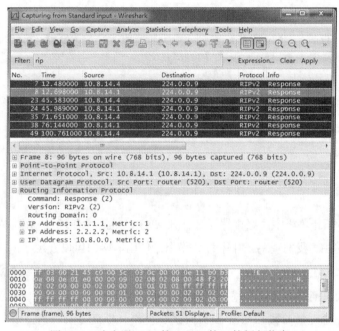

图 5-32　路由器 AR4 的 S0/0/0 接口的抓包信息

从图 5-32 中可以看出，AR1 与 AR4 之间的链路上存在双方向 RIP 更新消息，即从 10.8.14.1 和 10.8.14.4 发向 224.0.0.9 的更新消息。在需求中，我们要求 AR4 不接收 RIP 更新消息，因此管理员也在 AR4 的 S0/0/0 接口上配置了命令 **undo rip input**，这时 AR1 再向这条链路上发送 RIP 更新就是无用的行为了。此时，为了优化这条链路，管理员可以将 AR1 的 S0/0/0 接口配置为抑制接口。在本例所示的环境中，管理员可以使用任意方法阻止 AR1 从 S0/0/0 接口向外发送 RIP 更新：既可以在 RIP 配置视图下配置命令 **silent-interface serial 0/0/0**，也可以在 S0/0/0 接口配置视图下使用命令 **undo rip output**。

本小节通过几台路由器的不同需求，展示了抑制接口和单播更新的配置和效果。在实际的网络环境中，具体将哪些接口配置为抑制接口、使用何种方式配置抑制接口等信息，需要管理员在实施前的设计阶段确定。管理员可以通过使用本节展示的命令，提高网络设备和链路的利用率。

### 3. RIP 度量值的调试

在本小节的最后，我们来看一下如何修改 RIP 通告路由的度量值。要想修改 RIP 通告路由的度量值，管理员需要使用接口配置视图的命令。

- **rip metricin** *value*：修改从该接口收到的 RIP 路由的度量值，修改方式是在路由通告的度量值基础上，加上管理员在这条命令中定义的度量值。
- **rip metricout** *value*：修改从该接口发出的 RIP 路由的度量值，修改方式是把所有路由通告的度量值都指定为管理员在这条命令中定义的度量值。

接下来我们通过图 5-33 所示的拓扑环境，展示这两条命令的用法。

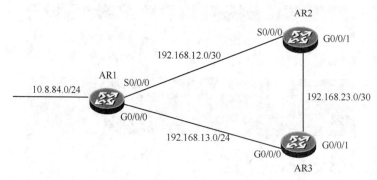

图 5-33　RIP 度量值调试案例

在这个网络拓扑环境中，路由器 AR2 和 AR3 会通过 RIPv2 学习到 AR1 通告的子网 10.8.84.0/24 的路由。我们观察拓扑中每个路由器使用的接口可以发现，AR1 与 AR2 之间使用串行链路接口相连，AR1 与 AR3 之间，以及 AR2 与 AR3 之间则使用千兆以太接口相连。串行链路属于低速链路，默认带宽为 1.544 Mbit/s，远远低于千兆以太网链路。然而，由于 RIP 使用跳数作为度量参数，AR2 最终会选择使用 S0/0/0 接口连接的低速链路去往子网 10.8.84.0/24，让高速以太网链路空闲着。而使用低速链路的选择显然是不明智的，因此本小节会通过调整度量值让 AR2 选择通过连接 AR3 的链路来访问子网 10.8.84.0/24。

例 5-47 展示了 3 台路由器上的配置信息，包含接口和 RIP。

**例 5-47　3 台路由器上的配置信息**

```
[AR1]interface s0/0/0
[AR1-Serial0/0/0]ip address 192.168.12.1 30
[AR1-Serial0/0/0]interface g0/0/0
[AR1-GigabitEthernet0/0/0]ip address 192.168.13.1 24
[AR1-GigabitEthernet0/0/0]interface g0/0/1
[AR1-GigabitEthernet0/0/1]ip address 10.8.84.1 24
[AR1-GigabitEthernet0/0/1]quit
[AR1]rip
```

```
[AR1-rip-1]version 2
[AR1-rip-1]network 192.168.12.0
[AR1-rip-1]network 192.168.13.0
[AR1-rip-1]network 10.0.0.0
[AR2]interface s0/0/0
[AR2-Serial0/0/0]ip address 192.168.12.2 30
[AR2-Serial0/0/0]interface g0/0/1
[AR2-GigabitEthernet0/0/1]ip address 192.168.23.2 24
[AR2-GigabitEthernet0/0/1]quit
[AR2]rip
[AR2-rip-1]version 2
[AR2-rip-1]network 192.168.12.0
[AR2-rip-1]network 192.168.23.0
[AR3]interface g0/0/0
[AR3-GigabitEthernet0/0/0]ip address 192.168.13.3 24
[AR3-GigabitEthernet0/0/0]interface g0/0/1
[AR3-GigabitEthernet0/0/1]ip address 192.168.23.3 24
[AR3-GigabitEthernet0/0/1]quit
[AR3]rip
[AR3-rip-1]version 2
[AR3-rip-1]network 192.168.13.0
[AR3-rip-1]network 192.168.23.0
```

从例 5-47 中可以看出,管理员当前已经做好了基本配置,我们的设计目标是让 AR2 通过 G0/0/1 接口访问子网 10.8.84.0/24。例 5-48 展示了当前 AR2 的 RIP 路由。

**例 5-48　在 AR2 上查看 RIP 路由 10.8.84.0/24**

```
[AR2]display ip routing-table protocol rip
Route Flags: R - relay, D - download to fib
------------------------------------------------------------------------------
Public routing table : RIP
         Destinations : 2      Routes : 3

RIP routing table status : <Active>
         Destinations : 2      Routes : 3

Destination/Mask    Proto  Pre  Cost  Flags  NextHop        Interface

      10.8.84.0/24  RIP    100  1     D      192.168.12.1   Serial0/0/0
    192.168.13.0/24 RIP    100  1     D      192.168.23.3   GigabitEthernet0/0/1
                    RIP    100  1     D      192.168.12.1   Serial0/0/0
```

```
RIP routing table status : <Inactive>
        Destinations : 0        Routes : 0
```

我们从 AR2 的 IP 路由表中可以看出阴影部分突出显示的路由：AR2 去往子网 10.8.84.0/24 的路由使用的出接口是 S0/0/0，度量值为 1。同时另一条 RIP 路由：AR1 与 AR3 之间的子网，AR2 同时使用两条链路（S0/0/0 和 G0/0/1）。

本例的设计目标是让 AR2 选择 G0/0/1 接口作为出接口，去往子网 10.8.84.0/24。管理员可以通过两种方法实现这一目标：在 AR1 上修改 AR1 发出的 RIP 通告的度量值，或者在 AR2 上修改它接收的 RIP 度量值。例 5-49 展示了第一种修改方法，即在 AR1 上进行配置，修改 AR1 从 S0/0/0 接口发出 RIP 路由的度量值。

**例 5-49** 在 AR1 上修改从 S0/0/0 接口发出 RIP 路由的度量值

```
[AR1]interface s0/0/0
[AR1-Serial0/0/0]rip metircout 3
```

在例 5-49 中，管理员把 AR1 的 S0/0/0 接口发出的 RIP 路由度量值统一修改成了 3。修改前，对于 AR1 本地直连的子网，AR1 默认发送的度量值为 1。例 5-50 展示了 AR2 上更新后的 RIP 路由信息。

**例 5-50** 在 AR2 上查看更新后的 RIP 路由信息

```
[AR2]display ip routing-table protocol rip
Route Flags: R - relay, D - download to fib
------------------------------------------------------------------
Public routing table : RIP
        Destinations : 2        Routes : 2

RIP routing table status : <Active>
        Destinations : 2        Routes : 2

Destination/Mask    Proto  Pre  Cost Flags NextHop        Interface

    10.8.84.0/24    RIP    100  2    D     192.168.23.3   GigabitEthernet0/0/1
    192.168.13.0/24 RIP    100  1    D     192.168.23.3   GigabitEthernet
0/0/1


RIP routing table status : <Inactive>
        Destinations : 0        Routes : 0
```

现在，AR2 已经改为使用 G0/0/1 接口作为去往子网 10.8.84.0/24 的出接口了，设计目标达成。下面我们详细对比一下修改前和修改后的两条路由。修改前对于 10.8.84.0/24 这条路由，AR2 上的 RIP 开销值为 1，因为这是 AR1 的直连子网，AR1 会以 1 为度量值通告这条路由。修改后，AR1 则会以 3 为度量值通告这条路由，于是 AR2 选择 AR3 通告的 10.8.84.0/24。因为 AR3 从 AR1 收到这条路由的通告时，度量值为 1，AR3 在向外通告这条路由时在度量值 1 的基础上再加 1，以度量值 2 通告这条路由。

同时我们也可以看出，对于 AR1 与 AR3 之间的子网，AR2 也只会使用 G0/0/1 接口连接的链路进行访问。因为 AR1 在通告这条路由时也将度量值由 1 变为 3，而 AR3 在通告这条直连路由时，仍使用度量值 1。图 5-34 所示，展示了 AR2 的 S0/0/0 接口的抓包信息，其中解析的数据包是从 AR1 收到的 RIP 更新消息。

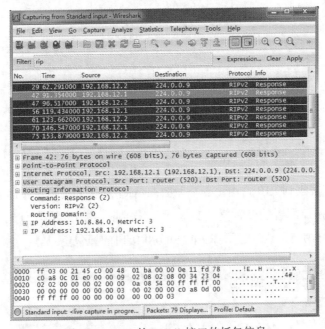

图 5-34　AR2 的 S0/0/0 接口的抓包信息

从图 5-34 我们可以看出，AR1 发送了 2 条直连子网的 RIP 路由，并且按照管理员在接口上的配置 **rip metricout 3**，将这 2 条路由的度量值都设置为了 3。

下面我们把 AR1 的 S0/0/0 接口上配置的这条命令删除，改为使用第二种方法，即在 AR2 的 S0/0/0 接口上修改入向路由更新的度量值。例 5-51 展示了采用这种方法达到相同需求的配置。

**例 5-51　使用第二种方法修改 RIP 度量值**

```
[AR1]interface s0/0/0
[AR1-Serial0/0/0]undo rip metricout
```

```
[AR2]interface s0/0/0
[AR2-Serial0/0/0]rip metricin 2
```

这种配置方法达到的效果与前一种方法配置效果相同，例 5-52 展示了当前 AR2 上的 RIP 路由。

## 例 5-52　在 AR2 上查看 RIP 路由

```
[AR2]display ip routing-table protocol rip
Route Flags: R - relay, D - download to fib
------------------------------------------------------------------------
Public routing table : RIP
       Destinations : 2         Routes : 2

RIP routing table status : <Active>
       Destinations : 2         Routes : 2

Destination/Mask    Proto   Pre  Cost  Flags  NextHop        Interface

     10.8.84.0/24   RIP     100   2      D    192.168.23.3   GigabitEthernet0/0/1
  192.168.13.0/24   RIP     100   1      D    192.168.23.3   GigabitEthernet0/0/1

RIP routing table status : <Inactive>
       Destinations : 0         Routes : 0
```

AR2 从 AR1 接收到 RIP 路由更新后，会在 AR1 通告的度量值（1）的基础上，加上管理员在 S0/0/0 接口配置的度量值（2），因此得到的路由度量值为 3，大于从 AR3 收到的路由。图 5-35 所示，展示了 AR2 的 S0/0/0 接口的抓包信息。

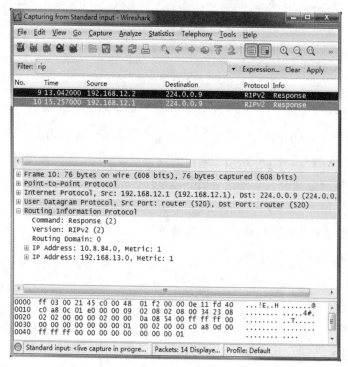

图 5-35　AR2 的 S0/0/0 接口的抓包信息

从图 5-35 中可以看出，AR1 通告的 2 条直连路由的度量值都是 1。

使用接口配置视图的命令 **rip metricin** 和 **rip metricout** 修改 RIP 通告的度量值时，读者还应该注意两点。首先，读者要清楚这两条命令的区别：对于接收到的路由更新，路由器会把命令 **rip metricin** 中设置的度量值增量添加到收到的路由度量值上，计算出新的度量值；对于向外通告的路由更新，路由器则会直接使用命令 **rip metricout** 中设置的度量值。

其次，读者在选择具体值的时候也要注意。以本小节图 5-33 所示的拓扑为例，管理员如果配置 AR1（从 S0/0/0 接口）通告度量值为 2 的路由，或者配置 AR2 在（从 S0/0/0 接口）收到路由更新时增加度量值 1，并无法实现设计目标。这种配置带来的结果，读者可以在练习中自行尝试。

关于 RIP 和距离矢量型路由协议的介绍，到这里暂且告一段落。考虑到本书后面第 6~8 章都会以一个链路状态型路由协议（OSPF）作为主题，因此在本章的最后一节中，我们会先对比 5.2 节（距离矢量型路由协议）来对链路状态型路由协议进行介绍。

## 5.5 链路状态型路由协议

在 5.1 节（路由概述）中，我们为了展示距离矢量型路由协议和链路状态型路由协议的差异，通过两张漫画（图 5-3 和图 5-4）描述了它们在交换信息方面的区别。为了简化起见，在图 5-4 中，我们描绘的路由器在交互地图。严格来说，使用链路状态型路由协议的路由器之间，交互的不是地图，而是自己周边的"道路"信息。在接收到其他路由器通告的信息后，路由器会自行通过算法从地图中自行计算去往各地的最佳路径。因此，对于链路状态型路由协议来说，周边道路信息交互的结果是实现数据库的同步，而地图的形成则是每台路由器在接收到链路状态信息后，分别在本地计算出来的结果。当然，这里的周边"道路"信息是指路由器直连链路的状态信息；数据库是链路状态数据库；而地图则是网络的拓扑图。

本节我们会分两个小节对链路状态型路由协议的这两个步骤进行简要的介绍，为读者学习本书后面第 6~8 章——OSPF 协议的相关理论打下基础。

### 5.5.1 信息交互

运行链路状态型路由协议的路由器之间会交互链路状态信息，最终实现全网运行该路由协议的路由设备之间的数据库同步。

具体来说，一台刚刚启用链路状态型路由协议的路由设备，会首先通过启用了协议的接口向外发送 Hello 消息，其目的在于了解该链路上是不是拥有启用了相同路由协议的设备。如果路由器通过这些接口接收到了其他路由设备响应的 Hello 消息，则说明在它连接的链路上还有运行相同路由协议的设备。对于这些设备，在满足一定条件的前提下，双方可以建立邻居关系，而邻居路由器之间会彼此交互链路信息。路由器除了通过 Hello 交互信息外，还会通过它来监测邻居路由器的状态是否正常。

在建立了邻居关系后，路由器会把自己对（启用了这个路由协议的）接口链路的了解，发送给自己所有的邻居。链路状态信息中包含了各个直连链路的网络/掩码、网络类型、开销值及邻居设备，这些信息可以清晰地描述出各个链路的状态。此外，路由器在通告链路状态信息时还会在通告消息中包含序列号和过期信息，其作用在于保证其他路由器只采纳代表通告方最新链路状态的信息。

如图 5-36 所示，我们以 3 台路由器环境中，AR1 通告给 AR2 的链路状态信息为例，显示了链路状态型路由协议通告链路状态信息的过程。在图 5-36 中，我们假设 3 台路由器的所有接口均启用了链路状态型路由器协议。由于 AR1 只在 E0 接口连接一台邻居设备 AR2，AR1 在向所有邻居设备发送链路状态信息时，也只会通过自己的 E0 接口，将链路状态信息发送给 AR2。

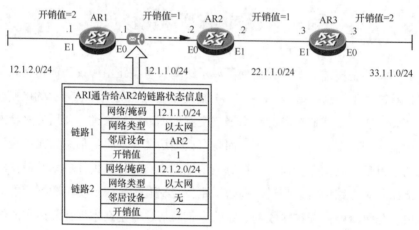

图 5-36 启用链路状态型路由协议的路由器向邻居设备通告链路状态信息

由图 5-36 可以看出，AR1 通过通告给 AR2 的链路状态信息描述了自己的 2 条直连链路。

一台路由设备接收到邻居路由器发来的通告信息后，会立刻将数据包通过（除了接收到该数据包的接口外）其他启用了这个路由协议且连接邻居设备的接口发送出去。通过这种方式，通告链路状态信息的数据包会很快在邻居路由器之间传播。与此同时，接收到数据包的路由器会将它所描述的链路状态信息填充到自己的链路状态数据库中。

如图 5-37 所示，AR2 将 AR1 通告的数据包快速转发给了自己的邻居路由器 AR3。同时 AR2 也将链路状态的信息填充到了自己的链路状态数据库中。

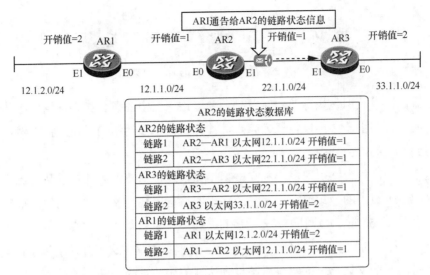

图 5-37　AR2 接收到链路状态通告消息后的处理方式

通过图 5-37 也可以看出，AR2 与 AR3 之间已经通过相互发送链路状态信息实现了链路状态库的同步，所以 AR2 的链路状态数据库中才会包含 AR3 的链路状态信息。由此也可以推断出，在 AR2 将 AR1 通告的数据包发送给 AR3 后，AR3 的链路状态数据库会和 AR2 的链路状态数据库实现同步。

同样的道理，AR1 也会用邻居路由器发送的链路状态通告消息填充自己的链路状态数据库，而填充的最终成果是 AR1 链路状态数据库中的信息与图 5-37 所示的 AR2 链路状态数据库中的信息完全相同。

在本小节中，我们仅仅介绍了链路状态型路由协议接收路由的环节。在下一小节中，我们会继续介绍链路状态型路由协议是如何进行计算的。

### 5.5.2　链路状态型协议算法

路由器接收到邻居路由器通告的链路状态信息后，会用链路状态信息填充自己的链路状态数据库，并且计算我们前面提到的"地图"，也就是网络的拓扑。由于每台路由器都是通过启用了 OSPF（假设这里使用的链路状态型路由协议是 OSPF，关于 OSPF 的具体介绍见本书第 6、7、8 章）接口所连接的邻居设备发来的 LSA（链路状态通告）以及自己对直连网络信息的了解，来填充自己的链路状态数据库的，这些信息中包含了整个 OSPF 网络的地址、掩码、网络类型和开销信息，路由器完全可以将自己链路状态数据库中的信息计算成一张拓扑图。如果整个 OSPF 网络都实现了链路状态数据库的同步，那么所有路由器计算出来的拓扑显然就都是相同的。

如果对图 5-37 的案例加以延伸，那么当 3 台路由器之间实现了同步后，每台路由器都会计算出图 5-38 所示的 OSPF 拓扑图。

图 5-38　各个路由器通过 LSDB 计算出来的拓扑

路由器在针对数据包执行路由转发时，要以路由表中的条目作为依据。因此，地图有了，下面每台路由器必须以自己为起点，计算去往各个网络的最短路径，然后把计算结果填写到自己的路由表中。

在这个时候，每台路由器需要独立根据拓扑来运行算法，以计算出从自己所在位置去往网络中各个节点的最短路径。首先，路由器将自己视为整个网络的根，把自己添加到"证实表"（Confirmed）中作为一个条目。接着，算法对"证实表"条目执行邻居运算，即计算去往"证实表"条目邻居节点的开销。根据定义，这个开销值等于根到达"证实表"条目的开销，加上"证实表"条目到达其邻居节点的开销。此时，如果这个邻居节点不在"试探表"（Tentative）中，则将其加入"试探表"；如果这个邻居节点在"试探表"中，则比较计算出来的开销与"试探表"中对应表项的开销。新计算出来的开销比当前"试探表"条目开销小，表示新的路径更优，此时替换原有的"试探表"条目。若"试探表"为空，则网络完成收敛；若"试探表"不为空，则把"试探表"中开销最小的条目移入"证实表"中，然后继续对加入证实表的节点执行邻居运算。最终，全网所有节点都成为"证实表"中的条目，网络完成收敛。

如在图 5-38 所示的简单拓扑中，AR1 在运算算法时会首先将自己作为根加入"证实表"。接着，算法对"证实表"条目执行邻居运算，因此这个条目自身就是根（AR1），因此去往"证实表"条目邻居节点（AR2）的开销即 AR1 到 AR2 的开销值，取值为 1。此时，因为 AR2 并不在"试探表"中，所以 AR2 和开销值 1 被加入"试探表"中。鉴于"试探表"中只有 AR2 这一个条目，于是该条目被移至"证实表"中。

然后，AR1 对刚刚移入"证实表"的条目 AR2 执行邻居运算，计算 AR2 去往其邻居（AR3）的开销：这个开销值等于根到达"证实表"条目（AR2）的开销值（1），加上"证实表"条目（AR2）到达其邻居（AR3）的开销值（1），计算结果为 2。完成计算后，因为 AR3 并不在"试探表"中，所以 AR3 和开销值 2 被加入"试探表"中。此时"试探表"中只有 AR3 这一个条目，于是该条目被移至"证实表"中，其结果如图 5-39 所示。

图 5-39　AR1 计算出来的最短路径树

当然，图 5-38 所示的网络本身就是一个没有分叉的简单串联网络，但更加复杂的网络计算过程也不过如此。最后也会自然形成一个无环的树状拓扑。

最后，在路由器已经计算出去往各个节点的最短路径后，路由器需要将去往整个运行路由协议的网络中所有子网的路由填充到自己的路由表中。此时，路由器计算的结果是一个树形结构，因此路由器只需要从自己（树根）出发，沿着树形结构中的分支，将去往各个节点的下一跳一一添加到路由表中，整个过程即告结束。

在上面的过程中，相信读者可以看出链路状态型路由协议和距离矢量型路由协议之间最大的不同。那就是距离矢量型路由协议是基于其他路由器，或直接或间接通告过来的距离矢量信息，了解到如何通过自己的邻居去往各个子网的路由。因此通过距离矢量型路由协议转发数据包常常被人们称为"基于传闻的转发"。而链路状态型路由协议会基于对整个路由协议网络的理解，以自己为根独立计算去往各个网络的路由。所以，使用链路状态型路由协议组建的网络，不会出现图 5-11 所示的风险。运行链路状态型路由协议的路由设备拥有整个网络的链路状态信息，具有独立的判断能力，不会像运行距离矢量型路由协议的设备那样容易偏听偏信，这也意味着运行这种比较精明的协议会比运行距离矢量型路由协议占用更多的路由器计算资源。

## 5.6 本章总结

在具体学习某种特定的动态路由协议前，本章首先整体介绍了动态路由协议的基础，包括使用动态路由协议相较于配置静态路由的优势，以及动态路由协议的两种分类方式。为了给 5.3 节和 5.4 节进行铺垫，在 5.2 节中概述距离矢量路由协议的路由计算方式。

5.3 节和 5.4 节介绍的重点是一项距离矢量型路由协议——路由信息协议（RIP）。在 5.3 节，我们首先介绍了 RIP 的历史与发展，然后通过将 RIPv1 与 RIPv2 进行对比，突出了 RIPv2 中对于 RIPv1 固有缺陷的弥补，最后详细阐述了 RIP 的特征、报文类型和工作方式，以及 RIP 提供的环路避免机制。5.4 节则通过大量案例演示了 RIP 的基本配置及一些相关特性的配置与调试。

在 5.5 节中，我们对比距离矢量型路由协议，简单介绍了链路状态型路由协议。这一节的内容可以作为学习后面 3 章内容的知识背景。

## 5.7 练习题

一、选择题

1. 下列属于链路状态型的路由协议是（　　）。

A．IGP  B．EGP
C．RIP  D．OSPF

2．（多选）RIPv1 和 RIPv2 都具有（　　）的特点。

A．使用周期更新和触发更新　　　　B．使用组播更新

C．使用 3 种计时器　　　　　　　　D．使用 UDP

3．（多选）路由毒化和触发更新特性集合在一起，可以实现下列（　　）目标。

A．防止路由环路　　　　　　　　　B．快速传播网络变化

C．防止收到不可信路由　　　　　　D．减少链路开销

4．要想禁用 RIPv2 的自动汇总特性，管理员需要使用下列（　　）命令。

A．接口配置视图的命令 **summary**

B．RIP 配置视图的命令 **summary**

C．接口配置视图的命令 **undo summary**

D．RIP 配置视图的命令 **undo summary**

二、判断题（说明：若内容正确，则在后面的括号中画"√"；若内容不正确，则在后面的括号中画"×"。）

1．动态路由协议可以分为距离矢量型路由协议和链路状态型路由协议。（　　）

2．无类路由协议在路由更新通告中携带子网掩码，因此可以打破 IP 地址类别的限制。（　　）

3．RIPv2 中扩展了 RIPv1 的 16 跳跳数限制。（　　）

4．水平分割和毒性反转是互斥的两个特性，在同时启用了这两个特性的路由器上，毒性反转是不起作用的。（　　）

5．管理员可以在 RIPv2 路由器上启用明文认证或者加密认证。（　　）

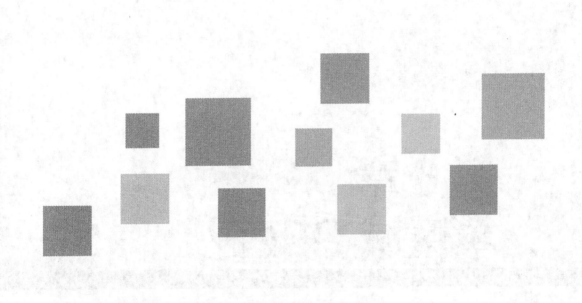

# 第6章
# 单区域OSPF

6.1　OSPF 的特征

6.2　单区域 OSPF 的原理与基本配置

6.3　本章总结

6.4　练习题

在第 5 章中，我们对动态路由协议进行了概述和分类，并且对距离矢量型路由协议与链路状态型路由协议进行了对比。通过第 5 章的学习，读者应该能够体会到链路状态型路由协议与距离矢量型路由协议在工作方式上的差异。

作为一种典型的链路状态型路由协议，OSPF 协议突出体现了它相对于 RIP 这类距离矢量型路由协议的优势：更可靠、扩展性更强、效率更高。在这一章中，我们会首先用一节的篇幅对 OSPF 协议的特点进行详细的介绍，包括 OSPF 协议中使用的数据表、OSPF 消息的封装格式、OSPF 消息的类型、OSPF 协议定义的网络类型、路由器 ID 的概念，以及指定路由器（Designated Router，DR）的选举。在 6.2 节中，我们则会利用这一节中介绍的理论，串联 OSPF 在单区域设计方案中的工作原理。

学习目标

- 了解 OSPF 协议的由来；
- 理解 OSPF 邻居表、LSDB 和路由表的概念与作用；
- 理解 OSPF 报文的头部封装格式；
- 掌握 OSPF 的 5 种消息类型；
- 掌握 OSPF 的网络类型及其在不同类型网络中的工作方式；
- 掌握 OSPF 的路由器 ID 的概念与作用；
- 掌握 DR 与 BDR 的概念及其选举过程；
- 掌握 OSPF 邻居状态演进、链路状态信息交互及路由计算的过程。

# 6.1 OSPF 的特征

作为一种链路状态型路由协议，OSPF 的工作方式与距离矢量型路由协议存在本质的区别。运行 OSPF 的路由器会首先通过启用了 OSPF 的接口来寻找同样运行了 OSPF 协议的路由器，并且判断双方是否应该相互交换链路状态信息。然后，能够交换链路状态信息的路由器之间开始共享链路状态信息，这样做的目的是让同一个 OSPF 区域中的每一台路由器拥有相同的链路状态数据库。最后，每一台路由器在本地对数据库进行运算，获得去往各个网络的最优路由。本节会对 OSPF 的邻居表、LSDB、路由表、OSPF 报文类型，以及 OSPF 的工作原理等内容一一进行说明。

## 6.1.1 OSPF 简介

1987 年，IETF（互联网工程任务组）的 OSPF 工作组开始着手设计能够取代 RIP 的协议。2 年后定义的 OSPF 第 1 版规范只是 OSPF 的草案版本，并没有在实际网络中实施。当前我们广泛使用的 OSPF 实际上是 OSPF 第 2 版（即 OSPFv2），OSPFv2 的规范被定义在 1991 年发布的 RFC 1247 中。1998 年，IETF 对 OSPFv2 的规范进行了修改，新的 OSPFv2 规范被定义在 RFC 2328 中。因此，我们这一章的内容实际上是围绕着 RFC 2328 标准展开的。

**OSPF 是一个链路状态型路由协议**，运行 OSPF 协议的路由器会将自己拥有的链路状态信息通过启用了 OSPF 协议的接口发送给其他 OSPF 设备。同一个 OSPF 区域中的每台设备都会参与链路状态信息的创建、发送、接收与转发，直到这个区域中的所有 OSPF 设备获得了相同的链路状态信息为止。然而，并不是所有启用了 OSPF 的直连设备都会相互交换链路状态信息，只有建立了完全（Full）邻接关系的 OSPF 设备之间才会相互交换链路状态信息，而两台路由器要想建立完全邻接关系，需要满足一定的条件。不过，这种做法并不会影响同一个区域中所有路由器同步相同的链路状态数据库。

**注释：**

关于完全邻接关系（Full-Adjacency）的概念，我们会在本章的后文中进行说明。为了避免初学者混淆类似概念，我们会规避邻居和邻接的说法，而选择邻居状态（State）和完全（Full）邻接关系这种完整的表述。反复重复完整的表述方式虽然会让行文略显啰唆，但更为严谨，也与 VRP 系统的命令 display 输出的内容一致，更便于读者对照学习。

OSPF 定义了 5 种不同的协议消息，这些消息分别被包含在 5 种不同类型的 OSPF

报文中。OSPF 报文被直接封装在 IP 数据包中（未经过传输层封装），这时，IP 数据包头部中协议字段（Protocol Field）的值规定为 89。

OSPF 不会周期性地发送链路状态更新消息，但 OSPF 会周期性地发送 Hello 消息，这是 OSPF 协议建立和保持邻居状态的关键。

通过上面的描述，读者应该能够感受到 OSPF 协议的复杂性远高于 RIP，不过 OSPF 协议也是当今网络中应用最为广泛的路由协议之一。这个协议之所以能够得到普及，完全归功于它的优势，相信关于这个协议的优势，读者也会在后面的内容中逐渐有所体会。

### 6.1.2 OSPF 的邻居表、LSDB 与路由表

在 OSPF 的操作过程中，3 张数据表扮演了至关重要的角色。这 3 张表分别是邻居表、LSDB 和路由表，下面我们会分别对这 3 张表进行介绍。这里的内容与第 5 章中的内容存在部分重合。如果读者对链路状态型路由协议的相关概念感到陌生，不妨先复习第 5 章的最后一节（5.5 链路状态型路由协议）。

1. 邻居表

在启用了 OSPF 的接口上，路由器不会直接通过链路状态通告发布自己已知的链路状态信息。它会首先发送 Hello 消息，希望能够在这个接口所连接的网络上发现其他同样启用了 OSPF 协议的路由器。

如果一台路由器在自己启用了 OSPF 的接口接收到了其他路由器发送的 OSPF Hello 消息，同时这台路由器通过这个 Hello 消息判断出对方已接收到了自己发送的 Hello 消息，那么就代表这两台路由器之间已经实现了双向通信。在双向通信的基础上，只有两台路由器能够满足某些条件，它们之间才能相互交换链路状态通告。

由此可以看出，路由器并不会在启用 OSPF 的接口直接请求其他邻居路由器发送链路状态信息，有些连接在同一个子网的 OSPF 路由器之间甚至不会直接共享链路状态信息。OSPF 需要先通过 Hello 消息在自己连接的网络中寻找能够交换链路状态信息的邻居。为此，OSPF 路由器会通过一张数据表来记录自己各个接口所连接的 OSPF 邻居设备，以及自己与该邻居设备之间的邻居状态等信息，这张表就是 OSPF 邻居表。

关于满足哪些条件的设备会相互之间通告链路状态信息，OSPF 路由器之间有哪些邻居状态，如何查看路由设备的 OSPF 邻居表，我们在本章后面的内容中都会进行详细介绍。这里只为引出邻居表的概念，暂不对具体内容进行说明。

2. LSDB

我们在前文中介绍过，同一个区域中的所有 OSPF 路由器会通过相互交换链路状态通告消息，最终实现 LSDB 的同步。

如果一个 OSPF 区域设计合理，且区域内的路由器都配置正确，那么在满足条件的

路由器之间也都充分交换链路状态信息后，整个区域内所有的路由器就应该都拥有相同的 LSDB，它们的 LSDB 中都包含了区域中所有其他路由器通告的链路状态信息。

虽然我们在路由器上查看 LSDB 时，看到的是一张数据表，但是路由器的链路状态数据库是各个路由器通告自己链路状态信息并最终汇总的结果，因此这个表中那些关于网络、网络设备和链路的信息，可以被抽象成一张包含路径权重的有向图。其中，权重表示路由设备在这个方向上这条路径的开销值，因此同一条物理路径在不同方向的权重可以是不同的。

**注释：**

关于如何在华为路由设备上查看设备的 LSDB，本章后文中会进行介绍和演示，这里暂不进行说明。

LSDB 概念看似复杂，但其实对于经常出行的人来说很容易理解。为了方便类比，我们将这个时间表按照图 5-37 所示的链路状态数据库的形式展示了出来，如表 6-1 所示。

表 6-1　　　　　　　　　我国部分列车时间表

| | |
|---|---|
| 北京的部分列车路线 | |
| 线路 1 | 北京—哈尔滨 T47 次 11 小时 |
| 线路 2 | 北京—海口 Z201 次 33 小时 |
| 海口的部分列车路线 | |
| 线路 1 | 海口—北京 Z202 次 34 小时 |
| 哈尔滨的部分列车路线 | |
| 线路 1 | 哈尔滨—北京 T48 次 11 小时 |
| 线路 2 | 哈尔滨—伊春 K7127 次 6 小时 |
| 线路 3 | 哈尔滨—佳木斯 D7987 次 2 小时 |
| 佳木斯的部分列车路线 | |
| 线路 1 | 佳木斯—哈尔滨 D7828 次 2 小时 |
| 线路 2 | 佳木斯—伊春 6272 次 5 小时 |
| 伊春的部分列车路线 | |
| 线路 1 | 伊春—哈尔滨 K7128 次 7 小时 |
| 线路 2 | 伊春—佳木斯 6274 次 5 小时 |

显然，列车路线是客观的，绝不会因人而异。这也就是说，无论生活在上述哪个城市的人，通过咨询了解并汇总的国内列车路线（表 6-1）都是相同的。拥有了表 6-1 中的列车信息后，大家可以根据其中的数据，画出图 6-1 所示的标识火车行驶时长（小时数）的带权有向图。

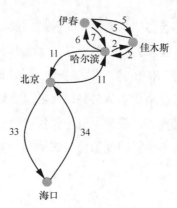

图 6-1 火车路线带权有向图

**免责声明：**

上述信息来自中国铁路 12306 网站，在此使用上述信息仅为进行类比，全部列车运行时间皆省略了分钟，仅保留小时数。

同样，网络中的 OSPF 路由器在相互同步了链路状态数据库后，路由器也可以通过各条链路的信息获得一张带权有向图。图 6-2 的上半部分是一个 OSPF 网络，所有路由器接口都处于同一个 OSPF 区域中；下半部分就是所有路由器在同步链路状态数据库后，获得的包含路径权重信息的有向图示意。在图 6-2 中，我们同样用点来表示路由设备和局域网，用线来表示点与点之间的连接，用箭头来表示方向，用线上的数字来表示这些线的"长度"（也就是路径的开销）。

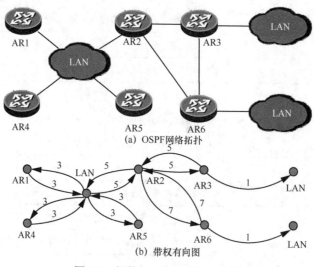

图 6-2 拓扑与 OSPF 带权有向图

一个区域中的每一台路由器都拥有了完全相同的地图后，这些路由器分别在本地以自己为根，按图索骥计算去往各个网络的最短距离，就可以向自己的路由表中添加 OSPF 路由了。

### 3. 路由表

在规划复杂的旅行线路时，画出图 6-1 对于设计出不走回头路且旅程最短的路径是很有帮助的。在画出图 6-1 所示的路线图后，人们可以根据自己所在的城市，轻松计算出乘坐列车到达其他城市的最快方式。同样，拥有了带权有向图的路由器只需要以自己为根，各自通过 SPF 算法进行运算，就可以获得去往各个网络的最优路由。SPF 算法的计算过程我们在第 5 章的最后一小节（5.5.2 链路状态型协议算法）用文字进行了简单的描述。在后面的 6.2.3 小节（路由计算）中，我们还会结合图 6-1，进一步解释路由器以自己为根，通过 LSDB 计算自己的 SPF 树，并向路由表中添加 OSPF 路由条目的方式，以及带权和有向这两个概念在计算过程中起到的作用，因此这里暂且略过。

值得说明的是，无论是我们之前介绍的直连路由、静态路由还是 RIP 路由，最终都要被路由器添加到路由表中才能用来转发数据包。这也代表路由器会将通过各种方式获取的路由条目保存在同一张路由表中，如果路由器通过不同方式学习到了去往同一个网络的路由，就会比较这两种方式的路由优先级。华为路由设备给 OSPF 路由设定的默认路由优先级是 10。

## 6.1.3 OSPF 消息的封装格式

OSPF 消息的封装格式如图 6-3 所示（为简便起见，我们以下将 OSPF 报文的头部简称为 OSPF 头部）。

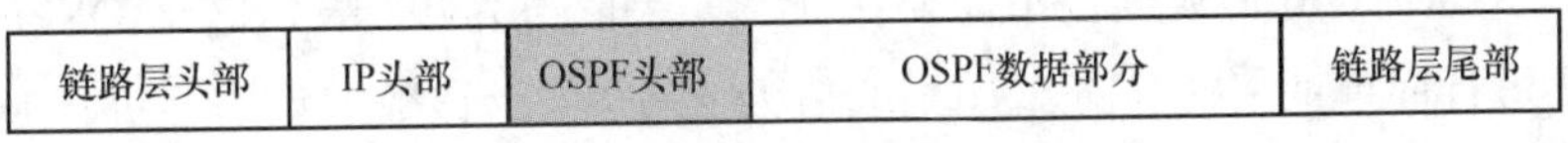

链路层头部
IP头部
OSPF头部
OSPF数据部分
链路层尾部

图 6-3　OSPF 消息的封装格式

本小节介绍的重点在于图 6-3 中阴影部分标注的 OSPF 头部，而 OSPF 头部封装格式如图 6-4 所示。

链路层头部
IP头部
OSPF头部
OSPF数据部分
链路层尾部
0
7
15
31
版本
类型
消息长度
路由器ID
区域ID
校验和
认证类型
认证

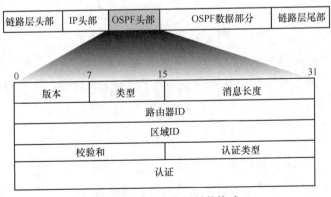

图 6-4　OSPF 头部封装格式

下面我们来依次说明 OSPF 头部封装中各个字段的作用。

- **版本**：标识该 OSPF 消息使用的 OSPF 版本。因此，正如我们在 6.1.1 小节（OSPF 简介）中所介绍的，当前的 IPv4 OSPF 消息在这个字段中的取值都是 2。
- **消息长度**：类似于 IPv4 头部的"数据长度"字段，其作用是标识这个 OSPF 数据包的长度。
- **路由器 ID**：在启用了 OSPF 的路由器上，每台路由器都要使用一个唯一的标识符，标识这台路由器在 OSPF 网络中的身份，这个标识符就是路由器 ID。
- **区域 ID**：为了解决基于链路状态信息进行网络拓扑计算及路由计算的复杂度会随网络规模增大而急剧增大的问题，OSPF 定义了区域的概念，实现了路由网络的层级化。路由器通过自己启用了 OSPF 协议的接口发送消息时，会在 OSPF 头部封装该接口所在的 OSPF 区域。在本章和第 7 章中，如无特别说明，我们在介绍理论时都会以"所有 OSPF 设备处于同一个区域中"作为前提。

**注释：**

在第 8 章中，我们会专门用一章的篇幅对区域的概念进行深入说明，并且详细介绍多区域 OSPF 网络的相关理论和配置。

- **校验和**：与 IP 头部的校验和字段的作用基本相同，但接收方路由器会通过 OSPF 头部的校验和字段校验整个 OSPF 数据包，而不只校验 OSPF 头部。
- **认证类型**：标识这个 OSPF 数据包需要进行哪种类型的认证。如果取值为 0，表示这个 OSPF 数据包不需要认证；如果取值为 1，表示这个 OSPF 数据包需要进行简单的密码认证；如果取值为 2，则表示该数据包需要进行 MD5 认证。
- **认证**：提供供对方路由器认证的具体数据。例如，如果认证类型字段取 0，那么接收方路由器会跳过这个字段，因为该 OSPF 消息本身就无须认证；如果认证类型字段取 1，接收方路由器会校验认证字段中的明文密码与本地的密码是否相同。

**注释：**

认证类型字段的取值不只有 0 和 1，其他取值超出了华为 ICT 学院路由交换技术系列教材的范围，但却是华为 ICT 学院网络安全方向的必修内容。关于 OSPF 认证，我们会在后文中通过实验进行验证。考虑到本系列教程此前并没有对加密和认证相关的理论知识进行介绍和说明，因此针对 OSPF 认证的理论不再深入介绍。

- **类型**：标识这个 OSPF 报文的类型。OSPF 消息分为 5 种不同的类型，类型不同，图 6-3 和图 6-4 中 OSPF 数据部分所携带的信息类型也有很大的区别。

我们之所以把类型字段放在各个字段的最后进行介绍，是因为 OSPF 报文类型正是 6.1.4 小节的重点。

## 6.1.4 OSPF 报文类型

在 6.1.3 小节我们介绍 OSPF 头部的类型（Type）字段时提到：OSPF 报文分为 5 种类型，不同类型消息所携带的数据也大相径庭。对于不同类型的报文，OSPF 会在封装头部时，赋予类型字段不同的数值，告知接收方路由器其中包含的 OSPF 消息类型。这 5 种类型及其对应的类型字段取值如下。

- **类型字段取值为 1**：Hello 消息。
- **类型字段取值为 2**：数据库描述（Database Description，DD）消息。
- **类型字段取值为 3**：链路状态请求（Link State Request，LSR）消息。
- **类型字段取值为 4**：链路状态更新（Link State Update，LSU）消息。
- **类型字段取值为 5**：链路状态确认（Link State Acknow ledgement，LSAck）消息。

在本小节中，我们会简要介绍这 5 类 OSPF 消息的作用以及它们携带的信息。如果这些信息中有某些内容与后文的知识点相关，且有必要在此提前介绍，我们也会在此对它们进行说明。为突出主次，其他与后文知识点相关性不强的字段，本书则不作介绍。

### 1. Hello 消息

对于 OSPF 这种首先建立完全邻接关系，然后交换链路状态的协议来说，Hello 消息被赋予了十分重要的作用：**OSPF 需要借助 Hello 消息来建立和维护邻居状态**，如图 6-5 所示，其中各字段的介绍如下。

- **接口掩码**：记录的是发送这个 Hello 消息的路由器接口的掩码。如果接收方路由器发现 Hello 消息中的接口掩码和自己接收到这个消息的接口掩码不一致，接收方就会丢弃这个 Hello 消息。因此，**接口掩码相匹配是两台路由器成为邻居的必要条件**。
- **Hello 时间间隔**：我们在本章 6.1.1 小节（OSPF 简介）中就介绍过，OSPF 会周期性地发送 Hello 数据包。**对于启用了 OSPF 的路由器来说，它们会以 Hello 时间间隔周期性地发送 Hello 消息**。如果接收方路由器发现 Hello 消息中的 Hello 时间间隔与自己的时间间隔不同，接收方路由器就会丢弃这个数据包。因此，**Hello 时间间隔匹配也是两台路由器成为邻居的必要条件**。
- **路由器失效时间间隔**：我们刚刚提到，除了成为邻居外，OSPF 邻居路由器之间也会通过 Hello 消息来维护邻居状态。也就是说，**如果 OSPF 路由器在一定时间间隔内没有接收到某台邻居路由器发送的 Hello 消息，那么它就会认为这台邻居路由器已经失效，这段时间间隔就是路由器失效时间间隔**。如果接收方路由器发现 Hello 消息中的路由器失效时间间隔与自己的设置不同，接收方路由器同样会丢弃这个数据包。因此，**路由器失效时间间隔匹配也同样是两台路由器成为邻居的必要条件**。

- **邻居的路由器 ID**：在介绍邻居表时我们曾说，如果一台路由器在自己启用了 OSPF 的接口接收到了其他路由器发送的 OSPF Hello 消息，同时这台路由器通过这个 Hello 消息判断出对方已接收到了自己发送的 Hello 消息，那么就代表这两台路由器之间已经实现了双向通信。有心的读者应该能够通过这段文字判断出，一台路由器发送的 OSPF Hello 消息中会包含其邻居路由器的路由器 ID。一台路由器接收并接受了另一台路由器发送的 Hello 消息后，会查看这个 Hello 中封装的 OSPF 头部信息（见图 6-4），并且将发送方路由器的路由器 ID 记录在自己的邻居表中。接收方发送 Hello 消息时，会把所有邻居路由器的路由器 ID 像图 6-5 这样一一包含在这个 Hello 消息的邻居路由器 ID 部分。这就是为什么一台路由器能够通过 Hello 消息判断出对方已经接收并接受了自己发送的 Hello 消息。关于这个过程，我们会在 6.2.1 小节（OSPF 的邻居状态机）中通过图文进行介绍。

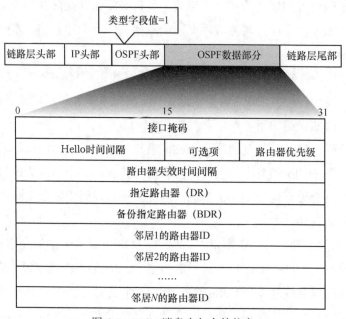

图 6-5  Hello 消息中包含的信息

除了上述几个字段外，还有路由器优先级、DR 和 BDR 这 3 个字段我们没有介绍。这 3 个字段涉及网络类型、DR、BDR 等概念，本章在前文中尚未进行概述，在这里通过 Hello 消息中包含的信息直接切入不易于读者理解，因此暂且略过不提，后文详细介绍相关概念时会再次联系 Hello 消息进行说明。

可选项字段因为超纲，在这里不作说明。

2. 数据库描述消息

交换链路状态信息时，OSPF 路由器并不会相互发送自己拥有的所有链路状态信息。

它们会首先把自己链路状态数据库中拥有的所有链路状态通告列出一个清单，然后交换这个清单。接收到这个清单后，路由器先通过对方清单中列出的链路状态通告来比较自己链路状态数据库中拥有的链路状态通告，查看其中缺少哪些信息，再向对方路由器请求那些自己的链路状态数据库中没有，但对方数据库中拥有的 LSA。说得简单一点，OSPF 路由器相互交换链路状态信息的方式，是使用对方发送的清单进行查漏补缺。显然，我们在这里所说的清单，就是数据库描述消息。数据库描述消息包含的信息如图 6-6 所示。

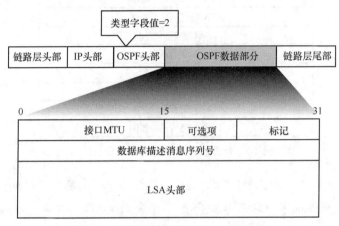

图 6-6　数据库描述消息中包含的信息

各字段说明如下。

- **数据库描述消息序列号**：路由器之间在交换链路状态信息的过程中，常常需要相互交换多个数据库描述消息才能最终完成链路状态信息的同步。因此，数据库描述消息才会携带一个序列号字段，接收方通过观察这个数字是否连续，可以判断出自己是否接收了双方交换的所有数据库描述消息。
- **LSA 头部**：LSA 会被封装在链路状态更新消息（OSPF 头部类型字段值=4，稍后进行介绍）中，不同类型的 LSA 携带的信息格式也不相同，但所有 LSA 的头部在格式上是相同的。作为描述路由器链路状态数据库中 LSA 的清单，数据库描述消息中只会携带所有 LSA 的头部，而不会携带 LSA 本身。关于 LSA 的头部格式，我们会在 LSA 的类型一小节中进行介绍，本小节不作介绍。

对于图 6-6 中的其他字段，除标记字段的作用，我们会在介绍邻居状态机时稍加说明外，其他字段本书中均不作介绍。

### 3. 链路状态请求消息

路由器通过其他 OSPF 路由器发来的数据库描述消息进行查漏后，就会发送链路状态请求消息请该设备用其链路状态数据中的 LSA 来为自己补缺。因此，在链路状态请求消息中，路由器必须参照数据库描述消息中的 LSA 头部，一一指定自己链路状态数据库中缺少的 LSA。图 6-7 所示为链路状态请求消息中包含的信息。

图 6-7 链路状态请求消息中包含的信息

路由器通过对比对方路由器发送的数据库描述信息，判断出自己缺少对方数据库中哪些 LSA，而数据库描述信息则通过 LSA 头部来描述数据库中保存了哪些 LSA（见图 6-6）。因此，链路状态请求消息中包含的链路状态类型、链路状态 ID 和通告路由器 ID 3 个字段，也全都是 LSA 头部中包含的字段。

### 4．链路状态更新消息

路由器接收到邻居发送过来的链路状态请求消息后，就会按照该消息中指定的 LSA 封装一个链路状态更新消息，将对方请求的各个 LSA 副本通过这个链路状态更新消息通告给它。链路状态更新消息中包含的信息如图 6-8 所示。

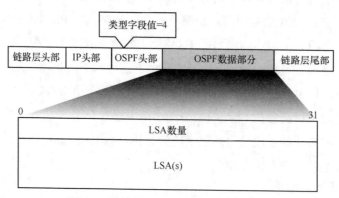

图 6-8 链路状态更新消息中包含的信息

各字段说明如下。

- **LSA 数量**：一个链路状态更新消息中可以通告多个 LSA，这个字段的作用就是告诉对方路由器这个链路状态更新消息中包含了多少个 LSA。

- **LSA**：我们之前说过，LSA 会被封装在链路状态更新消息中进行通告。不同类型的 LSA 携带的信息格式不相同，但所有 LSA 的头部在格式上是相同的。关于 LSA 的头部格式，我们会在 LSA 的类型一小节中进行介绍，本小节不作介绍。

5．链路状态确认消息

路由器接收到对方路由器发送的链路状态更新消息时，需要对这个更新消息中包含的所有 LSA 一一进行确认，而确认 LSA 的方式和描述链路状态数据中 LSA 的方式相同，即用各个 LSA 的头部来确认更新消息中包含的 LSA。因此，链路状态确认消息中所携带的信息也就只有 LSA 头部这一项内容，如图 6-9 所示。

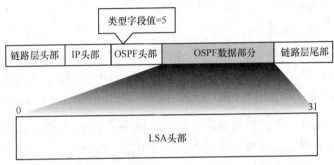

图 6-9　链路状态确认消息中包含的信息

在本小节中，我们对 OSPF 的 5 种消息类型中携带的信息和其中大部分信息的作用一一进行了解释说明。理解这些消息在链路状态信息同步过程中发挥的作用，对于读者掌握 OSPF 的工作原理具有指导性的意义。因此，读者应该在后文学习的过程中反复比对、参考本小节提到的内容。

### 6.1.5　网络类型

由于数据链路层网络类型不同，路由器发送 OSPF 消息的方式、共享链路状态通告的条件都会有所不同。OSPF 定义了 4 种网络类型，表 6-2 所示为这 4 种网络类型和它们分别对应的常用的数据链路层封装，OSPF 报文目的地址，以及是否选举指定路由器和备份指定路由器。

表 6-2　　　　　　　　　　　　OSPF 的网络类型

| OSPF 网络类型 | 常用的数据链路层封装 | OSPF 报文目的地址 | 是否选举 DR/BDR |
| --- | --- | --- | --- |
| 点到点（P2P） | PPP、HDLC | 224.0.0.5 | 否 |
| 广播（Broadcast） | 以太网 | 224.0.0.5、224.0.0.6 | 是 |
| 非广播多路访问（NBMA） | 帧中继、ATM、X.25 | 邻居单播 IP 地址 | 是 |
| 点到多点（P2MP） | 无 | 224.0.0.5 | 否 |

上面这张表可以这样理解：路由器接口所使用的数据链路层封装，决定了该接口启用 OSPF 后默认的 OSPF 网络类型，且默认的 OSPF 网络类型会随着接口封装的改变而改变。比如，路由器以太网接口在启用 OSPF 后，默认的 OSPF 网络类型即广播；而路由器串行接口（默认封装 PPP）在启用 OSPF 后，默认的 OSPF 网络类型即点到点；如果此时管理员将路由器串行接口的封装修改为帧中继，那么该接口默认的网络类型也会随之变为非广播多路访问。

当然，管理员也可以单独修改 OSPF 网络类型，这样修改不会反过来影响接口的封装协议。没有任何一种接口封装可以让该接口启用 OSPF 后，默认以 P2MP 作为该接口的 OSPF 网络类型，因此表格中该栏对应的参数是"无"。所以，P2MP 网络类型的 OSPF 接口都是管理员手动修改的结果。在大多数情况下，一个采用 NBMA 类协议（帧中继、ATM、X.25）封装数据的接口，所在网络的二层拓扑为非全互联网络时，管理员就应该将所有接口的 OSPF 网络类型手动修改为 P2MP。这是因为 OSPF 要求 NBMA 网络必须在二层是全互联网络，即该网络中任意两个接口之间都建立了二层的逻辑连接。

关于表 6-2，还有一点值得说明：既然 NBMA 网络全称为非广播多路访问网络，在这种类型的 OSPF 网络中，路由器不适合用 224 开头的组播地址来发送 OSPF 报文消息。所以，在 NBMA 网络中，路由器只能直接将 OSPF 消息发送给邻居的接口单播 IP 地址，而邻居的接口单播 IP 地址只能由管理员通过静态配置的方式指定给路由器。也就是说，如果启用了 OSPF 的接口网络类型为 NBMA，管理员就需要通过一些命令指定这台路由器要向哪些邻居路由器发送消息。在后文演示 OSPF 配置的实验时，这个概念会得到验证，具体配置命令也会通过实验进行介绍。

在多路访问网络（广播型网络和 NBMA 型网络）中，一个子网中常常连接了大量的 OSPF 设备（接口），如果所有 OSPF 接口之间都两两交换链路状态信息，那么网络中就会充斥着大量重复的链路状态信息，既影响网络带宽又浪费设备的处理资源。为了避免出现这种情况，OSPF 协议定义了指定路由器（DR）和备份指定路由器（BDR），让这两台路由器充当网络中链路状态信息交换的中心点。

关于 DR、BDR 的概念和作用，我们会在 6.1.7 小节进行更加具体的介绍。为了给 DR、BDR 的介绍做好铺垫，我们会在 6.1.6 小节中介绍 OSPF 网络在选举 DR、BDR 时用到的一个重要标识——路由器 ID，这个标识在 OSPF 环境中发挥着至关重要的作用。

### 6.1.6 路由器 ID

此前介绍 OSPF 头部封装和 Hello 消息的信息时，都出现了路由器 ID 的概念。路由器 ID 和 IPv4 地址的表示方式相同，也是一个多用点分十进制方式表示的 32 位二进制数。它的作用我们在介绍 OSPF 头部封装格式时也提到过，即在 OSPF 网络中唯一地标识这台路由器的身份。

一台 OSPF 路由器的路由器 ID 是按照下面的方式生成的。

（1）如果路由器的管理员手动静态配置了路由器 ID，则路由器会使用管理员配置的路由器 ID。

（2）如果管理员没有手动配置路由器 ID，但在路由器上创建了逻辑接口（如环回接口），则路由器会使用这台路由器上所有逻辑接口的 IPv4 地址中，数值最大的 IPv4 地址作为自己的路由器 ID，无论该接口是否参与了 OSPF 协议。

（3）如果管理员既没有手动配置路由器 ID，也没有在路由器上创建逻辑接口，那么路由器会使用这台路由器所有活动物理接口的 IPv4 地址中，数值最大的 IPv4 地址作为自己的路由器 ID，无论该物理接口是否参与了 OSPF 协议。

如果某接口（如环回接口）地址被选为路由器 ID，那么该环回接口地址变化后，路由器 ID 会随之变化吗？

这里必须指出，虽然在管理员没有手动配置路由器 ID 的情况下，路由器会通过接口的 IPv4 地址为路由器 ID 赋值。但**路由器 ID 一旦选定，只要 OSPF 进程没有重启，路由器 ID 就不会在此后因接口的变化而变化**。也就是说，无论地址为路由器 ID 的接口的状态在此后发生了变化，还是路由器上此后又在某个接口上配置了数值更大的 IPv4 地址，都不会让路由器 ID 发生变化。只有在管理员对 OSPF 进程执行了重启（重置）操作后，路由器才会在再次启动 OSPF 进程时，根据启动时的情况重新选择路由器 ID。即使管理员在 OSPF 路由器选定了路由器 ID 后，手动配置了路由器 ID，也必须重启 OSPF 进程才能让自己设置的路由器 ID 生效。

路由器 ID 不同于只具有本地意义的路由器主机名，一旦 OSPF 协议选出了路由器 ID，它就会将路由器 ID 作为通信数据的一部分添加在发送给邻居路由器的 OSPF 消息中（如封装在 OSPF 头部、添加在 Hello 消息的信息中）。因此，**一台 OSPF 路由器的路由器 ID 如果变化，会对它的 OSPF 邻居状态和网络中其他路由器产生影响**。鉴于此，为避免重置进程后，一些与 OSPF 不相干的操作影响到 OSPF 对路由器 ID 的选择，推荐管理员采用手动配置的方式为路由器指定路由器 ID。

我们在 6.1.5 小节最后提到，除了在 OSPF 网络中标识路由器外，路由器 ID 还会在 DR 和 BDR 的选举中被参选的路由器作为比较标准，这是路由器 ID 在 OSPF 网络中的另一个用途。关于 DR 和 BDR 的选举，我们会在 6.1.7 小节中进行详细的介绍。

### 6.1.7　DR 与 BDR

在表 6-2 中，我们可以看到在 OSPF 定义的 4 种类型网络中，有两种类型的网络需要选举 DR 和 BDR。这两类需要选举 DR/BDR 的网络是广播型网络和非广播多路访问型网络，而这两类网络的共性是，它们都是多路访问型网络，如图 6-10 所示。

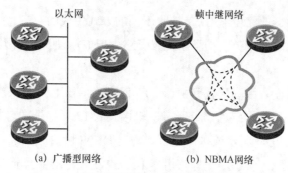

图 6-10 广播型网络与非广播多路访问型网络

这两类网络可以连接多台设备，而且连接到网络中的任意一台设备都可以在二层直接访问任意另一台设备。换句话说，这两类网络可以提供任意设备到任意设备之间的二层直接通信，而不需要经由其他三层设备（中间设备）为通信流量执行转发。因此，连接到这个网络的接口启用了相同路由协议时，这些设备（接口）就会两两成为路由协议的邻居设备。这个概念如果公式化，可以表述为：在一个有 $N$ 台路由设备连接的多路访问网络中，一共会形成 $N(N-1)/2$ 对邻居。

通过这个公式可以看出，让每一对连接到同一个多路访问网络（启用了同一个路由协议）的路由器都两两交换信息，这种做法既不必要，也不可取。因为这样不仅会让管理流量占用更多公共链路资源，而且每台路由器需要处理的信息量也会显著增加。规模越大的网络，浪费的资源也就越多。恰如在一家企业中，所有同事共享联系方式的最高效做法，是让一位专员通过邮件收集每位同事的联系方式，先将大家的联系方式编辑成 Excel 表格，再将这张表格通过邮件发送给公司的所有员工；最低效的方式是让每一位员工独立通过电子邮件向其他同事一一索要联系方式，自己汇总成表。如果采用第二种做法，每个人都要编辑发送和回复大量的邮件，公司规模越大，每个人受到的影响也就越严重。

为了避免在这类多路访问网络中，每台路由器分别与所有邻居交换链路状态信息，邻居 OSPF 路由器并不会在建立双向通信后就直接相互分享链路状态信息，只有处于完全邻接状态的路由器之间才会共享路由信息。鉴于启用了 OSPF 的路由器会认为，网络类型为广播或 NBMA 的接口所连接的网络是多路访问网络，因此 OSPF 路由器会在这些接口上与其他连接到该网络的同类型 OSPF 接口选举出其中的一个路由器接口作为 DR，该路由器接口会与所有邻居建立可以相互共享链路状态信息的完全邻接关系。为了避免 DR 失效时，整个网络需要重新选举 DR 并建立完全邻接关系，连接到广播型网络或 NBMA 型网络的 OSPF 路由器（接口）还会选举出网络中的一个 OSPF 路由器接口作为 BDR，BDR 也会与所有的邻居建立可以相互共享链路状态信息的完全邻接关系。而网络中那些既非 DR，亦非 BDR 的设备则相互之间虽为邻居，却不会建立完全邻接关系，也不会直接共享链路状态信息。在这样的网络中，DR 充当从所有路由器那里收集链路状态信息,并将信息发布给所有路由器的专员角色;而 DR 出现故障时,BDR 会取而代之。DR/BDR 与其他路由器之间建立完全邻接关系的概念如图 6-11 所示。

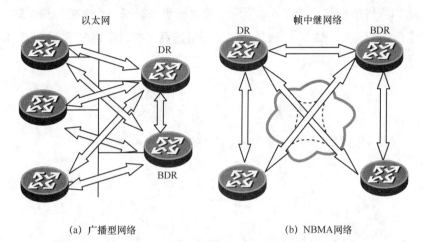

图 6-11　DR/BDR 与其他路由器之间建立完全邻接关系的概念

图 6-11 所示左侧的网络中,右上路由器连接以太网的接口被选举为了 DR,右下路由器连接以太网的接口被选举为了 BDR,因此它们分别与邻居路由器建立了完全邻接关系,而 DROther 路由器接口之间则不会建立完全邻接关系;同理,在图 6-11 右侧的网络中,左上路由器连接帧中继网络的接口被选举为了 DR,而右上路由器连接该网络的接口被选举为了 BDR,由于下方两台路由器连接帧中继的接口为 DROther,因此它们之间尽管实现了双向通信,但是不会建立完全邻接关系,也不会直接交换链路状态信息。

需要强调的是,DR/BDR 虽名为指定路由器/备份指定路由器,但 **DR/BDR 其实是路由器接口的概念**。因此如果一台路由器有 4 个接口启用了 OSPF,这 4 个接口完全可以第一个在它连接的网络中充当 DR,第二个在它连接的网络中充当 BDR,第三个在它连接的网络中充当 DROther（既非 DR 亦非 BDR）,而第四个的接口类型根本不涉及选举 DR/BDR（如接口类型为点到点）。

图 6-12 所示的网络中,路由器 AR1 连接了 4 个不同的网络。在路由器左侧接口（广播型）连接的以太网中,AR1 的左侧接口被选举为 DR；在其右侧接口（NBMA 型）连接的帧中继网络中,AR1 的右侧接口被选举为 BDR；其下方接口为 P2P 类型,因此不涉及 DR/BDR 选举；其上方接口虽然使用的封装协议是帧中继,但由于没有采用全互联的方式部署帧中继虚链路（最上方的两台路由器之间没有通信信道）,管理员手动将上方接口的类型修改为 P2MP,上方接口所在的网络也就不会涉及 DR/BDR 的选举。

下面,我们对路由器选举 DR/BDR 的方式进行简单叙述。在叙述之前,请读者回顾一下图 6-5 所示的 Hello 消息中包含的消息。

在图 6-5 中,Hello 消息中有 3 个字段我们当时并没有说明,这 3 个字段分别为路由器优先级、DR 和 BDR 字段。OSPF 会依赖这 3 个字段和 OSPF 头部中的路由器 ID 字段来完成 DR 和 BDR 的选举。其中，**路由器优先级是一个让管理员手动修改，来影响 DR/BDR 选举结果的参数**。如图 6-5 所示，路由器优先级是一个 **8** 位二进制数，因此这个数值的取值范围为 **0~255**，数值越高即优先级越高。在默认情况下，华为路由器接口的 **OSPF 优先级值为 1**。

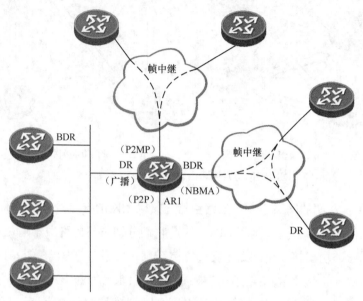

图 6-12  解释 DR/BDR 为接口概念而非路由器概念的示例网络

并非所有连接到同一个多路访问的路由器接口都有资格参与 DR 和 BDR 的选举。在广播型或 NBMA 型的接口中，只有已经与其他路由器建立了双向通信，且路由器优先级不为 0 的那些路由器接口才有资格参与 DR 和 BDR 的选举。

根据选举时网络的状态，选举结果可以分为下面 3 种情况。

**状态一**  选举时网络中既没有 **DR** 也没有 **BDR**。在这种情况下，在参选的路由器接口中，路由器优先级值最高的路由器接口会被选举为 DR，次高的路由器接口会被选举为 BDR。如果有一些接口的路由器优先级值相等，则优先级值相等的接口中路由器 ID 值最高的接口会被选举为 DR，次高的接口会被选举为 BDR。

**状态二**  选举时网络中有 **DR** 但没有 **BDR**。在这种情况下，在参选的路由器接口中，路由器优先级值最高的路由器接口会被选举为 BDR。如果有一些接口的路由器优先级值相等，则在优先级值相等的接口中，路由器 ID 值最高的接口会被选举为 BDR。但无论选举出来的 BDR 与当前的 DR 优先级值或路由器 ID 孰高孰低，BDR 都不会成为 DR。

**状态三**  选举时网络中有 **DR** 和 **BDR**。在这种情况下，网络中不会发起 DR/BDR 选举。

**注释：**
> 如果网络中有 BDR 没有 DR，则 BDR 会立刻成为 DR。

因此，对 DR 和 BDR 选举的要点概括如下。

- 身份不抢占。
- 在位不选举。
- 先比优先级。
- 再比路由器 ID。

DR/BDR 身份不抢占，有 DR/BDR 在位时不会进行选举的原则是为了让共享链路状态信息的逻辑关系尽可能地保持稳定。毕竟，如果每次有新的路由器接口连接到网络中都重新进行选举，并且新连接的路由器接口可以抢占 DR/BDR 的身份，那么路由器之间相互通告链路状态信息的逻辑关系就会频繁发生变化。但这种原则也意味着连接同一个网络的路由器接口启用 OSPF 的先后顺序会影响选举的结果。换言之，在相同的网络上，拥有相同 OSPF 参数的设备之间会出现完全不同的选举结果。因此，**如果管理员希望控制 DR/BDR 选举的结果，最佳做法**并不是通过增大某路由器接口的路由器优先级值来使其成为 DR/BDR，**而是将那些不希望被选举为 DR/BDR 的接口的优先级值设置为 0**，取消它们在所连接的网络中参与选举的资格。

完成 DR 和 BDR 的选举后，如果该网络为广播型，那么 OSPF 路由器在通过 DROther 接口向 DR/BDR 发送链路状态更新消息和链路状态确认消息时，会使用组播地址 224.0.0.6。只有被选举为 DR 和 BDR 的广播型接口才会侦听以这个组播地址为目的地址的消息，并对消息进行处理和响应。由于 DROther 并没有被选举为 DR 或 BDR，因此 DR 响应给 DROther 的消息还是会以组播地址 224.0.0.5 作为目的地址。此外，OSPF 通过 DROther 接口发送的 OSPF Hello 消息还是会以 224.0.0.5 作为目的地址，因为 DROther 之间虽然不会建立完全邻接关系，但是它们之间需要通过 Hello 消息来保持邻居状态的稳定。

关于 DR/BDR 的概念和理论，我们姑且介绍这么多。在设计 OSPF 网络方面，有一点希望引起读者的注意。如果在广播型网络和 NBMA 型网络中部署了 OSPF 协议，那么该协议的路由器之间在交换链路状态信息时，数据通告的逻辑路径其实是一个以 DR 为中心点的星形网络，这一点在图 6-11 中的箭头也已经比较明显地体现出来。鉴于此，建议读者设计 OSPF 网络时，在连接同一个多路访问网络的路由器中，选择性能比较强大的路由器接口充当该网络的 DR。

## 6.2 单区域 OSPF 的原理与基本配置

若求严谨，不妨给 6.1 节的文字加注一个技术注脚：6.1 节的所有讨论都是以 OSPF

设备处于同一个区域为基本前提的。本节亦然。

这两节内容虽然都是在所有 OSPF 设备处于同一个 OSPF 区域的大背景下展开讨论的，却存在比较明显的区别。6.1 节是学习 OSPF 的"砖"与"瓦"，我们介绍了大量关于 OSPF 的概念与术语。这些概念与术语对于初学者而言必不可少，却又难成体系。仅凭这些支离破碎的概念，读者对于 OSPF 如何计算出最短路径难免仍感雾里看花。我们希望通过本节循序渐进的描述，使读者能够充分利用 6.1 节的"砖"和"瓦"，搭建出 OSPF 知识体系的"大厦"。

满足哪些条件，OSPF 设备之间才会交互链路状态信息？上文中的双向通信、完全邻接关系所指为何？OSPF 设备之间具体会如何交互链路状态信息？它们又会如何用交互的链路状态信息计算出最短路径？这些内容是本节的重中之重。

### 6.2.1 OSPF 的邻居状态机

在 6.1 节中，我们尚未对 OSPF 邻居状态机进行介绍，因此在涉及链路状态信息交换的内容时，我们只能用双向通信、完全邻接关系等描述含糊带过。实际上，OSPF 邻居状态机贯穿了 OSPF 路由器从尚未发送 Hello 消息，到完成链路状态数据库同步的完整状态过渡过程。因此，熟练掌握 OSPF 邻居状态机对于 OSPF 的实施和排错有着十分重要的指导作用。而学习 OSPF 邻居状态机的过程，则可以帮助读者再次串联 6.1 节中介绍的各个知识点。

OSPF 邻居状态机包含下面 7 种状态。

（1）**Down**：这是 OSPF 邻居状态机的初始状态。处于这种状态表示这台 OSPF 路由器尚未接收到邻居路由器发来的 Hello 消息。

在图 6-13 中，AR2 尚未接收到 AR1 发送的 Hello 消息，因此状态为 Down。

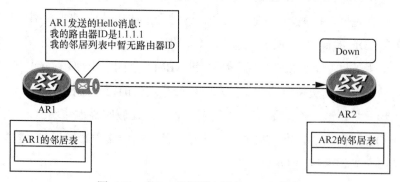

图 6-13　OSPF 邻居状态机的 Down 状态

（2）**Init**：路由器一旦接收到邻居路由器发送的 Hello 消息，但是并没有在 Hello 消息中看到自己的路由器 ID，就会把邻居状态设置为 Init。

如图 6-14 所示，AR2 接收到了 AR1 在图 6-13 中发送的 Hello 消息，没有在该 Hello

消息中看到自己的路由器 ID, 于是 AR2 将 AR1 的 OSPF 路由器 ID 保存到自己的邻居表中, 并且将自己与 AR1 的邻居状态设置为 Init。

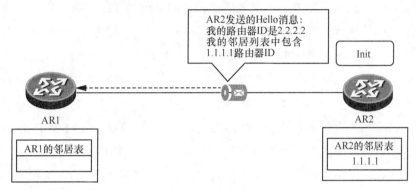

图 6-14　OSPF 邻居状态机的 Init 状态

（3）**2-Way**：路由器接收到其他路由器发送的 Hello 消息, 并且在 Hello 消息中看到了自己的路由器 ID 时, 就会把邻居状态设置为 2-Way。

如图 6-14 所示, 将 AR1 的路由器 ID 保存进自己的邻居表中后, AR2 再发送 Hello 消息时, Hello 消息中就会包含 AR1 的路由器 ID。图 6-15 所示为 AR1 接收到了 AR2 发送的 Hello 消息, 于是将 AR2 的路由器 ID 添加到了自己的邻居表中。同时, 因为 AR1 在该 Hello 消息的邻居设备路由器 ID 字段看到了自己的路由器 ID, 所以 AR1 将自己与 AR2 的邻居状态设置为 2-Way。此时, AR1 向 AR2 发送的 Hello 消息中就会包含 AR2 的路由器 ID。因此 AR2 再次接收到 AR1 发送的 Hello 消息时, 也会将自己与 AR1 之间的邻居状态设置为 2-Way。

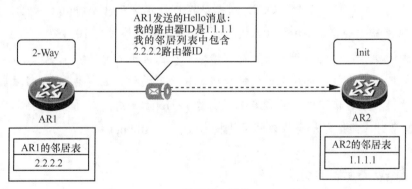

图 6-15　OSPF 邻居状态机的 2-Way 状态

如果路由器的网络类型要求连接该网络的 OSPF 接口进行 DR/BDR 选举, 那么 OSPF 就会开始在这个网络中选举 DR/BDR。如果选举的最终结果是这对邻居都是 DROther, 那么 2-Way 就是这对邻居最终的状态, 它们不会进一步建立能够交互链路状态信息的完全邻接关系。因此, DROther 路由器之间不会直接交互链路状态信息。反之, 如果这对邻居所连接的网络不需要选举 DR/BDR，或者这对邻居中选举出了 DR/BDR，那么这对邻居就会进入下一个邻居状态。

（4）**Exstart**：在这种状态下，邻居路由器之间会通过发送空的 DD 报文来协商主/从（Master/Slave）关系，路由器 ID 大的设备会成为主路由器。DD 序列号就是由主路由器决定的，关于 DD 序列号的概念，请读者复习我们在 6.1.4 小节（OSPF 报文类型）的数据库描述消息中对这个字段的说明。用于主/从关系协商的报文是空的 DD 报文，也就是其中不携带任何 LSA 头部。

（5）**Exchange**：在这种状态下，路由器会向邻居发送描述自己 LSDB 的 DD 报文，DD 报文中包含 LSA 的头部（而不是完整的 LSA 数据）。路由器会逐个发送 DD 报文，每个报文中包含由主路由器决定的 DD 序列号，并且这个序列号会在 DD 报文的交互过程中递增，以确保 DD 报文交互过程的有序性和可靠性。

（6）**Loading**：在这种状态下，路由器会把从邻居那接收到的 LSA 头部与自己的 LSDB 比较，如果自己缺少了某些 LSA，路由器就会向邻居发送链路状态请求消息来请求它所缺少的 LSA 的完整数据。邻居则会使用链路状态更新消息进行回应，只有链路状态更新消息报文里才包含 LSA 的完整信息。在收到链路状态更新消息报文后，路由器需要发送链路状态确认消息对其中的 LSA 进行确认。

（7）**Full**：这种状态表示路由器的链路状态数据库已经实现了同步。

注意，在上面的几种状态中，OSPF 邻居状态可以长期保持为 Down 状态、2-Way 状态和 Full 状态，其他邻居状态均为过渡状态。

**注释：**

除了上述几种邻居状态外，OSPF 邻居状态中还包含一种 Attempt 状态。鉴于只有 NBMA 型网络中才会出现 Attempt 状态，而 NBMA 型网络过去 10 年在市场上已经呈现出明显走弱的趋势，因此本书从实用性的角度，在上文中有意忽略了 Attempt 状态，希望读者能够把注意力放在更加重要的邻居状态和状态迁移的触发事件上。实际上，NBMA 型网络中的接口通过该网络向邻居路由器发送了 Hello 消息，却还没有接收到邻居发来的 Hello 消息时，路由器就会将该邻居的状态设置为 Attempt 状态。

## 6.2.2 链路状态消息的交互

OSPF 路由器之间相互交换链路状态消息的过程集中在路由器之间的邻居状态为 Exchange 和 Loading 的阶段。

在 6.2.1 小节中我们介绍过，邻居路由器在 Exstart 状态下协商出主从关系，而主路由器设置好数据库描述消息的序列号后，它们的邻居状态就会进入 Exchange 状态，并且开始交换数据库描述消息。

如图 6-16 所示，路由器 AR2 向 AR1 发送了 DD 消息，其中包含了自己拥有的全部 LSA 的头部。

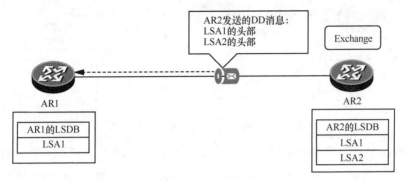

图 6-16 OSPF 路由器交换 DD

**注释：**

OSPF 通告 DD 采用的是周期性通告与触发更新相结合的方式。这就是说，除了在发现 OSPF 网络出现变化时路由器会发送 DD 消息，OSPF 也会默认每 30min 向邻居通告一次 DD 消息。

路由器接收到邻居发送的 DD 消息后，会将自己的 LSDB 中包含的 LSA 头部与邻居发送的 DD 中包含的 LSA 头部进行比较。如果发现自己的 LSDB 中缺少邻居路由器 LSDB 中的哪条 LSA，这台路由器就会从这些 LSA 头部中提取出链路状态类型、链路状态 ID 和通告路由器 ID 字段，将其封装成链路状态请求消息，并发送给邻居设备。

如图 6-17 所示，AR1 经过比较自己的 LSDB 与 AR2 发送的 DD 后，将 LSA2 的链路状态类型、链路状态 ID 和通告路由器 ID 字段封装成 LSR，并发送给了 AR2。

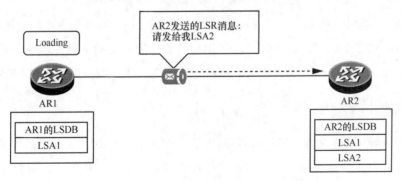

图 6-17 OSPF 路由器向邻居发送 LSR 请求 LSA

路由器接收到邻居发来的 LSR 后，会将邻居请求的 LSA 封装成一个链路状态更新消息并且发送给请求方。

如图 6-18 所示，AR2 接收到了 AR1 发送的 LSR 消息，于是将自己的 LSA2 封装进一个 LSU 消息中，将这个 LSU 发送给了 AR1。

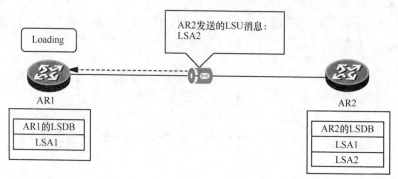

图 6-18　OSPF 路由器向邻居发送 LSU

接收到 LSU 后，路由器会用 LSU 中封装的 LSA 来填充自己的 LSDB，同时将这个/这些 LSA 头部封装在一个 LSAck 消息中，向对方确认。此时，这台路由器与邻居就会进入完全邻接状态。

如图 6-19 所示，AR1 接收到了 AR2 发来的 LSU 消息，于是用 LSA2 填充了自己的 LSDB，并将 LSA2 的头部封装成一个 LSAck 发送给了 AR2。

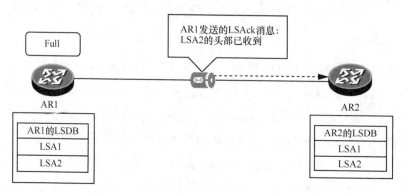

图 6-19　OSPF 路由器通过 LSAck 确认 LSU

在图 6-19 所示的过程中，读者不难发现：OSPF 路由器会以 LSAck 消息响应 LSU 消息。因此，对于 LSU 消息，OSPF 会采用超时重传的方式确保对方接收到了自己发送的消息；如果 OSPF 没有如期接收到 LSAck 消息，它会重传之前发送的 LSU 消息。

### 6.2.3　路由计算

我们在介绍 LSDB 时就提到过，网络中的所有路由器完成了链路状态数据库的同步后，这些路由器就等于拥有了同一张包含路径权重的有向图。接下来，每台路由器需要分别以自己为根，计算自己去往各个网络的最短距离。

OSPF 通过算法计算路由是一个数学运算过程，读者可以不必过于具体地掌握这个过程的原理。本系列教程为了帮助读者相对完整地了解 OSPF 的原理，将在本小节中通过尽可能简单而又形象的方式，对 OSPF 计算路由的过程进行概述。

实际上，我们在本书 5.5.2 小节（链路状态型协议算法）中介绍的算法，就是 OSPF

会执行的 Dijkstra 算法。因此，我们首先来对 5.5.2 小节中介绍的算法进行总结，然后通过本章之前介绍的旅游的案例来分步骤解释这种算法的流程。

Dijkstra 算法的计算流程可以总结为下面 4 步。

**步骤 1**　路由器将自己作为树根添加到"证实表"中。

**步骤 2**　路由器对"证实表"中的条目执行邻居运算，计算从自己到达"证实表"邻居节点的开销。

**步骤 3**　如果"证实表"的该邻居节点不在"试探表"中，则将其作为一个条目，与开销值一同加入"试探表"中；如果"证实表"的该邻居节点已经被保存在"试探表"中，则比较该邻居节点计算出来的开销与"试探表"中对应条目的开销。新计算出来的开销比当前"试探表"条目开销小，则替换原有的"试探表"条目，否则放弃新计算出来的结果。

**步骤 4**　若"试探表"为空，则计算完成；若"试探表"不为空，则把"试探表"中开销最小的条目移入"证实表"中，然后回到步骤 2 继续对加入"证实表"的节点执行邻居运算。

下面，我们通过图 6-1 中的火车线路图来解释如何通过上述流程计算出最短路径。在这个简单的例子中，我们假定执行计算的这台路由器是北京。因此，在第一轮计算的步骤 1 中，北京将自己作为路线中的根，添加到"证实表"中。

**步骤 2**　对北京执行邻居计算。因为北京自身就是根，所以北京去往"证实表"条目邻居节点哈尔滨和海口的开销分别为北京到哈尔滨和北京到海口的开销值。

**步骤 3**　因为哈尔滨和海口都不在"试探表"中，所以这两个城市及其对应的开销值都被加入"试探表"中。

**步骤 4**　鉴于哈尔滨的开销值（11）是"试探表"中开销最小的条目，小于海口的开销值（33），于是哈尔滨被移至"证实表"中。这一轮计算的结果如图 6-20 所示。

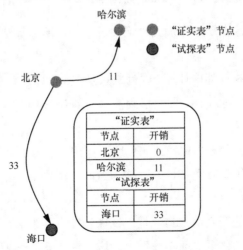

图 6-20　使用 Dijkstra 算法计算最短路径（第一轮）

接下来，因为哈尔滨被添加到了"证实表"中，所以算法回到步骤 2，对其执行邻居计算。

**步骤 2** 对哈尔滨执行邻居计算。因为北京是根，所以北京去往"证实表"条目（哈尔滨）邻居节点佳木斯和伊春的开销分别为 13 和 17，即北京到哈尔滨的开销（11），加上哈尔滨到佳木斯的开销值（2），或者加上哈尔滨到伊春（6）的开销值。

**步骤 3** 因为佳木斯和伊春都不在"试探表"中，所以这两个城市及其对应的开销值都被加入"试探表"中。

**步骤 4** 鉴于佳木斯的开销值（13）是"试探表"中开销最小的条目，小于伊春的开销值（17）和海口的开销值（33），于是佳木斯被移至"证实表"中，这一轮计算的结果如图 6-21 所示。

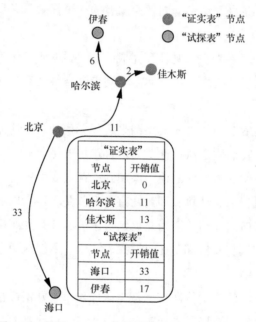

图 6-21 使用 Dijkstra 算法计算最短路径（第二轮）

第三轮计算，因为佳木斯被添加到"证实表"中，所以算法回到步骤 2，对其执行邻居计算。

**步骤 2** 对佳木斯执行邻居计算。因为北京是根，所以北京去往"证实表"条目（佳木斯）邻居节点伊春的开销为 18，即北京到佳木斯的开销（13），加上佳木斯到伊春（5）的开销值。

**步骤 3** 因为伊春已经在"试探表"中，所以算法会比较新计算出来的伊春开销（18）与"试探表"中当前的伊春开销（17）。因为当前开销更小，所以，新计算出来的结果被忽略。

**步骤 4** 鉴于伊春的开销值（17）是"试探表"中开销最小的条目，小于海口的开销值（33），于是伊春被移至"证实表"中，这一轮计算的结果如图 6-22 所示。

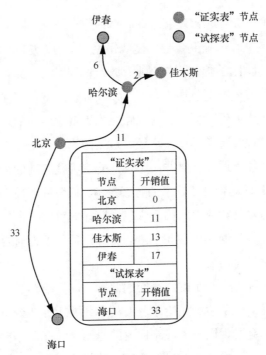

图 6-22　使用 Dijkstra 算法计算最短路径（第三轮）

第四轮计算，因为伊春被添加到了"证实表"中，所以算法回到步骤 2，对其执行邻居计算，不过伊春已经没有其他路径上的邻居，所以计算执行步骤 4，把"试探表"中的海口移至"证实表"中。

第五轮计算中，海口同样没有其他路径上的邻居，同时"试探表"为空，因此计算结束，最终结果如图 6-23 所示。

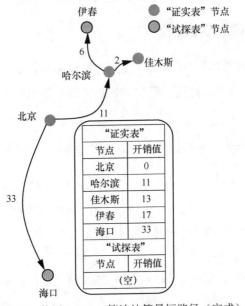

图 6-23　使用 Dijkstra 算法计算最短路径（完成）

在上面这个过程中，读者应该理解下面两点内容。

- 在图 6-23 中，从佳木斯到伊春的路线不见了，因为从哈尔滨坐火车 6 个小时即可到达伊春，如果去佳木斯转车则需要 7 个小时，白白多花了 1 个小时的时间，因此去佳木斯转车不是前往伊春的最短路径。这解释了 Dijkstra 算法在计算树形拓扑时，是如何保障去往各地的路径均为最短路径的。
- 上面的计算过程没有考虑反向路径。这是因为我们是在以北京为根计算去往各城市的最短路径，返程耗时并不影响从北京去往各地的最短路径如何选择。换言之，图 6-23 只适合身在北京的游客参考。这解释了使用链路状态型路由协议时，不同路由器是如何参照同一张包含路径权重的有向矢量图，分别以各自为根计算出去往各处的 SPF 树形拓扑。同时也解释了为何要强调这张 LSDB 图是包含路径权重且有向的。

下面结合图 6-1 解释一个小小的路径交通问题。同样的路线，为什么从哈尔滨到伊春的列车运行 6 个小时，而从伊春到哈尔滨的列车却要运行 7 个小时？实际上，读者如果经常乘坐火车旅行，会发现同一条线路往返的时间经常存在一定的差异。这种差异可能与地形或管理因素有关。换言之，虽然是同样的路线，但是往返的耗时完全可能存在差异。理解这一点，很有助于读者搞清楚 OSPF 协议，为什么在同一条链路两端会对于这条链路开销值的定义产生差异。

OSPF 的度量值是通过累加路径中所有出接口（相当于上面例子中的发车车站）的接口开销值计算出来的，而这个开销值（相当于车辆运行的小时数）是可以由管理员来设置的。因此，工程师如果在同一条链路连接的两台路由器上，给相连接口设置了不同的参数，就会导致 OSPF 从不同方向上计算这条链路时，应用不同的度量值。

### 6.2.4 单区域 OSPF 的基本配置

了解了单区域 OSPF 的基本知识后，我们会在本小节以图 6-24 所示的环境为例，介绍单区域环境中 OSPF 的基本配置，包括如何指定路由器 ID 和 OSPF 区域等。

**注释：**

图 6-24 所示的环境在后面的章节中还会频繁使用。

在图 6-24 所示的拓扑中，路由器 AR1、AR2、AR3 和 AR4 分别通过各自的 G0/0/0 接口连接到同一个 LAN 中，并且通过该接口运行 OSPF，将接口加入 OSPF 进程 100 的区域 0 中。路由器 AR4 和 AR5 之间通过串行链路相连，并且通过该接口运行 OSPF，将接口加入 OSPF 进程 100 的区域 0 中。

在本小节中，我们先来展示一下 OSPF 的基本配置，包括进程 ID（简写为 PID）、路由器 ID（简写为 RID）的设置和网络通告。

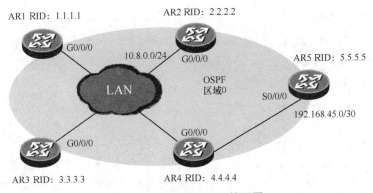

图 6-24　单区域 OSPF 的配置

例 6-1 展示了 5 台路由器上的接口配置，除了物理以太网接口的配置外，管理员还在每台路由器上各配置了一个环回接口。

**例 6-1　5 台路由器的接口配置**

```
[AR1]interface g0/0/0
[AR1-GigabitEthernet0/0/0]ip address 10.8.0.1 24
[AR1-GigabitEthernet0/0/0]interface loopback0
[AR1-LoopBack0]ip address 1.1.1.1 32

[AR2]interface g0/0/0
[AR2-GigabitEthernet0/0/0]ip address 10.8.0.2 24
[AR2-GigabitEthernet0/0/0]interface loopback0
[AR2-LoopBack0]ip address 2.2.2.2 32

[AR3]interface g0/0/0
[AR3-GigabitEthernet0/0/0]ip address 10.8.0.3 24
[AR3-GigabitEthernet0/0/0]interface loopback0
[AR3-LoopBack0]ip address 3.3.3.3 32

[AR4]interface g0/0/0
[AR4-GigabitEthernet0/0/0]ip address 10.8.0.4 24
[AR4-GigabitEthernet0/0/0]interface s0/0/0
[AR4-Serial0/0/0]ip address 192.168.45.1 30
[AR4-Serial0/0/0]interface loopback0
[AR4-LoopBack0]ip address 4.4.4.4 32

[AR5]interface s0/0/0
[AR5-Serial0/0/0]ip address 192.168.45.2 30
[AR5-Serial0/0/0]interface loopback0
[AR5-LoopBack0]ip address 5.5.5.5 32
```

读者在自己搭建的实验环境中配置好这些 IP 地址后，可以先通过 ping 命令测试一下直连子网的连通性。例 6-2 所示为完成例 6-1 所示的配置后，继续在 5 台路由器上针对 OSPF 进行的基本配置。

**例 6-2　OSPF 的基本配置**

```
[AR1]ospf 100 router-id 1.1.1.1
[AR1-ospf-100]area 0
[AR1-ospf-100]network 10.8.0.1 0.0.0.0
[AR1-ospf-100]network 1.1.1.1 0.0.0.0

[AR2]ospf 100 router-id 2.2.2.2
[AR2-ospf-100]area 0
[AR2-ospf-100]network 10.8.0.2 0.0.0.0
[AR2-ospf-100]network 2.2.2.2 0.0.0.0

[AR3]ospf 100 router-id 3.3.3.3
[AR3-ospf-100]area 0
[AR3-ospf-100]network 10.8.0.3 0.0.0.0
[AR3-ospf-100]network 3.3.3.3 0.0.0.0

[AR4]ospf 100 router-id 4.4.4.4
[AR4-ospf-100]area 0
[AR4-ospf-100]network 10.8.0.4 0.0.0.0
[AR4-ospf-100]network 192.168.45.1 0.0.0.0
[AR4-ospf-100]network 4.4.4.4 0.0.0.0

[AR5]ospf 100 router-id 5.5.5.5
[AR5-ospf-100]area 0
[AR5-ospf-100]network 192.168.45.2 0.0.0.0
[AR5-ospf-100]network 5.5.5.5 0.0.0.0
```

通过例 6-2 的配置我们可以看出，这个网络中启用了 OSPF，使用 PID（进程 ID）100，每台路由器都由管理员手动指定了 RID（路由器 ID）。以上这些参数都是通过一条命令指定的：**ospf** [*process-id*] [**router-id** *router-id*]，在这条命令中，只有关键字 ospf 是必须配置的。如果管理员没有指定 PID，那么路由器会默认使用 OSPF 进程 1。如果管理员没有指定 RID，那么路由器会优先使用最大的环回接口 IP 地址，没有配置环回接口的话，路由器会优先使用最大的物理接口 IP 地址。但要注意的是，RID 虽然也使用点分十进制格式，但它并不是 IP 地址。这条命令不仅可以启用 OSPF 路由协议、指定 OSPF 进程 ID、指定 OSPF 路由器 ID，还会让管理员进入 OSPF 配置视图中。

在 OSPF 配置视图中，管理员要首先通过命令 **area** *area-id* 进入 OSPF 区域配置视图，然后在这个视图中，管理员可以通过命令 **network** 在这个区域中添加一个或多个需要运行 OSPF 的接口。要想让接口运行 OSPF 协议，接口的 IP 地址必须在命令 **network** 指定的 IP 网段范围内。在这条命令中，管理员需要在 IP 地址后，配置掩码。掩码的规则是 0 表示必须匹配，1 表示不予考虑。管理员在本例中都使用了掩码 0.0.0.0，这样做可以精

# 第6章 单区域OSPF

确匹配接口的 IP 地址,也是推荐管理员使用的配置方法。

此时,我们需要等待一段时间,让 5 台路由器之间的邻居状态稳定下来。在网络稳定后,我们需要在 AR1 上查看与 OSPF 相关的信息。例 6-3 展示了 AR1 上的 OSPF 路由。

例 6-3　在 AR1 上查看 OSPF 路由

```
[AR1]display ip routing-table protocol ospf
Route Flags: R - relay, D - download to fib
------------------------------------------------------------------
Public routing table : OSPF
        Destinations : 5       Routes : 5

OSPF routing table status : <Active>
        Destinations : 5       Routes : 5

Destination/Mask    Proto  Pre  Cost   Flags  NextHop       Interface
       2.2.2.2/32   OSPF   10   1      D      10.8.0.2      GigabitEthernet0/0/0
       3.3.3.3/32   OSPF   10   1      D      10.8.0.3      GigabitEthernet0/0/0
       4.4.4.4/32   OSPF   10   1      D      10.8.0.4      GigabitEthernet0/0/0
       5.5.5.5/32   OSPF   10   1563   D      10.8.0.4      GigabitEthernet0/0/0
  192.168.45.0/30   OSPF   10   1563   D      10.8.0.4      GigabitEthernet0/0/0

OSPF routing table status : <Inactive>
        Destinations : 0       Routes : 0
```

在例 6-3 中,管理员通过命令 **display ip routing-table protocol ospf** 查看了 AR1 上通过 OSPF 学习到的路由。正如在第 5 章中,我们通过命令 **display ip routing-table protocol rip** 多次查看路由器学习到的 RIP 路由,管理员也可以将这条命令中的 **rip** 改为 **ospf**,让设备只显示 IP 路由表中的 OSPF 路由。从这条命令的输出内容中,我们可以看到 5 条 OSPF 路由,其中包括其他 4 台路由器的环回接口地址。

例 6-4 换了一个角度来对 OSPF 的配置进行验证。

例 6-4　在 AR1 上查看 OSPF 邻居(概览)

```
[AR1]display ospf peer brief

     OSPF Process 100 with Router ID 1.1.1.1
           Peer Statistic Information
------------------------------------------------------------------
 Area Id         Interface              Neighbor id     State
 0.0.0.0         GigabitEthernet0/0/0   2.2.2.2         2-Way
 0.0.0.0         GigabitEthernet0/0/0   3.3.3.3         Full
```

```
 0.0.0.0                 GigabitEthernet0/0/0                    4.4.4.4          Full
```

如例 6-4 所示，管理员可以使用命令 **display ospf peer brief**，来查看这台路由器上的 OSPF 邻居状态。从命令输出的第一行，我们可以看到 OSPF 的进程号以及这台路由器的路由器 ID。例 6-4 中下面的列表展示了这台路由器的所有邻居。在列表中，Area Id（区域 ID）一栏记录了区域 ID，本例展示了单区域 OSPF，因此这一列都显示为 0.0.0.0；接下来的一列 Interface（接口）列出了路由器是从哪个接口学到的这个邻居，本例中 AR1 只有一个以太网接口连接到 LAN 中，因此这里全都列出了 G0/0/0；再下一列 Neighbor id（邻居 ID）中列出的就是管理员在每台路由器上指定的 RID；而最后一列 State（状态）显示了本地路由器与该邻居的状态。从本例的 State 一栏中可以看出，AR1 与 AR3、AR4 之间建立了完全邻接关系，邻居状态稳定在 Full 状态；AR1 与 AR2 之间的邻居状态稳定在 2-Way，说明在这个广播网络中，AR1 与 AR2 的角色都是 DROther 路由器。当然，这条命令只提供了邻居状态的汇总信息，无法看出 AR3 与 AR4 谁是 DR，谁是 BDR。因此，管理员可以通过例 6-5 所示的命令，在 AR1 上查看 DR 和 BDR 的身份。

**例 6-5　在 AR1 上查看 DR 和 BDR 的身份**

```
[AR1]display ospf peer

       OSPF Process 100 with Router ID 1.1.1.1
            Neighbors

 Area 0.0.0.0 interface 10.8.0.1(GigabitEthernet0/0/0)'s neighbors
 Router ID: 2.2.2.2          Address: 10.8.0.2
   State: 2-Way  Mode:Nbr is Master  Priority: 1
   DR: 10.8.0.4  BDR: 10.8.0.3  MTU: 0
   Dead timer due in 32 sec
   Retrans timer interval: 0
   Neighbor is up for 00:00:00
   Authentication Sequence: [ 0 ]

 Router ID: 3.3.3.3          Address: 10.8.0.3
   State: Full  Mode:Nbr is Master  Priority: 1
   DR: 10.8.0.4  BDR: 10.8.0.3  MTU: 0
   Dead timer due in 31 sec
   Retrans timer interval: 4
   Neighbor is up for 02:04:55
   Authentication Sequence: [ 0 ]

 Router ID: 4.4.4.4          Address: 10.8.0.4
```

```
        State: Full  Mode:Nbr is Master  Priority: 1
        DR: 10.8.0.4  BDR: 10.8.0.3  MTU: 0
        Dead timer due in 33  sec
        Retrans timer interval: 5
        Neighbor is up for 02:04:55
        Authentication Sequence: [ 0 ]
```

在例 6-5 中，我们使用命令 **display ospf peer** 查看了 AR1 上 OSPF 邻居的详细信息，在本例的环境中，管理员还可以使用命令 **display ospf peer g0/0/0** 来查看相同的信息——因为 AR1 只通过 G0/0/0 接口建立了 OSPF 邻居。这条命令的输出内容，展示了每个邻居更多的信息，并且更重要的是，这里展示了 DR 和 BDR 信息。

在邻居明细的输出内容前，有一行首先展示出这是本地路由器通过哪个接口建立的邻居（Area 0.0.0.0 interface 10.8.0.1(GigabitEthernet0/0/0)'s neighbors），之后分段落展示出每个邻居的信息。在每个邻居段落的第一行，输出信息会先标明这个邻居的 RID 和用来形成邻居的 IP 地址；第二行会显示邻居的当前状态，从 AR1 与 AR2 之间的邻居状态可以看出，它们是 2-Way 状态，主从关系显示对方（AR2）是主，优先级为默认值 1；第三行会展示 DR 和 BDR 的 IP 地址。通过这些信息我们可以看到，本例中的 DR 是 AR4，BDR 是 AR3。从前文可以知道，OSPF 路由器在协商 DR 和 BDR 时，会先根据优先级进行选择，鉴于本例将优先级保留为默认值 1，因此路由器会继续比较 RID，最大的成为 DR，次大的成为 BDR。所以，本例中 RID 最大的 AR4 成为 DR，次大的 AR3 成为 BDR。

我们在前文中提到过，OSPF 路由器在选择 DR 和 BDR 时都会遵循相同的规则，可是，一旦 DR 和 BDR 选择成功，就算有更适合成为 DR 的路由器加入网络中，当前的 DR 和 BDR 也不会出现变化。只有现有 DR 出现问题，BDR 接任 DR，网络中才选举出新的 BDR。

在本例网络中，如果 AR1 和 AR2 先启用了 OSPF，那么只有等它们之间建立起 OSPF 完全邻接关系，确定了 DR 和 BDR，AR3 和 AR4 上才启用 OSPF。这时 DR 就是 AR2，而 BDR 则是 AR1。如果单靠路由器自行选举 DR 和 BDR，管理员很难确认路由器真的能够按照设计需求，选举出合理的 DR 和 BDR。我们会在后面的章节中，详细介绍如何通过修改优先级值，由管理员指定 DR 和 BDR。

到目前为止，我们还没有看到与 AR5 相关的邻居状态，这是因为 OSPF 只能与直连设备之间形成邻居，进而建立完全邻接关系，因此 AR5 只会与 AR4 形成邻居关系并建立完全邻接关系。例 6-6 所示为在 AR4 上查看了 OSPF 邻居。

**例 6-6　在 AR4 上查看 OSPF 邻居**

```
[AR4]display ospf 100 peer brief

      OSPF Process 100 with Router ID 4.4.4.4
            Peer Statistic Information
```

```
-----------------------------------------------------------------
Area Id         Interface                  Neighbor id      State
0.0.0.0         GigabitEthernet0/0/0       1.1.1.1          Full
0.0.0.0         GigabitEthernet0/0/0       2.2.2.2          Full
0.0.0.0         GigabitEthernet0/0/0       3.3.3.3          Full
0.0.0.0         Serial0/0/0                5.5.5.5          Full
-----------------------------------------------------------------
[AR4]display ospf 100 peer

     OSPF Process 100 with Router ID 4.4.4.4
         Neighbors

Area 0.0.0.0 interface 10.8.0.4(GigabitEthernet0/0/0)'s neighbors
Router ID: 1.1.1.1        Address: 10.8.0.1
  State: Full  Mode:Nbr is Slave  Priority: 1
  DR: 10.8.0.4 BDR: 10.8.0.3 MTU: 0
  Dead timer due in 29  sec
  Retrans timer interval: 0
  Neighbor is up for 03:14:47
  Authentication Sequence: [ 0 ]

Router ID: 2.2.2.2        Address: 10.8.0.2
  State: Full  Mode:Nbr is Slave  Priority: 1
  DR: 10.8.0.4 BDR: 10.8.0.3 MTU: 0
  Dead timer due in 35  sec
  Retrans timer interval: 4
  Neighbor is up for 03:14:41
  Authentication Sequence: [ 0 ]

Router ID: 3.3.3.3        Address: 10.8.0.3
  State: Full  Mode:Nbr is Slave  Priority: 1
  DR: 10.8.0.4 BDR: 10.8.0.3 MTU: 0
  Dead timer due in 40  sec
  Retrans timer interval: 0
  Neighbor is up for 03:14:55
  Authentication Sequence: [ 0 ]

         Neighbors

Area 0.0.0.0 interface 192.168.45.1(Serial0/0/0)'s neighbors
```

```
 Router ID: 5.5.5.5         Address: 192.168.45.2
   State: Full Mode:Nbr is Master Priority: 1
  DR: None  BDR: None  MTU: 0
  Dead timer due in 32 sec
  Retrans timer interval: 5
  Neighbor is up for 00:30:57
  Authentication Sequence: [ 0 ]
```

例 6-6 共使用了两条命令，从第一条命令（**display ospf 100 peer brief**）中我们可以看出，AR4 与 AR5 通过 S0/0/0 接口建立了状态为 Full（完全邻接关系）。第二条命令（**display ospf 100 peer**）中展示了更多详细信息，从中我们可以看出这条命令以接口为单位罗列了邻居信息。这条命令的输出信息首先展示了 AR4 是通过 G0/0/0 接口形成的邻居，接着通过最后一个阴影行标明以下为 AR4 通过 S0/0/0 接口形成的邻居。在 AR4 与 AR5 的邻居状态中，我们可以看出邻居状态为 Full（完全邻接关系），DR 和 BDR 都显示为 None，表示这条链路上不需要选举 DR 和 BDR。这是因为 AR4 与 AR5 通过串行链路相连，串行链路上 OSPF 的网络类型默认为点到点，所以不需要选举 DR。

管理员可以使用例 6-7 所示的命令在 AR4 上查看接口的 OSPF 参数。

**例 6-7  在 AR4 上查看接口的 OSPF 参数**

```
[AR4]display ospf 100 interface g0/0/0

     OSPF Process 100 with Router ID 4.4.4.4
          Interfaces


 Interface: 10.8.0.4 (GigabitEthernet0/0/0)
 Cost: 1      State: DR    Type: Broadcast   MTU: 1500
 Priority: 1
 Designated Router: 10.8.0.4
 Backup Designated Router: 10.8.0.3
 Timers: Hello 10 , Dead 40 , Poll 120 , Retransmit 5 , Transmit Delay 1
[AR4]display ospf 100 interface s0/0/0

     OSPF Process 100 with Router ID 4.4.4.4
          Interfaces



 Interface: 192.168.45.1 (Serial0/0/0) --> 192.168.45.2
 Cost: 1562    State: P-2-P    Type: P2P      MTU: 1500
 Timers: Hello 10 , Dead 40 , Poll 120 , Retransmit 5 , Transmit Delay 1
```

如例 6-7 所示，管理员可以使用命令 **display ospf** *process-id* **interface***interface-id* 来查看接口上有关 OSPF 的参数。本例的第一条命令（**display ospf 100 interface g0/0/0**）展示了 G0/0/0 接口的 OSPF 参数，第二条命令（**display ospf 100 interface s0/0/0**）展示了 S0/0/0 接口的 OSPF 参数。将这两条命令的输出内容进行对比，我们可以发现：G0/0/0 接口的 OSPF 开销默认为 1，S0/0/0 接口的 OSPF 开销默认为 1562。G0/0/0 接口所在的 OSPF 网络默认类型为 Broadcast（广播），且它为这个广播域中的 DR，S0/0/0 接口所在的 OSPF 网络默认类型则为 P2P（点到点）。

每条命令输出信息中的最后一行都会显示出这个接口的 OSPF 计时器参数，通过观察我们可以发现，无论是以太网接口还是串行链路接口，OSPF 计时器参数的默认设置都是相同的。

## 6.3 本章总结

本章通过两部分分别介绍了 OSPF 的原理和基本配置方法。在本章的 6.1 节中，我们介绍了 OSPF 的大量基本概念，包括 OSPF 的三张表（邻居表、LSDB 和路由表）、OSPF 消息的封装格式、5 种报文类型（Hello、DD、LSR、LSU 和 LSAck）、OSPF 网络类型（广播、NBMA、P2P、P2MP）、路由器 ID，以及 DR 和 BDR 的概念。在本章的 6.2 节中，我们首先介绍了单区域 OSPF 的工作方式，包括 OSPF 邻居之间如何形成邻居关系甚至建立完全邻接关系，如何交互链路状态消息，以及如何计算路由等。接下来，我们通过一个简单的案例介绍了单区域 OSPF 的基本配置方法，包括如何通过各种命令 display 来查看接口的 OSPF 参数。

## 6.4 练习题

一、选择题

1．（多选）以下针对 OSPF 的描述中，正确的是（　　）。

A．OSPF 是链路状态型路由协议

B．OSPF 使用跳数作为路由的开销值

C．OSPF 路由器之间先建立完全邻接关系再交互链路状态信息

D．两个 OSPF 邻居之间总有一个是 DR/BDR

2．OSPF 协议号 89 被携带在（　　）头部中。

A．数据链路层头部　　　　　　　　B．IP 头部

C. TCP 头部 D. UDP 头部

3．（多选）OSPF 的报文类型有（ ）。

A. Hello B. 数据库描述（DD）

C. 链路状态请求（LSR） D. 链路状态更新（LSU）

E. 链路状态确认（LSAck）

4．在 OSPF 进程启用前，OSPF 路由器上配置了以下接口 IP 地址，OSPF 进程启用后，它的路由器 ID 会是（ ）。

Ethernet0/0/0：192.168.10.1/24

GigabitEthernet0/0/10：172.16.0.1/16

LoopBack3：1.0.0.1/32

A. 192.168.10.1 B. 172.16.0.1

C. 1.0.0.1 D. 无法决定

5．（多选）下列（ ）OSPF 邻居状态是稳定状态。

A. Init B. Exstart

C. 2-Way D. Exchange

E. Full

6．在使用命令 **network** 把接口（IP 地址为 10.0.8.10/24）加入 OSPF 进程 100 的区域 1 时，以下（ ）命令是正确的。

A. [AR1-ospf-100]**network 10.0.8.10 255.255.255.0**

B. [AR1-ospf-100]**network 10.0.8.10 0.0.0.0**

C. [AR1-ospf-100-area-0.0.0.1]**network 10.0.8.10 255.255.255.0**

D. [AR1-ospf-100-area-0.0.0.1]**network 10.0.8.10 0.0.0.0**

7．在下列（ ）类型的网络中，OSPF 路由器不会使用组播地址 224.0.0.5 相互发送消息。

A. P2P B. P2MP

C. NBMA D. 广播

二、判断题（说明：若内容正确，则在后面的括号中画"√"；若内容不正确，则在后面的括号中画"×"。）

1．OSPF 在点到点链路中无须选举 DR 和 BDR。（ ）

2．在 OSPF 中，重新配置设备的 DR 优先级后，网络中的 DR 或 BDR 会立即发生变化。（ ）

3．在默认情况下，两个通过串行链路相连的接口，IP 地址较高的接口会被选举为 DR，另一个接口则会被选举为 BDR。（ ）

# 第 7 章
# 单区域 OSPF 的特性设置

7.1 高级单区域 OSPF 配置
7.2 单区域 OSPF 的排错
7.3 本章总结
7.7 练习题

6.2.4 小节（单区域 OSPF 的基本配置）演示了在华为路由器上启用和查看 OSPF 配置的方法。但是，与本书在第 5 章 5.4 节（RIP 配置）中展示的大量 RIP 配置案例相比，6.2.4 小节介绍的 OSPF 配置案例显得过于简单。显然，OSPF 协议作为一项工作方式比 RIP 更复杂，所涉标准、消息类型、配置参数也比 RIP 更多。OSPF 协议的配置远不止 6.2.4 小节展示得那么简单。

本章会在 6.2.4 小节所示配置的基础上，演示如何使用 OSPF 提供的一些常用特性，或者对 OSPF 使用的一些重要参数进行修改。在学习本章的部分内容时，读者可以将它们与 5.4 节中 RIP 同类特性的配置对比。

- 掌握 OSPF 明文认证与加密认证的配置方法；
- 掌握修改 OSPF 网络类型和 DR 优先级的方法；
- 掌握修改 OSPF 各项计时器参数的方法；
- 掌握 OSPF 静默接口的作用与配置方法；
- 掌握 OSPF 路由度量值的两种配置方法；
- 理解 OSPF 的排错方法。

## 7.1 高级单区域 OSPF 配置

本节会演示如何在华为路由器上使用 OSPF 提供的一些常用特性，或者对 OSPF 工作中使用的一些重要参数进行修改。本节演示的配置内容包括如何配置 OSPF 认证，如何调整网络类型与 DR 优先级，如何调整 OSPF 计时器的参数，如何配置 OSPF 静默接口，以及如何配置 OSPF 的路由度量值。下面，我们先从配置 OSPF 认证开始演示。

### 7.1.1 配置 OSPF 认证

我们在第 6 章介绍了 OSPF 支持认证特性。通过配置认证，我们可以保证只有认证口令相匹配的 OSPF 路由器之间才能够形成邻居，这样做可以在一定程度上提升网络的安全性，防止未授权用户把自己的设备插入网络中，影响其他设备的路由学习操作。

管理员可以在两种配置视图中启用 OSPF 认证特性：OSPF 区域配置视图和接口配置视图。如果管理员同时在一台路由器的两种视图中配置了不同的认证方式和认证密钥，那么路由器将会优先进行接口的设置。管理员还可以选择使用明文的认证方式和加密的认证方式。在本节中，我们会延续图 6-24 所示的环境，分别展示区域视图和接口视图下的 OSPF 认证配置，以及明文认证和加密认证的区别。为了方便读者参考，我们在图 7-1 中展示了本节使用的拓扑。但在本节中，除了基本配置外，还需要让区域 0 中的 OSPF 路由器使用加密认证，仅 AR4 与 AR5 之间使用明文认证。

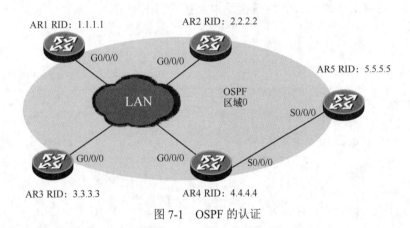

图 7-1　OSPF 的认证

在展示每台路由器上的具体配置前，我们先来介绍配置 OSPF 认证所使用的命令。在接口配置视图中，管理员需要使用的命令如下。

- 明文：ospf authentication-**mode simple** { **plain** *plain-text* | **cipher***cipher- text* | **null** }。
- 加密：ospf authentication-**mode** { **md5** | **hmac-md5** } *key-id* { **plain** *plain- text* | **cipher***cipher-text* }。

在 OSPF 区域配置视图中，管理员需要使用的命令如下。

- 明文：authentication-**mode simple** { **plain** *plain-text* | cipher*cipher-text* | null }。
- 加密：**authentication-mode** { **md5** | **hmac-md5** } *key-id* { **plain** *plain-text* | **cipher***cipher-text* }。

配置 OSPF 认证在部署 OSPF 的网络中相当常用。下面，我们对加密的命令进行说明。

- **明文**：管理员可以通过关键字 **simple** 指定明文认证。使用明文认证时，OSPF 路由器之间通过传输密钥相互认证，会发送明文的密钥。换句话说，任何人通过抓包，都可以在数据包的解析信息中看到并看懂密钥信息。在这条命令中，管理员可以通过关键字 **plain** 和 **cipher** 来指定在路由器配置文件中如何保存密钥信息，前者以明文保存，后者以密文保存。
- **加密**：管理员可以通过关键字 **md5** 或 **hmac-md5** 指定对认证进行加密的方式。使用加密认证时，OSPF 路由器之间通过传输密钥相互认证，会发送加密后的密钥。换句话说，任何人在网络中抓包后，都无法在数据包的解析中看懂密钥信息，只能看到加密后的"乱码"。在这条命令中，管理员仍可以通过关键字 **plain** 和 **cipher** 来指定在路由器配置文件中如何保存密钥信息，前者以明文保存，后者以密文保存；这部分配置与明文认证相同。

接下来，我们按照前文提到的目标，在路由器上配置 OSPF 认证。为了突出重点，路由器接口的配置（同例 6-1）和 OSPF 的基本配置（同例 6-2）我们在下文中不再重复演示。

例 7-1 展示了路由器上关于 OSPF 认证的配置。

**例 7-1　在路由器的 OSPF 区域视图中配置 OSPF 认证**

```
[AR1]ospf 100
[AR1-ospf-100]area 0
[AR1-ospf-100-area-0.0.0.0]authentication-mode md5 1 cipher huawei

[AR2]ospf 100
[AR2-ospf-100]area 0
[AR2-ospf-100-area-0.0.0.0]authentication-mode md5 1 cipher huawei

[AR3]ospf 100
[AR3-ospf-100]area 0
[AR3-ospf-100-area-0.0.0.0]authentication-mode md5 1 cipher huawei

[AR4]ospf 100
[AR4-ospf-100]area 0
[AR4-ospf-100-area-0.0.0.0]authentication-mode md5 1 cipher huawei
```

在例 7-1 展示的配置中，路由器 AR1、AR2、AR3 和 AR4 之间的 OSPF 邻居使用了 MD5 加密认证。这些路由器都属于 OSPF 区域 0，因此管理员在区域 0 的配置视图中使用了关键字 **md5**，后面定义了 MD5 的密钥 ID（key-id），这个参数的取值范围是 1~255，所有邻居之间需要使用相同的密钥 ID。管理员使用关键字 **cipher** 让路由器以加密的形式保存密钥（huawei），这也是默认的选项。也就是说，如果管理员省略了关键字 cipher（既没有配置 **cipher**，也没有配置 **plain**），路由器默认使用加密的方式保存密钥。

例 7-2 展示了在 AR4 上查看 OSPF 邻居状态。

**例 7-2　在 AR4 上查看 OSPF 邻居状态**

```
[AR4]display ospf 100 peer brief

 OSPF Process 100 with Router ID 4.4.4.4
         Peer Statistic Information
 ----------------------------------------------------------------
 Area Id         Interface                 Neighbor id      State
 0.0.0.0         GigabitEthernet0/0/0      1.1.1.1          Full
 0.0.0.0         GigabitEthernet0/0/0      2.2.2.2          Full
 0.0.0.0         GigabitEthernet0/0/0      3.3.3.3          Full
 ----------------------------------------------------------------
```

从例 7-2 所示命令的输出内容中，可以看出 AR4 现在只与 3 个邻居建立了完全邻接关系，AR4 与 AR5 没有形成邻居关系。这是因为 AR4 的 OSPF 认证是配置在区域 0 配置视图中的，所以所有属于 OSPF 进程 100 区域 0 的接口都会开始使用认证，但这时管理员还没有在 AR5 上配置 OSPF 认证，因此这两台路由器之间的 OSPF 认证失败，无法形成邻居关系。图 7-2 和图 7-3 分别展示了在 AR4 和 AR5 的 S0/0/0 接口的抓包信息。

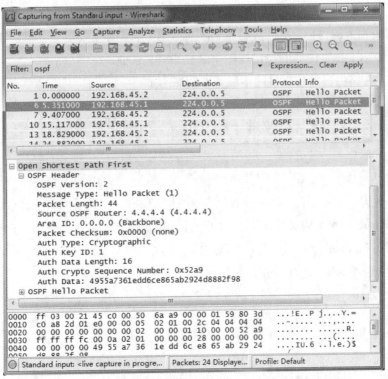

图 7-2　AR4 从 S0/0/0 接口发出的 OSPF Hello 消息（区域认证）

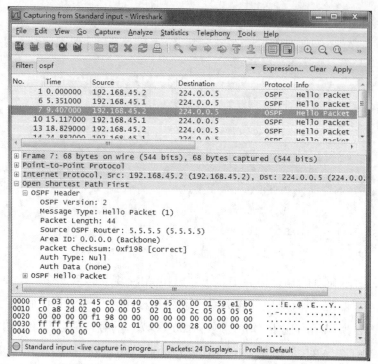

图 7-3　AR5 从 S0/0/0 接口发出的 OSPF Hello 消息

从图 7-2 和图 7-3 中可以看出，AR4 的 OSPF 头部中包含了加密认证信息，而 AR5 的 OSPF 头部中的认证类型（Auth Type）是空（Null）。

下文按照本节的目标，使用密钥 huawei 在 AR4 和 AR5 的 S0/0/0 接口上配置明文认证。例 7-3 展示了在路由器的接口视图中配置 OSPF 认证。

**例 7-3　在路由器的接口视图中配置 OSPF 认证**

```
[AR4]interface s0/0/0
[AR4-Serial0/0/0]ospf authentication-mode simple plain huawei

[AR5]interface s0/0/0
[AR5-Serial0/0/0]ospf authentication-mode simple plain huawei
```

在例 7-3 中，管理员在 AR4 和 AR5 的 S0/0/0 接口上配置了 OSPF 认证。这条命令用关键字 **simple** 指定了明文认证，使用关键字 **plain** 指定了以明文的形式保存密钥，最后定义了密钥 huawei。现在，再来查看 AR4 上的 OSPF 邻居状态，如例 7-4 所示。

**例 7-4　查看 AR4 上的 OSPF 邻居状态**

```
[AR4]display ospf 100 peer brief

 OSPF Process 100 with Router ID 4.4.4.4
        Peer Statistic Information
 ----------------------------------------------------------------
```

```
Area Id            Interface                    Neighbor id      State
0.0.0.0            Serial0/0/0                  5.5.5.5          Full
0.0.0.0            GigabitEthernet0/0/0         1.1.1.1          Full
0.0.0.0            GigabitEthernet0/0/0         2.2.2.2          Full
0.0.0.0            GigabitEthernet0/0/0         3.3.3.3          Full
```

现在 AR4 与 AR5 之间通过认证建立了状态为 Full 的完全邻接关系。

图 7-2 通过抓包软件展示了 AR4 按照区域视图中的认证配置向 AR5 发送的 Hello 消息。在该消息中，我们可以看到消息中的密钥信息（Auth Data）是加密显示的，看不到配置的密钥（huawei）。这是因为我们在区域 0 的 OSPF 配置中使用了加密认证的方法。现在，我们又在 AR4 的 S0/0/0 接口上启用了明文的 OSPF 认证。接下来，我们在 AR4 的 S0/0/0 接口抓包分析 AR4 当前与 AR5 形成邻居关系时使用的 OSPF 认证信息，如图 7-4 所示。

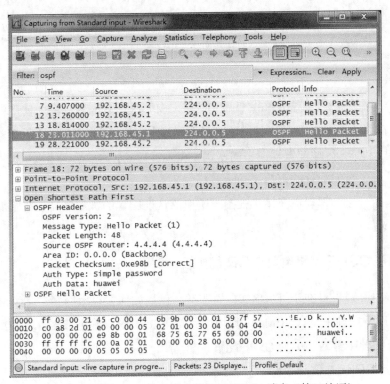

图 7-4　AR4 从 S0/0/0 接口发出的 OSPF Hello 消息（接口认证）

从抓包截图中我们可以清晰地看出，当前 AR4 使用了明文认证，并且密钥为 huawei。此时任何人在网络中截取到这个 OSPF Hello 消息，都可以直接获得认证密钥。

例 7-5 为我们在 AR4 上查看与 OSPF 认证相关的配置时，设备输出的信息。读者需要注意关键字 **plain** 和 **cipher** 带来的不同效果。

### 例 7-5  查看 AR4 上的 OSPF 认证配置

```
[AR4]display current-configuration configuration ospf
#
ospf 100 router-id 4.4.4.4
 area 0.0.0.0
  authentication-mode md5 1 cipher ZUyi3fTgD,c,AZQNe\L$9j/#
  network 10.8.0.4 0.0.0.0
  network 4.4.4.4 0.0.0.0
  network 192.168.45.1 0.0.0.0
#
return
[AR4]display current-configuration interface s0/0/0
#
interface Serial0/0/0
 link-protocol ppp
 ip address 192.168.45.1 255.255.255.252
 ospf authentication-mode simple plain huawei
#
Return
```

鉴于我们在 AR4 上配置 OSPF 认证时,在 OSPF 区域 0 配置视图中使用的是关键字 **cipher**,而在 S0/0/0 接口配置中使用的则是关键字 **plain**,因此在例 7-5 所示的输出信息中可以看到,OSPF 区域配置视图中的密钥(huawei)显示为乱码,但接口的 OSPF 认证配置中则显示了我们配置的密钥(huawei)。

最后提示一点,管理员在接口视图下所作的认证配置的优先级高于在区域视图下所作的认证配置。

### 7.1.2  调整 OSPF 网络类型与 DR 优先级

本小节的配置重点在于 DR/BDR 的选举,包括如何在以太网(广播)环境中指定 DR/BDR,以及在帧中继(NBMA)环境中指定 DR/BDR。本小节会首先介绍以太网环境,然后介绍帧中继网络中的 OSPF 配置。

#### 1. 指定 DR 优先级

首先,我们忽略图 7-1 中 AR4 与 AR5 之间的串行链路,只考虑其中的 LAN 部分,如图 7-5 所示。前文将 AR1～AR4 4 台路由器连接到 LAN 的以太网接口加入 OSPF 区域 0 中,让路由器根据 OSPF 的选举规则自行决定 DR 和 BDR(结果是路由器 AR4 被选举为 DR,AR3 被选举为 BDR)。在例 7-6 中,需要通过修改 DR 优先级的方式,指定 LAN 网络中的 DR 和 BDR,让 AR1 成为 DR,AR2 成为 BDR,AR3 和 AR4 成为 DROther。

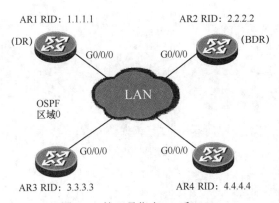

图 7-5 管理员指定 DR 和 BDR

我们在前文中介绍过，DR 和 BDR 的角色没有抢占机制，即一旦网络中确定了 DR 和 BDR，在网络运行正常的情况下，就算有更符合 DR 条件的路由器加入网络中，新加入的路由器也不会自动成为 DR 或者 BDR。这种设定有助于维护网络的稳定性，使已有配置不会随新加入的设备变动。为了让网络的逻辑拓扑更加合理，管理员应该在网络设计阶段，就根据需求和网络环境确定 DR 和 BDR 的位置，并且在实施过程中，通过命令指定路由器接口的 OSPF 角色（DR/BDR/DROTHER）。

接下来，我们来看看如何将图 7-5 所示环境中的 AR1 和 AR2 分别指定为 DR 和 BDR。例 7-6 所示为在例 6-1 和例 6-2 的基础上，在 AR1 和 AR2 上添加配置。

例 7-6 将 AR1 和 AR2 分别指定为 DR 和 BDR

```
[AR1]interface g0/0/0
[AR1-GigabitEthernet0/0/0]ospf dr-priority 100
```

```
[AR2]interface g0/0/0
[AR2-GigabitEthernet0/0/0]ospf dr-priority 50
```

在此，我们复习一下 DR 选举过程。一个 OSPF 网络中的路由器在选举 DR/BDR 时，首先会比较参与选举的接口 DR 优先级，如果优先级相等，则会继续比较参与选举的路由器 RID。

从上述选举步骤可以看出，管理员可以通过更改参与选举的接口 DR 优先级，来指定 DR 和 BDR 角色。要想更改 DR 优先级，管理员需要使用接口配置视图的命令 **ospf dr-priority** *value*。DR 优先级的取值范围是 0~255，数值越大表示优先级越高，0 表示不参与 DR 选举，默认的 DR 优先级是 1。

例 7-6 将 AR1 的 G0/0/0 接口的 DR 优先级从默认值 1 调整为 100，将 AR2 的 G0/0/0 接口的默认值调整为 50。例 7-7 展示了配置后，AR1 上的 OSPF 接口状态。

例 7-7 在 AR1 上查看 OSPF 接口状态

```
[AR1]display ospf 100 interface g0/0/0
```

```
       OSPF Process 100 with Router ID 1.1.1.1
           Interfaces



 Interface: 10.8.0.1 (GigabitEthernet0/0/0)
 Cost: 1        State: DROther     Type: Broadcast    MTU: 1500
 Priority: 100
 Designated Router: 10.8.0.4
 Backup Designated Router: 10.8.0.3
 Timers: Hello 10 , Dead 40 , Poll 120 , Retransmit 5 , Transmit Delay 1
```

例 7-7 中使用的命令 **display ospf 100 interface g0/0/0** 可以用来查看某个 OSPF 接口的状态，其中包括这个接口参与的 OSPF 进程和 RID，以及与 OSPF 相关的接口参数。

例 7-7 的命令输出内容中（第一、二处阴影部分）AR1 的 OSPF 角色（State）仍然是 DROther，但它的接口 DR 优先级（Priority）已经被改为 100。下面两行阴影输出内容显示了当前的 DR 和 BDR，仍然分别为 AR4 和 AR3。证明 DR 没有抢占机制，即使 AR1 和 AR2 现在的 DR 优先级远高于 AR3 和 AR4（默认值 1），也不会抢走 AR3、AR4 已经占据的 DR 和 BDR 地位。

6.1.7 小节（DR 与 BDR）中介绍过，正是因为 DR/BDR 没有抢占机制，所以 OSPF 网络中选举的 DR/BDR 与设备的启动顺序紧密相关。在这种先机重于优先级的选举中，优先级最高的接口如果启用得晚，同样会错失成为 DR/BDR 的时机。因此，要想避免接口的启动顺序影响 DR/BDR 选举的结果，导致不适宜充当 DR/BDR 的设备被选举为 DR/BDR，最好的方法是将那些不宜被选举为 DR/BDR 的接口优先级设置为 0。在例 7-7 中，如果想在当前的环境中直接让 AR1 和 AR2 分别接管 DR 和 BDR，管理员可以把 AR3 和 AR4 上 G0/0/0 接口的 DR 优先级调整为 0，使其失去 DR 和 BDR 的选举资格。例 7-8 展示了 AR3 和 AR4 上的相关配置。

**例 7-8   在 AR3 和 AR4 上配置 OSPF DR 优先级**

```
[AR3]interface g0/0/0
[AR3-GigabitEthernet0/0/0]ospf dr-priority 0

[AR4]interface g0/0/0
[AR4-GigabitEthernet0/0/0]ospf dr-priority 0
```

在例 7-8 中，管理员使用与例 7-6 中相同的配置命令，但这次剥夺了该接口的 OSPF DR 选举资格，即将该接口的 DR 优先级配置为 0。事实上，在管理员执行这条命令后，AR4 马上中断了 G0/0/0 接口的所有 OSPF 邻居关系，并根据新的 DR 优先级，重新形成了邻居关系并建立完全邻接关系。例 7-9 展示了 AR4 与 AR1 之间邻居状态的变化过程，这些是从众多日志中挑选的与 AR1 相关的信息。为了让这些信息看起来清晰一些，我们省略了 AR2 与 AR3 之间的邻居状态变化过程，用阴影标出了每条日志的重点内容，还为每条日志消息编写了序号。在后文中，我们会按照序号详细解释这个过程中发生了什么。

**例 7-9　AR4 与 AR1 之间邻居状态的变化过程**

```
[AR4-GigabitEthernet0/0/0]ospf dr-priority 0
[AR4-GigabitEthernet0/0/0]
(1)
Oct 18 2016 22:19:11-08:00 AR4 %%01OSPF/3/NBR_CHG_DOWN(l)[0]:Neighbor event:
neighbor state changed to Down. (ProcessId=100, NeighborAddress=1.1.1.1,
NeighborEvent=KillNbr, NeighborPreviousState=Full, NeighborCurrentState=Down)
(2)
Oct 18 2016 22:19:11-08:00 AR4 %%01OSPF/3/NBR_DOWN_REASON(l)[1]:Neighbor state
leaves full or changed to Down. (ProcessId=100, NeighborRouterId=1.1.1.1,
NeighborAreaId=0, NeighborInterface=GigabitEthernet0/0/0,NeighborDownImmediate
reason=Neighbor Down Due to Kill Neighbor, NeighborDownPrimeReason=Interface
Parameter Mismatch, NeighborChangeTime=2016-10-18 22:19:11-08:00)
(3)
Oct 18 2016 22:19:16-08:00 AR4 %%01OSPF/4/NBR_CHANGE_E(l)[9]:Neighbor changes
event: neighbor status changed. (ProcessId=100, NeighborAddress=10.8.0.1,
NeighborEvent=HelloReceived, NeighborPreviousState=Down,
NeighborCurrentState=Init)
(4)
Oct 18 2016 22:19:16-08:00 AR4 %%01OSPF/4/NBR_CHANGE_E(l)[10]:Neighbor changes
event: neighbor status changed. (ProcessId=100, NeighborAddress=10.8.0.1,
NeighborEvent=2WayReceived, NeighborPreviousState=Init,
NeighborCurrentState=2Way)
(5)
Oct 18 2016 22:19:16-08:00 AR4 %%01OSPF/4/NBR_CHANGE_E(l)[11]:Neighbor changes
event: neighbor status changed. (ProcessId=100, NeighborAddress=10.8.0.1,
NeighborEvent=AdjOk?, NeighborPreviousState=2Way, NeighborCurrentState=ExStart)
(6)
Oct 18 2016 22:19:16-08:00 AR4 %%01OSPF/4/NBR_CHANGE_E(l)[12]:Neighbor changes
event: neighbor status changed. (ProcessId=100, NeighborAddress=10.8.0.1,
NeighborEvent=NegotiationDone, NeighborPreviousState=ExStart,
NeighborCurrentState=Exch
ange)
(7)
Oct 18 2016 22:19:16-08:00 AR4 %%01OSPF/4/NBR_CHANGE_E(l)[13]:Neighbor changes
event: neighbor status changed. (ProcessId=100, NeighborAddress=10.8.0.1,
NeighborEvent=ExchangeDone, NeighborPreviousState=Exchange,
NeighborCurrentState=Loading)
```

（8）
```
Oct 18 2016 22:19:16-08:00 AR4 %%01OSPF/4/NBR_CHANGE_E(l)[14]:Neighbor changes
event: neighbor status changed. (ProcessId=100, NeighborAddress=10.8.0.1,
NeighborEvent=LoadingDone, NeighborPreviousState=Loading,
NeighborCurrentState=Full)
```

下面我们逐条分析一下每条日志消息的具体内容。

（1）从第一部分阴影中，我们可以看出邻居状态失效（Down）了，后面括号中的内容具体指出了 OSPF 进程、邻居地址、邻居事件、邻居的前一状态和邻居的当前状态，下面每条日志消息（除了第 2 条）使用的都是相同的格式。我们只挑选了与 AR1 相关的日志消息，因此接下来我们只关注括号中的后 3 个参数。

（2）这条日志消息中指出了邻居状态失效的原因，从阴影标出的参数可以推断出，这次邻居状态失效是由于 G0/0/0 接口的参数发生了改变，这个消息中还提供了接口参数变更的时间。

（3）在邻居状态失效后，AR4 开始重新通过 G0/0/0 接口形成 OSPF 邻居关系（这里只关注 AR1）。要注意，在邻居状态失效后，AR1 的 Hello 消息中就不再包含 AR4 的 RID，因此 AR4 从 AR1（以及 AR2 和 AR3）收到的第一个 Hello 消息中不包含自己的 RID。从阴影标出的消息中可以看到 HelloReceived 事件，表示 AR4 从 AR1 那里接收到了 Hello 消息，并且这个 Hello 消息中不包含自己的 RID，邻居前一状态为 Down，现在邻居的当前状态变为 Init（NeighborCurrentState=Init）。

（4）这个消息通过 2WayReceived 事件，表示 AR4 从 AR1 的 Hello 消息中看到了自己的 RID，因此邻居状态从 Init 变为 2Way。AR4 与 AR1 之间形成了邻居关系。

（5）进入 2-Way 状态后，AR4 与 AR1 需要决定是否继续建立完全邻接关系。AR1 是这个 LAN 中的 DR，因此 AR4 最终需要与 AR1 建立状态为 Full 的完全邻接关系。从这个消息的邻居事件中可以看到 AdjOK?，表示两台路由器在协商是否继续建立完全邻接关系。从邻居当前状态 ExStart 可以看出，它们协商的结果是继续建立完全邻接关系，因此邻居状态从 2-Way 进入 ExStart。

AR4 与 AR3 形成邻居关系的过程中，也会经历 AdjOK?邻居事件，并且它们协商后的结论是仍维持 2-Way 状态，因为 AR4 和 AR3 都是 DROther。

（6）这个消息记录的邻居事件是 NegotiationDone，这表示 AR4 与 AR1 已协商好同步数据库时的主从关系。RID 大的一方成为引导数据库同步的主设备，这在后续的邻居状态中可以看出。这个消息同时还显示出协商结束后，邻居状态从 ExStart 变为了 Exchange。

（7）这个消息显示出邻居状态的进一步变化，邻居事件名称为 ExchangeDone，即从 Exchange 状态变为 Loading 状态。这表示 OSPF 路由器获得了对方的链路状态数据库汇总信息，并开始请求自己缺失的链路条目。

（8）在数据库同步后，这条消息显示出邻居事件 LoadingDone，并且邻居状态从 Loading 状态进入最终的 Full 状态。

例 7-10 展示了 AR4 上的 OSPF 邻居表。

**例 7-10  在 AR4 上查看 OSPF 邻居表**

```
[AR4]display ospf 100 peer

      OSPF Process 100 with Router ID 4.4.4.4
           Neighbors

Area 0.0.0.0 interface 10.8.0.4(GigabitEthernet0/0/0)'s neighbors
Router ID: 1.1.1.1        Address: 10.8.0.1
  State: Full  Mode:Nbr is Slave  Priority: 100
  DR: 10.8.0.1  BDR: 10.8.0.2  MTU: 0
  Dead timer due in 35 sec
  Retrans timer interval: 5
  Neighbor is up for 00:42:53
  Authentication Sequence: [ 0 ]

Router ID: 2.2.2.2        Address: 10.8.0.2
  State: Full  Mode:Nbr is Slave  Priority: 50
  DR: 10.8.0.1  BDR: 10.8.0.2  MTU: 0
  Dead timer due in 29 sec
  Retrans timer interval: 4
  Neighbor is up for 00:42:47
  Authentication Sequence: [ 0 ]

Router ID: 3.3.3.3        Address: 10.8.0.3
  State: 2-Way  Mode:Nbr is Master  Priority: 0
  DR: 10.8.0.1  BDR: 10.8.0.2  MTU: 0
  Dead timer due in 36 sec
  Retrans timer interval: 0
  Neighbor is up for 00:00:00
  Authentication Sequence: [ 0 ]
```

从例 7-10 所示命令的输出内容中，我们可以看出 AR4 已经如管理员计划的那样，与 DR AR1、BDR AR2 和 DROther AR3 建立了完全邻接关系或仅维持 2-Way 的邻居状态。从这条命令中还可以看出 AR1 的优先级是 100，AR2 的优先级是 50，AR3 的优先级是 0。读者请特别注意本例中最后一个阴影行（Neighbor is up for 00:00:00），这个计时器指的是建立完全邻接关系的时长。两台 DROther 路由器之间并不会建立完全邻接关系（它们之间的邻居状态只会停留在 2-Way 状态），因此对于稳定在 2-Way 状态的两台 DROther 路由器来说，这个计时器永不开启。

例 7-11 展示了 AR4 G0/0/0 接口的 OSPF 状态。

**例 7-11　在 AR4 上查看接口的 OSPF 状态**

```
[AR4]display ospf 100 interface g0/0/0


       OSPF Process 100 with Router ID 4.4.4.4
            Interfaces



 Interface: 10.8.0.4 (GigabitEthernet0/0/0)
 Cost: 1      State: DROther    Type: Broadcast    MTU: 1500
 Priority: 0
 Designated Router: 10.8.0.1
 Backup Designated Router: 10.8.0.2
 Timers: Hello 10 , Dead 40 , Poll 120 , Retransmit 5 , Transmit Delay 1
```

从接口的 OSPF 状态中可以看出，AR4 现在已经成为 DROther，这是因为它的 DR 优先级已被管理员更改为 0，永不参与 DR 选举。这条命令还展示了当前的 DR 和 BDR 分别为 AR1 和 AR2，这与本节的配置目标相符。

通过更改所有参与 DR 选举的路由器的 DR 优先级，管理员可以手动指定谁是 DR、谁是 BDR，以及谁不可以参与 DR 选举。这样一来，无论这些路由器在断电重启后的启动顺序如何，都能够确保管理员指定的路由器成为 DR，消除了网络的随机性，使网络规划能够得到完美执行。

2．配置网络类型

在 6.1.5 小节（网络类型）中介绍了 OSPF 网络类型：点到点、广播、NBMA 和 P2MP。在例 6-7 中可以看到前两种 OSPF 网络类型，点到点（串行链路默认的 OSPF 网络类型）和广播（以太网链路默认的 OSPF 网络类型）。其中点到点链路上没有 DR 和 BDR 的概念，而广播网络中则需要选出 DR 和 BDR。

NBMA 和 P2MP 网络类型适用于帧中继和 ATM 网络，帧中继和 ATM 网络不支持广播和组播，这种链路上的 OSPF 网络类型默认是 NBMA。NBMA 网络类型不支持广播和组播，但却需要实现多路访问，因此在帧中继和 ATM 网络环境中配置 OSPF 时，管理员需要通过手动指定邻居来实现单播更新。通过单播更新，OSPF 邻居之间仍需要选择 DR 和 BDR，例 7-12 中仍由管理员通过命令指定 DR。在下文的示例中，我们暂时抛开到目前为止一直使用的 OSPF 拓扑，改为使用图 7-6 所示的帧中继网络。

第 7 章 单区域 OSPF 的特性设置

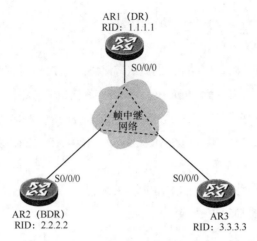

图 7-6 帧中继网络中的 OSPF

帧中继网络技术基本已被淘汰，不是我们这里介绍的重点，因此在此只演示路由器上的相关配置，而不讨论帧中继网络中帧中继交换机上的配置。例 7-12 中展示了 3 台路由器上的接口配置信息。

**例 7-12 路由器的接口配置**

```
[AR1]interface loopback0
[AR1-LoopBack0]ip address 1.1.1.1 32
[AR1-LoopBack0]interface s0/0/0
[AR1-Serial0/0/0]link-protocol fr
Warning: The encapsulation protocol of the link will be changed.
Continue? [Y/N]:y
[AR1-Serial0/0/0]ip address 10.0.0.1 24
[AR1-Serial0/0/0] ospf dr-priority 100

[AR2]interface loopback0
[AR2-LoopBack0]ip address 2.2.2.2 32
[AR2-LoopBack0]interface s0/0/0
[AR2-Serial0/0/0]link-protocol fr
Warning: The encapsulation protocol of the link will be changed.
Continue? [Y/N]:y
[AR2-Serial0/0/0]ip address 10.0.0.2 24
[AR2-Serial0/0/0] ospf dr-priority 50

[AR3]interface loopback0
[AR3-LoopBack0]ip address 3.3.3.3 32
[AR3-LoopBack0]interface s0/0/0
[AR3-Serial0/0/0]link-protocol fr
Warning: The encapsulation protocol of the link will be changed.
Continue? [Y/N]:y
```

```
[AR3-Serial0/0/0]ip address 10.0.0.3 24
[AR3-Serial0/0/0] ospf dr-priority 0
```

华为路由器串行链路接口（Serial）的默认链路协议是 PPP，因此在连接帧中继网络时，管理员要使用接口配置视图的命令 **link-protocol fr**，将接口的链路协议更改为帧中继。

在这个环境中，为了确保 AR1 是 DR、AR2 是 BDR、AR3 是 DROther，管理员在接口下分别设置了 OSPF DR 优先级：AR1（DR）为 100，AR2（BDR）为 50，AR3（DROther）为 0，即 AR3 不参与 DR 选举。

例 7-13 展示了 3 台路由器上的 OSPF 相关配置。

**例 7-13 路由器的 OSPF 配置**

```
[AR1]ospf 200 router-id 1.1.1.1
[AR1-ospf-200]peer 10.0.0.2
[AR1-ospf-200]peer 10.0.0.3
[AR1-ospf-200]area 0
[AR1-ospf-200-area-0.0.0.0]network 10.0.0.1 0.0.0.0
[AR1-ospf-200-area-0.0.0.0]network 1.1.1.1 0.0.0.0

[AR2]ospf 200 router-id 2.2.2.2
[AR2-ospf-200]peer 10.0.0.1
[AR2-ospf-200]peer 10.0.0.3
[AR2-ospf-200]area 0
[AR2-ospf-200-area-0.0.0.0]network 10.0.0.2 0.0.0.0
[AR2-ospf-200-area-0.0.0.0]network 2.2.2.2 0.0.0.0

[AR3]ospf 200 router-id 3.3.3.3
[AR3-ospf-200]peer 10.0.0.1
[AR3-ospf-200]peer 10.0.0.2
[AR3-ospf-200]area 0
[AR3-ospf-200-area-0.0.0.0]network 10.0.0.3 0.0.0.0
[AR3-ospf-200-area-0.0.0.0]network 3.3.3.3 0.0.0.0
```

从例 7-13 所示的配置中可以看出，NBMA 网络环境中的 OSPF 需要管理员手动指定邻居，并且本例中 3 台路由器通过帧中继网络实现互联，而管理员在每台路由器上，都使用 OSPF 配置视图中的命令 **peer** *ip-address* 来指定邻居。

例 7-14 展示了查看 OSPF 的相关参数。

**例 7-14 查看 OSPF 的相关参数**

```
[AR1]display ospf interface s0/0/0

  OSPF Process 200 with Router ID 1.1.1.1
         Interfaces
```

```
Interface: 10.0.0.1 (Serial0/0/0)
Cost: 1562    State: DR      Type: NBMA      MTU: 1500
Priority: 100
Designated Router: 10.0.0.1
Backup Designated Router: 10.0.0.2
Timers: Hello 30 , Dead 120 , Poll 120 , Retransmit 5 , Transmit Delay 1
```

通过命令 **display ospf interface s0/0/0**，我们可以查看接口上与 OSPF 相关的参数，这些参数中就包括了网络类型。从例 7-14 的输出信息中，我们可以看出 AR1 S0/0/0 接口的 OSPF 网络类型是 NBMA，以及这个网络中的具体 DR 和 BDR。管理员手动调整了参与选举的接口的 DR 优先级，因此本例中 AR1 的接口是 DR，AR2 的接口则是 BDR。

在这条命令的最后一行输出内容中，我们可以看到 NBMA 网络中所使用的 OSPF 计时器。例 6-7 展示了这条命令的输出内容，即广播和点到点网络类型，并且在这两种网络类型中，OSPF 的 Hello 和 Dead 计时器分别是 10s 和 40s。对比例 7-14 可以发现，不同网络类型的计时器默认值有所不同，在 NBMA 网络类型中，OSPF 的 Hello 和 Dead 计时器分别为 30s 和 120s。在 7.1.3 小节中，我们会介绍如何调整这些计时器的设置。

在前文中，我们介绍了如何配置接口支持帧中继链路（使用接口配置视图的命令 **link-protocol fr**），以及如何在帧中继环境中配置 OSPF（重点是在 OSPF 配置视图中手动指定邻居 **peer** *ip-address*），但仍没有介绍如何更改 OSPF 的网络类型。

通过前面的配置，我们可以看到路由器串行链路接口使用的是 PPP 封装时，接口的 OSPF 网络类型默认就是 P2P。在例 7-12 的配置中，管理员将路由器串行链路接口的封装改为了帧中继，这条命令除了会修改接口的封装格式，还会导致 OSPF 网络类型发生变化——封装为帧中继的串行链路接口默认的 OSPF 网络类型是 NBMA。因此在本例中，管理员没有通过任何命令明确修改 OSPF 网络类型，但从命令 **display ospf interface s0/0/0** 的输出内容中，我们可以确认目前 S0/0/0 接口的 OSPF 网络类型已经变为了 NBMA。

在 6.1.5 小节（网络类型）中我们提到，如果在 NBMA（帧中继/ATM）环境中，所有路由器之间没有形成全互联，那么在 OSPF 的配置中，管理员就要把默认的 NBMA 改为 P2MP，这时邻居之间不再选择 DR 和 BDR，而是以多个点到点连接的方式建立完全邻接关系。图 7-7 展示了部分互联的帧中继网络。

在图 7-7 所示的网络环境中，AR1 与 AR2、AR3 之间建立了帧中继映射关系，但 AR2 与 AR3 之间无法直接通信。此时，管理员需要首先更改 OSPF 网络类型。例 7-15 中展示了如何更改 OSPF 的网络类型。

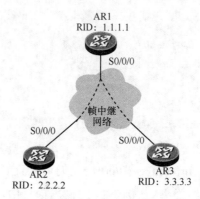

图 7-7 部分互联的帧中继网络

**例 7-15 更改 OSPF 网络类型**

```
[AR1]interface s0/0/0
[AR1-Serial0/0/0]ospf network-type p2mp

[AR2]interface s0/0/0
[AR2-Serial0/0/0]ospf network-type p2mp

[AR3]interface s0/0/0
[AR3-Serial0/0/0]ospf network-type p2mp
```

将 3 台路由器的串行链路接口的网络类型改为点到多点后,管理员在路由器上完成 OSPF 的配置,详见例 7-16。

**例 7-16 配置 OSPF 相关参数**

```
[AR1]ospf 200 router-id 1.1.1.1
[AR1-ospf-200]area 0
[AR1-ospf-200-area-0.0.0.0]network 10.0.0.1 0.0.0.0
[AR1-ospf-200-area-0.0.0.0]network 1.1.1.1 0.0.0.0

[AR2]ospf 200 router-id 2.2.2.2
[AR2-ospf-200]area 0
[AR2-ospf-200-area-0.0.0.0]network 10.0.0.2 0.0.0.0
[AR2-ospf-200-area-0.0.0.0]network 2.2.2.2 0.0.0.0

[AR3]ospf 200 router-id 3.3.3.3
[AR3-ospf-200]area 0
[AR3-ospf-200-area-0.0.0.0]network 10.0.0.3 0.0.0.0
[AR3-ospf-200-area-0.0.0.0]network 3.3.3.3 0.0.0.0
```

在 P2MP 网络类型中,管理员无须指定 OSPF 邻居,路由器之间会自动形成邻居关系并建立起完全邻接关系。在本例中,AR1 会与 AR2 和 AR3 之间形成邻居关系并建立完全邻接关系,AR2 和 AR3 之间并不会形成邻居关系。例 7-17 中的命令验证了这一点。

## 例 7-17　查看路由器上的 OSPF 邻居状态

```
[AR1]display ospf 200 peer brief

    OSPF Process 200 with Router ID 1.1.1.1
        Peer Statistic Information
 -----------------------------------------------------------------
 Area Id        Interface              Neighbor id       State
 0.0.0.0        Serial0/0/0            2.2.2.2           Full
 0.0.0.0        Serial0/0/0            3.3.3.3           Full
 -----------------------------------------------------------------

[AR2]display ospf 200 peer brief

    OSPF Process 200 with Router ID 2.2.2.2
        Peer Statistic Information
 -----------------------------------------------------------------
 Area Id        Interface              Neighbor id       State
 0.0.0.0        Serial0/0/0            1.1.1.1           Full
 -----------------------------------------------------------------

[AR3]display ospf 200 peer brief

    OSPF Process 200 with Router ID 3.3.3.3
        Peer Statistic Information
 -----------------------------------------------------------------
 Area Id        Interface              Neighbor id       State
 0.0.0.0        Serial0/0/0            1.1.1.1           Full
 -----------------------------------------------------------------
```

例 7-17 在 3 台路由器上分别查看了邻居汇总信息，从中我们可以确认 AR2 与 AR3 之间并没有形成 OSPF 邻居关系。下面，我们来查看一下这个环境中的 OSPF 路由，比如 AR3 上是否学到了 AR2 环回接口（2.2.2.2/32）的路由，如例 7-18 所示。

## 例 7-18　在 AR3 上查看 OSPF 路由

```
[AR3]display ip routing-table
Route Flags: R - relay, D - download to fib
-----------------------------------------------------------------
Routing Tables: Public
        Destinations : 9       Routes : 9

Destination/Mask    Proto   Pre   Cost    Flags   NextHop        Interface

      1.1.1.1/32    OSPF    10    1562    D       10.0.0.1       Serial0/0/0
```

| | | | | | | |
|---|---|---|---|---|---|---|
| 2.2.2.2/32 | OSPF | 10 | 3124 | D | 10.0.0.1 | Serial0/0/0 |
| 3.3.3.3/32 | Direct | 0 | 0 | D | 127.0.0.1 | LoopBack0 |
| 10.0.0.0/24 | Direct | 0 | 0 | D | 10.0.0.3 | Serial0/0/0 |
| 10.0.0.1/32 | Direct | 0 | 0 | D | 10.0.0.1 | Serial0/0/0 |
| 10.0.0.2/32 | OSPF | 10 | 3124 | D | 10.0.0.1 | Serial0/0/0 |
| 10.0.0.3/32 | Direct | 0 | 0 | D | 127.0.0.1 | Serial0/0/0 |
| 127.0.0.0/8 | Direct | 0 | 0 | D | 127.0.0.1 | InLoopBack0 |
| 127.0.0.1/32 | Direct | 0 | 0 | D | 127.0.0.1 | InLoopBack0 |

通过查看 AR3 的 IP 路由表，我们可以看出 AR3 即使没有与 AR2 形成 OSPF 邻居关系，但它仍然学习到了 AR2 的环回接口路由。在这里，读者应该注意 2.2.2.2/32 这条路由的开销：3124，串行链路的默认 OSPF 开销为 1562（见路由 1.1.1.1/32），AR3 想要访问 2.2.2.2/32 需要由 AR1 进行中转，因此这里的度量值累加了两条串行链路的默认开销值。从这一点读者也可以看出，AR3 与 AR2 之间没有直连映射关系，它们之间的通信需要穿越 AR1。

最后，我们通过例 7-19 展示实验环境中接口的 OSPF 参数。

**例 7-19** 查看 AR1 S0/0/0 接口的 OSPF 参数

```
[AR1]display ospf interface s0/0/0

    OSPF Process 200 with Router ID 1.1.1.1
        Interfaces



Interface: 10.0.0.1 (Serial0/0/0)
Cost: 1562    State: P-2-P    Type: P2MP    MTU: 1500
Timers: Hello 30 , Dead 120 , Poll 120 , Retransmit 5 , Transmit Delay 1
```

从例 7-19 的命令输出内容中，我们可以看出，此时 S0/0/0 接口的 OSPF 网络类型是 P2MP，状态是点到点（P-2-P），开销是 1562。

最后一行的输出信息展示出此时 OSPF 计时器的默认值，通过观察我们可以发现，P2MP 网络类型中使用的计时器默认值与 NBMA 网络类型相同。在 7.1.3 小节中，我们会介绍如何更改这些计时器值。

### 7.1.3 调整 OSPF 计时器

在 7.1.2 小节最后的对比中我们可以看出，OSPF 计时器的设置与 OSPF 网络类型相关。要想修改 OSPF 计时器值，管理员首先需要进入接口的配置视图中，然后使用命令 **ospf timer** 加上相应的计时器名称进行修改。在本小节中，我们主要介绍 Hello 和 Dead 计时器的修改原则、注意事项以及具体命令。

以广播网络类型为例，OSPF Hello 计时器默认为 10s，Dead 计时器默认为 40s。一般来说，管理员在设定 OSPF Hello 和 Dead 计时器参数时，会将 Hello 计时器的 4 倍作为 Dead 计时器。在配置时，Hello 计时器的配置也会影响 Dead 计时器。例 7-20～例 7-22 展示了通过 Hello 计时器影响 Dead 计时器的配置案例。

**例 7-20　查看 AR1 的 G0/0/0 接口当前的 OSPF 计时器**

```
[AR1]display ospf interface g0/0/0

    OSPF Process 100 with Router ID 1.1.1.1
        Interfaces



Interface: 10.8.0.1 (GigabitEthernet0/0/0)
Cost: 1        State: DR        Type: Broadcast      MTU: 1500
Priority: 100
Designated Router: 10.8.0.1
Backup Designated Router: 10.8.0.2
Timers: Hello 10 , Dead 40 , Poll 120 , Retransmit 5 , Transmit Delay 1
```

这是一个以太网接口，因此 OPSF 网络类型默认为广播，OSPF 计时器默认为：Hello 计时器 10s，Dead 计时器 40s。在例 7-21 中，我们将 Hello 计时器修改为 40s。

**例 7-21　修改 G0/0/0 的 OSPF Hello 计时器**

```
[AR1]interface g0/0/0
[AR1-GigabitEthernet0/0/0]ospf timer hello 40
```

管理员在 G0/0/0 接口配置视图中，将这个接口的 OSPF Hello 计时器更改为 40s，例 7-22 展示了查看 G0/0/0 接口修改后的 OSPF 计时器参数。

**例 7-22　查看 G0/0/0 接口修改后的 OSPF 计时器参数**

```
[AR1-GigabitEthernet0/0/0]display ospf interface g0/0/0

    OSPF Process 100 with Router ID 1.1.1.1
        Interfaces



Interface: 10.8.0.1 (GigabitEthernet0/0/0)
Cost: 1        State: DR        Type: Broadcast      MTU: 1500
Priority: 100
Designated Router: 10.8.0.1
Backup Designated Router: 10.8.0.2
Timers: Hello 40 , Dead 160 , Poll 120 , Retransmit 5 , Transmit Delay 1
```

从这条命令的输出内容中，我们发现 Dead 计时器相应地更改为 Hello 计时器的 4 倍。接下来，假设 AR1 的 G0/0/0 接口恢复默认的 OSPF 计时器，即 Hello 计时器为 10s，Dead 计时器为 40s。这次管理员先修改 Dead 计时器，看看会发生什么，例 7-23 展示了相应的配置命令。

例 7-23　修改 AR1 的 G0/0/0 接口的 OSPF Dead 计时器

```
[AR1]interface g0/0/0
[AR1-GigabitEthernet0/0/0]ospf timer dead 80
```

例 7-24 查看了 AR1 的 G0/0/0 接口修改后的 OSPF 计时器参数。

例 7-24　查看 AR1 的 G0/0/0 接口修改后的 OSPF 计时器参数

```
[AR1]display ospf interface g0/0/0

    OSPF Process 100 with Router ID 1.1.1.1
        Interfaces


 Interface: 10.8.0.1 (GigabitEthernet0/0/0)
 Cost: 1        State: DR      Type: Broadcast    MTU: 1500
 Priority: 100
 Designated Router: 10.8.0.1
 Backup Designated Router: 10.8.0.2
 Timers: Hello 10 , Dead 80 , Poll 120 , Retransmit 5 , Transmit Delay 1
```

从本例中我们可以看出，Hello 计时器并没有随着 Dead 计时器的改变而改变。因此我们可以总结：在配置 Hello 和 Dead 计时器时，若管理员先配置 Hello 计时器，路由器会按照管理员指定的 Hello 计时器时间的 4 倍，自动更新 Dead 计时器的设置；反之若管理员先配置 Dead 计时器，Hello 计时器不受影响。即管理员实际上可以打破这两个计时器之间的 4 倍关系，比如例 7-24 中 Dead 计时器的取值就是 Hello 计时器的 8 倍。

OSPF Hello 和 Dead 计时器的具体取值需要管理员根据网络链路的实际情况和需求来设置，在网络实施前的设计阶段就做好规划。举例来说，如果延长 Dead 计时器的时长，网络环境出现变化后设备的反应时间也会延长，但是在低速且容易遇到拥塞的链路上，将 Dead 计时器的时间设置得长一些，在一定程度上有助于降低网络中邻居状态变化的频率。此外，管理员还要注意在需要形成邻居关系的 OSPF 路由器之间，相应接口上要使用相同的 OSPF 计时器。

### 7.1.4　配置 OSPF 静默接口

在 5.4.6 小节（RIP 公共特性的调试）中，我们介绍过在 RIP 中配置抑制接口的作用和命令。在本节中，我们将介绍 OSPF 中的类似概念——OSPF 静默接口。OSPF 静默接口与 RIP 中的抑制接口相比，两者有相同之处，也有不同之处。它们都是在路由进程配置视图中进行配置的,并且配置时都要使用命令 **silent- interface**;但它们的作用不完全相同。关于这一点,我们会在后文中通过案例详细展示。

本节将使用图 7-8 所示的拓扑来展示 OSPF 静默接口的配置案例。

图 7-8　OSPF 静默接口

图 7-8 所示的网络是图 7-1 所示拓扑中的一部分。在完整的网络拓扑中,除 AR4 与 AR5 通过串行链路相连外,AR1~AR4 各有一个接口连接在同一个局域网中。在本例中,为了突出本例的重点,我们只显示 AR4 与 AR5 相关的连接。鉴于后面我们会在 AR1 上查看配置效果,读者可以参考图 7-1 了解完整的拓扑。

在本节中,我们要在例 6-1 和例 6-2 配置的基础上,让 AR5 通过以太网接口再连接两个子网(10.10.0.0/16 和 10.11.0.0/16),并由 AR5 充当这两个子网中主机的网关。在 AR5 连接的两个以太网 LAN 中,没有其他路由器或三层交换机需要参与 OSPF 路由,但网络的其他部分(比如 AR1)需要与这两个 LAN 进行通信。因此管理员希望 AR5 能够将两个 LAN 子网的路由通告到 OSPF 中,但 AR5 无须向这两个以太网 LAN 中发送任何 OSPF 消息。在这种情况下,管理员就可以将 AR5 的两个以太网接口(G0/0/0 和 G0/0/1)设置为静默接口,例 7-25 以例 6-1 和例 6-2 为基础,展示了 AR5 上的新增配置。

**例 7-25　AR5 上的新增配置**

```
[AR5]interface g0/0/0
[AR5-GigabitEthernet0/0/0]ip address 10.10.0.1 24
[AR5-GigabitEthernet0/0/0]interface g0/0/1
[AR5-GigabitEthernet0/0/1]ip address 10.11.0.1 24
[AR5-GigabitEthernet0/0/1]ospf 100
[AR5-ospf-100]area 0
[AR5-ospf-100-area-0.0.0.0]network 10.10.0.1 0.0.0.0
[AR5-ospf-100-area-0.0.0.0]network 10.11.0.1 0.0.0.0
[AR5-ospf-100-area-0.0.0.0]silent-interface all
[AR5-ospf-100-area-0.0.0.0]undo silent-interface serial 0/0/0
```

例 7-26 中展示了 AR5 上完整的 OSPF 进程配置。

**例 7-26　查看 AR5 上完整的 OSPF 进程配置**

```
[AR5]ospf 100
[AR5-ospf-100]display this
#
ospf 100 router-id 5.5.5.5
 silent-interface all
```

```
 undo silent-interface Serial0/0/0
 area 0.0.0.0
  network 192.168.45.2 0.0.0.0
  network 5.5.5.5 0.0.0.0
  network 10.10.0.1 0.0.0.0
  network 10.11.0.1 0.0.0.0
#
Return
```

通过例 7-25 和例 7-26 可以看出，管理员首先在 OSPF 配置视图中使用命令 **silent-interface all** 将 AR5 上的所有 OSPF 接口都设置为静默接口，然后又通过相同视图中的命令 **undo silent-interface Serial0/0/0** 将 S0/0/0 接口恢复为正常状态。接下来，我们会通过在 AR1 上查看有无两个 LAN 子网（10.10.0.0/16 和 10.11.0.0/16）的路由来验证这两个子网的通告是否成功，并且通过在 AR5 的 G0/0/0 接口进行抓包，来验证静默接口是否生效。

例 7-27 中展示了 AR1 通过 OSPF 学习到的路由。

**例 7-27　查看 AR1 的 OSPF 路由**

```
[AR1]display ip routing-table protocol ospf
Route Flags: R - relay, D - download to fib
------------------------------------------------------------------------------
Public routing table : OSPF
        Destinations : 7       Routes : 7

OSPF routing table status : <Active>
        Destinations : 7       Routes : 7

Destination/Mask    Proto   Pre  Cost   Flags  NextHop     Interface

     2.2.2.2/32     OSPF    10   1      D      10.8.0.2    GigabitEthernet0/0/0
     3.3.3.3/32     OSPF    10   1      D      10.8.0.3    GigabitEthernet0/0/0
     4.4.4.4/32     OSPF    10   1      D      10.8.0.4    GigabitEthernet0/0/0
     5.5.5.5/32     OSPF    10   1563   D      10.8.0.4    GigabitEthernet0/0/0
    10.10.0.0/16    OSPF    10   1564   D      10.8.0.4    GigabitEthernet0/0/0
    10.11.0.0/16    OSPF    10   1564   D      10.8.0.4    GigabitEthernet0/0/0
   192.168.45.0/30  OSPF    10   1563   D      10.8.0.4    GigabitEthernet0/0/0

OSPF routing table status : <Inactive>
        Destinations : 0       Routes : 0
```

从 AR1 的 IP 路由表中可以看到新增的两条 AR5 子网路由，它们的开销值都是 1564。OSPF 开销值的计算和调试将在 7.1.5 小节中进行介绍。图 7-9 展示了 AR5 接口 G0/0/0 上的抓包。

从图 7-9 中可以看出，AR5 并没有从接口 G0/0/0 向外发送任何 OSPF 消息。

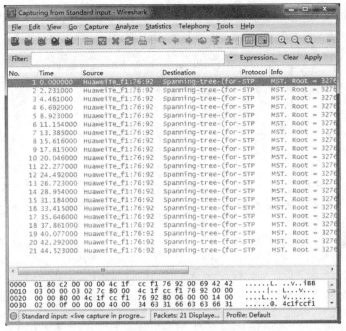

图 7-9　AR5 接口 G0/0/0 的抓包

最后总结一下，OSPF 静默接口特性会阻止接口向外发送任何 OSPF 消息，因此该接口上也就不可能形成任何 OSPF 邻居关系。静默接口的配置并不会影响其他路由器学习到去往静默接口所连子网的路由信息。RIP 中的抑制接口会默默接收 RIP 消息，与此不同的是，OSPF 的静默接口不会发送和接收 OSPF 消息，也不会与任何 OSPF 设备形成 OSPF 邻居关系。

### 7.1.5　配置 OSPF 路由度量值

本节在图 7-8 变更（在 AR5 上添加两个子网）的基础上，再在 AR5 与 AR3 之间添加一条串行链路，并且让串行接口也参与 OSPF 路由，如图 7-10 所示。

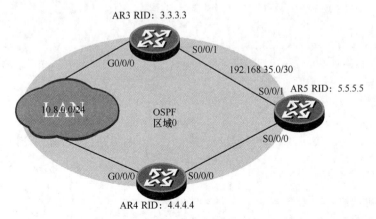

图 7-10　OSPF 路由度量值的调试

现在 AR5 分别通过两条串行链路连接了子网 10.8.0.0/24，本节要求管理员通过调整 OSPF 路由度量值（以下简称 OSPF 度量值），使 AR5 默认只使用通过 AR3 的路径访问子网 10.8.0.0/24。例 7-28 展示了 AR3 和 AR5 上添加的配置信息。

**例 7-28　在 AR3 和 AR5 上添加新配置**

```
[AR3]interface s0/0/1
[AR3-Serial0/0/1]ip address 192.168.35.1 30
[AR3-Serial0/0/1]ospf 100
[AR3-ospf-100]area 0
[AR3-ospf-100-area-0.0.0.0]network 192.168.35.1 0.0.0.0
```

```
[AR5]interface s0/0/1
[AR5-Serial0/0/1]ip address 192.168.35.2 30
[AR5-Serial0/0/1]ospf 100
[AR5-ospf-100]undo silent-interface serial 0/0/1
[AR5-ospf-100]area 0
[AR5-ospf-100-area-0.0.0.0]network 192.168.35.2 0.0.0.0
```

在例 7-28 中，管理员分别在 AR3 和 AR5 上为串行链路接口配置了 IP 地址。读者应注意 AR5 上的命令 **undo silent-interface serial 0/0/1**，由于 7.1.4 小节中管理员在 AR5 的 OSPF 进程中将所有接口默认设置为静默接口，要想让新接口能够与其他 OSPF 路由器之间形成 OSPF 邻居关系，管理员需要再次启用该接口的 OSPF 功能。

AR5 与 AR3 之间也建立了完全邻接关系后，我们查看 AR5 上当前的 OSPF 路由，详见例 7-29。

**例 7-29　查看 AR5 上的 OSPF 路由**

```
[AR5]display ip routing-table protocol ospf
Route Flags: R - relay, D - download to fib
------------------------------------------------------------------
Public routing table : OSPF
        Destinations : 1      Routes : 2

OSPF routing table status : <Active>
        Destinations : 1      Routes : 2

Destination/Mask    Proto   Pre  Cost   Flags  NextHop         Interface

      10.8.0.0/24   OSPF    10   1563     D    192.168.35.1    Serial0/0/1
                    OSPF    10   1563     D    192.168.45.1    Serial0/0/0

OSPF routing table status : <Inactive>
        Destinations : 0      Routes : 0
```

在 AR5 的 IP 路由表中,我们可以看到去往子网 10.8.0.0/24 的下一跳是 AR3 和 AR4,分别对应 AR5 的本地接口 S0/0/1 和 S0/0/0。通过两个邻居学到的路由开销值相等,因此 OSPF 会同时使用这两条路由,实现负载分担,管理员可以在 OSPF 进程配置视图中,通过命令 **maximum load-balancing** *value* 调整 OSPF 等价路由的条数。

本小节的目标是让 AR5 默认只使用经过 AR3 的路径。实际上,管理员有多种方法能够实现这一目标,在这里我们当然会使用与度量值相关的配置方法。要想让路由器选择使用 AR3 提供的路由,管理员可以将这条路由的开销值相应减少,这样一来,根据路由器的选路原则,开销值低的路由较优,就可以达到本例的实验目的。

AR5 在通过 S0/0/0 和 S0/0/1 接口学习 OSPF 路由时,默认的接口开销是 1562,这是华为路由器串行链路接口的默认 OSPF 开销值。具体计算方法,我们会在后文中进行详细介绍。管理员为了让 AR5 优选 AR3 提供的路由,需要使用接口配置视图的命令 **ospf cost** *value*,将 S0/0/1 接口的 OSPF 开销值更改为 1000,如例 7-30 所示。OSPF 开销值的取值范围是 1~65535。

**例 7-30** 更改 AR5 S0/0/1 接口的 OSPF 开销值

```
[AR5]interface s0/0/1
[AR5-Serial0/0/1]ospf cost 1000
```

接口上应用了命令 **ospf cost 1000** 后,AR5 会重新计算通过该接口学到的 OSPF 路由开销值,并重新选择放入 IP 路由表中的路由。例 7-31 中再次查看了 AR5 上学到的 OSPF 路由。

**例 7-31** 查看 AR5 学到的 OSPF 路由

```
[AR5]display ip routing-table protocol ospf
Route Flags: R - relay, D - download to fib
------------------------------------------------------------------
Public routing table : OSPF
        Destinations : 1        Routes : 1

OSPF routing table status : <Active>
        Destinations : 1        Routes : 1

Destination/Mask    Proto   Pre  Cost    Flags NextHop         Interface

      10.8.0.0/24   OSPF    10   1001    D     192.168.35.1    Serial0/0/1

OSPF routing table status : <Inactive>
        Destinations : 0        Routes : 0
```

从例 7-31 命令的输出内容可以看出,我们所做的配置已经生效,现在 AR5 只使用

AR3 提供的路径去往子网 10.8.0.0/24。在这里开销值之所以为 1001，是因为在 AR3 发来的路由更新中指出，AR3 去往子网 10.8.0.0/24 的开销值为 1，AR5 在计算自己去往这个子网的开销时，会在 AR3 通告的开销值 1 的基础上，加上自己 S0/0/1 接口的开销值。因此管理员将 S0/0/1 接口的开销值设置为 1000 后，AR5 从 AR3 学到的路由开销值就是 AR3 去往目的地的开销值加上 1000，因此本例最终得出 1001。

如果管理员没有通过接口配置视图命令 **ospf cost**，而是直接指定接口 OSPF 的开销值，OSPF 会根据该接口的链路带宽间接计算出具体的开销值，默认的开销值就是通过这种计算得出的。计算公式为：接口 OSPF 开销=带宽参考值/接口链路带宽，计算结果如果小于 1，最终取值为 1；计算结果如果大于 1，只保留整数部分作为开销值。这个计算公式中涉及一个管理员可以自行修改的参数：带宽参考值。管理员可以使用 OPSF 配置进程命令 **bandwidth-reference** *value* 来修改带宽参考值，这个参数的取值范围是 1~2147483648，默认值为 100Mbit/s。

对于串行链路来说，其链路默认带宽为 64kbit/s，因此 OSPF 开销值=100Mbit/s÷64kbit/s=100000kbit/s÷64kbit/s=1562.5，最终取值为 1562。对于本例中使用的千兆以太网接口来说，OSPF 开销值=100Mbit/s÷1Gbit/s=100Mbit/s÷1000Mbit/s=0.1，最终取值为 1。对于快速（百兆）以太网接口的 OSPF 开销值，我们也可以套用相同的计算方法，即 100Mbit/s÷100Mbit/s=1，最终取值也为 1。从千兆和百兆接口的案例可以看出，虽然带宽相差 10 倍，但开销值却是相同的，这也是度量不够精确的一种体现。

在有些环境中，管理员可能希望使用更精细的度量值，因此可以通过修改 OSPF 带宽参考值来提高开销值的精度。例 7-32 中展示了本节环境中的配置案例。

例 7-32　更改 OSPF 带宽参考值

```
[AR1]ospf 100
[AR1-ospf-100] bandwidth-reference 10000
```

```
[AR2]ospf 100
[AR2-ospf-100] bandwidth-reference 10000
```

```
[AR3]ospf 100
[AR3-ospf-100] bandwidth-reference 10000
```

```
[AR4]ospf 100
[AR4-ospf-100] bandwidth-reference 10000
```

```
[AR5]ospf 100
[AR5-ospf-100] bandwidth-reference 10000
```

在调整 OSPF 带宽参考值时，最重要的莫过于在整个 OSPF 域的所有 OSPF 设备上统一进行修改。如果 OSPF 域中使用了不同的 OSPF 带宽参考值，OSPF 计算出的路由往往不是最优的。例 7-33 展示了配置后 AR3 上接口的 OSPF 参数。

**例 7-33　查看 AR3 接口的 OSPF 参数**

```
[AR3]display ospf interface g0/0/0

    OSPF Process 100 with Router ID 3.3.3.3
         Interfaces



 Interface: 10.8.0.3 (GigabitEthernet0/0/0)
 Cost: 10       State: DROther   Type: Broadcast    MTU: 1500
 Priority: 0
 Designated Router: 10.8.0.1
 Backup Designated Router: 10.8.0.2
 Timers: Hello 10 , Dead 40 , Poll 120 , Retransmit 5 , Transmit Delay 1
[AR3]display ospf interface s0/0/1

    OSPF Process 100 with Router ID 3.3.3.3
         Interfaces



 Interface: 192.168.35.1 (Serial0/0/1) --> 192.168.35.2
 Cost: 65535    State: P-2-P     Type: P2P          MTU: 1500
 Timers: Hello 10 , Dead 40 , Poll 120 , Retransmit 5 , Transmit Delay 1
```

在本例中，我们查看了 AR3 接口 G0/0/0 和 S0/0/1 的 OSPF 参数，从中可以看出接口开销值分别为 10 和 65535。G0/0/0 接口的开销值等于 10 这一点很好理解，这是用参考带宽值 10000 除以接口带宽 1000 得到的。S0/0/1 接口按照公式计算出的结果应该 156250，最后取值却是 65535，这是因为 65535 就是 OSPF 接口开销值的最大值。在展示例 7-30 中的配置命令前，我们就提到过，如果管理员直接在接口配置视图中通过命令 **ospf cost** 修改接口 OSPF 开销值，开销值的取值范围就是 1～65535。

下节，我们对单区域 OSPF 的排错命令进行一个简单的总结。

## 7.2　单区域 OSPF 的排错

在 7.1 节 OSPF 配置部分的案例中，我们已经结合案例展示了每个环境中的 OSPF 验证命令，并解释了命令输出内容中的重要信息。本节会对这些重要的命令 **display** 进行总结，并说明这些命令的适用场合。在第 8 章的最后，我们将结合第 6、7、8 章学习的内容，给出一个较为复杂的 OSPF 网络环境，并根据网络故障排错思路，展示排错案例。

本节将介绍以下重要的显示命令。

1. **display ospf** [*process-id*] **brief**

管理员可以使用这条命令来查看 OSPF 概要信息，对照例 7-34，重点关注以下信息。

- OSPF 路由进程和路由器 ID：例 7-34 中第 1 个阴影行，本例显示的 OSPF 进程号是 12，AR1 的路由器 ID 是 1.1.1.1。
- 参与 OSPF 进程的接口信息：例 7-34 中第 2 个阴影行，这一部分显示了接口 G0/0/0 的相关信息，其中包括开销（1）、状态（DR）、类型（Broadcast）、MTU（1500）、优先级（1），以及 OSPF 计时器参数，如果需要选举 DR/BDR，还会显示出 DR 和 BDR 的信息。

例 7-34　命令 display ospf 12 brief 的输出信息

```
[AR1]display ospf 12 brief

    OSPF Process 12 with Router ID 1.1.1.1
        OSPF Protocol Information

RouterID: 1.1.1.1           Border Router:
Multi-VPN-Instance is not enabled
Global DS-TE Mode: Non-Standard IETF Mode
Spf-schedule-interval: max 10000ms, start 500ms, hold 1000ms
Default ASE parameters: Metric: 1 Tag: 1 Type: 2
Route Preference: 10
ASE Route Preference: 150
SPF Computation Count: 7
RFC 1583 Compatible
Retransmission limitation is disabled
Area Count: 1  Nssa Area Count: 0
ExChange/Loading Neighbors: 0


Area: 0.0.0.0          (MPLS TE not enabled)
Authtype: None   Area flag: Normal
SPF scheduled Count: 7
ExChange/Loading Neighbors: 0
Router ID conflict state: Normal


Interface: 10.0.0.1 (GigabitEthernet0/0/0)
Cost: 1      State: DR      Type: Broadcast    MTU: 1500
Priority: 1
Designated Router: 10.0.0.1
```

```
    Backup Designated Router: 10.0.0.2
    Timers: Hello 10 , Dead 40 , Poll 120 , Retransmit 5 , Transmit Delay 1

 Interface: 1.1.1.1 (LoopBack0)
 Cost: 0      State: P-2-P   Type: P2P     MTU: 1500
 Timers: Hello 10 , Dead 40 , Poll 120 , Retransmit 5 , Transmit Delay 1
[AR1]
```

2．**display ospf** [*process-id*] **interface** [**all** |*interface-type interface-number*] [**verbose**]

管理员可以使用这条命令来查看某个 OSPF 接口的相关信息。从例 7-35 展示的命令输出信息中我们可以发现，这条命令展示了 AR1 的 G0/0/0 接口的 OSPF 信息，与例 7-34 中 G0/0/0 接口部分展示的信息相同。一台路由器上有多个接口参与了 OSPF 进程时，管理员可以使用这条命令单独查看某一个接口的相关信息，精简命令的输出内容，更容易找到所需信息。

这条命令中还有一个关键字 **verbose** 在这里没有展示，使用这个关键字可以查看这个接口接收和发送的 OSPF 包数量。这条命令的输出内容我们会在第 8 章的排错部分进行展示。

例 7-35　命令 display ospf 12 interface g0/0/0 的输出信息

```
[AR1]display ospf 12 interface g0/0/0

     OSPF Process 12 with Router ID 1.1.1.1
         Interfaces



 Interface: 10.0.0.1 (GigabitEthernet0/0/0)
 Cost: 1       State: DR      Type: Broadcast    MTU: 1500
 Priority: 1
 Designated Router: 10.0.0.1
 Backup Designated Router: 10.0.0.2
 Timers: Hello 10 , Dead 40 , Poll 120 , Retransmit 5 , Transmit Delay 1
[AR1]
```

3．**display ospf** [*process-id*] **peer** [**brief**]

管理员可以使用这条命令来查看 OSPF 的邻居信息，对照例 7-36，重点关注以下信息。

- 使用关键字 **brief**，以每个邻居一行的格式，查看每个邻居的概要信息，详见例 7-36 第 1 个阴影行。从这部分显示的信息我们可以看出，AR1 目前只有一个

OSPF 邻居，这个邻居是通过本地 G0/0/0 接口建立起来的，区域 ID 是 0（在这里区域 ID 以点分十进制格式表示 0.0.0.0），邻居 ID 是 2.2.2.2，它们之间的 OSPF 邻居状态为 Full（完全邻接关系）。这条命令在管理员整体浏览 OSPF 邻居状态时非常有用，对于每个邻居的状态可以做到一目了然。

- 不使用关键字 **brief** 可以看到更多的邻居信息，详见例 7-36 中多个连续的阴影行，这些是通过 G0/0/0 接口建立的邻居信息。从这里我们会发现，这条命令不仅显示了区域、建立接口、RID 和状态，还显示了更多信息，这些信息与命令 **display ospf 12 interface g0/0/0** 展示的信息类似，此外从倒数第 2 个阴影行中还可以看出这个邻居建立的时长。

**例 7-36** 命令 display ospf 12 peer [brief]的输出信息

```
[AR1]display ospf 12 peer brief

    OSPF Process 12 with Router ID 1.1.1.1
         Peer Statistic Information
 ----------------------------------------------------------------
 Area Id         Interface                  Neighbor id        State
 0.0.0.0         GigabitEthernet0/0/0       2.2.2.2            Full
 ----------------------------------------------------------------
[AR1]
[AR1]display ospf 12 peer

    OSPF Process 12 with Router ID 1.1.1.1
          Neighbors

 Area 0.0.0.0 interface 10.0.0.1(GigabitEthernet0/0/0)'s neighbors
 Router ID: 2.2.2.2          Address: 10.0.0.2
   State: Full  Mode:Nbr is Master  Priority: 1
   DR: 10.0.0.1  BDR: 10.0.0.2  MTU: 0
   Dead timer due in 32 sec
   Retrans timer interval: 5
   Neighbor is up for 00:23:51
   Authentication Sequence: [ 0 ]

[AR1]
```

**4．display ip routing-table protocol ospf**

管理员可以使用这条命令来查看 IP 路由表中 OSPF 路由的信息，对照例 7-36，重点关注以下信息。

- 如例 7-37 所示，从这条命令的输出信息中，我们可以看出 AR1 通过 OSPF 协议学到了 1 条路由：2.2.2.2/32。在第 8 章的排错部分，我们还会再次展示这条命令的用法。

例 7-37　命令 display ip routing-table protocol ospf 的输出信息

```
[AR1]display ip routing-table protocol ospf
Route Flags: R - relay, D - download to fib
------------------------------------------------------------------------
Public routing table : OSPF
         Destinations : 1        Routes : 1

OSPF routing table status : <Active>
         Destinations : 1        Routes : 1

Destination/Mask    Proto   Pre  Cost  Flags NextHop       Interface

     2.2.2.2/32    OSPF 10   1     D         10.0.0.2      GigabitEthernet0/0/0

OSPF routing table status : <Inactive>
         Destinations : 0        Routes : 0

[AR1]
```

在越复杂的环境中，排查 OSPF 问题的难度越大。在排查 OPSF 问题时，管理员要根据网络中发生的问题（比如缺少应有的 OSPF 路由等问题）来缩小排查范围。

在检查路由器本地的 OSPF 配置时，读者要注意接口配置的地址/掩码。在检查 OSPF 邻居关系时，读者要注意查看邻居之间有无发送 Hello 消息；邻居之间设置的 OSPF 计时器值是否相同；邻居路由器之间的接口类型是否相同；如果启用了认证，邻居之间的认证方式以及认证密钥是否相同；等等。

本章介绍的配置只涉及一个区域（区域 0），有可能发生的错误多为配置错误，在这里我们不再设计"手误"错误来展示排错思路。学习了第 8 章的内容后，我们将给出一个较为复杂的 OSPF 网络环境，结合一个较为复杂的错误示例，来带领读者"透过现象看本质"，剥丝抽茧地找到问题根源。

## 7.3　本章总结

本章内容以与 OSPF 协议相关的实际操作为主。在本章中，我们首先演示了 OSPF 明文认证和加密认证的配置方法，并且通过抓包软件展示了 OSPF 认证过程中路由器发送的明文和加密数据包。接着，我们介绍了如何配置 OSPF 网络类型，以及如何通过修改 DR 优先级来影响 DR 选举的结果。然后，我们介绍了两种 OSPF 计时器的设置方法，以及它们的相互关联。最后，我们演示了 OSPF 静默接口的配置方法，并且将 OSPF 静默接口与 RIP 中的相似特性——RIP 抑制接口进行了简单的对比。在 7.1.5 小节中，我们介绍了通过调整接口的 OSPF 度量值，来影响路由器转发行为的操作。

在本章的 7.2 节中，我们介绍和演示了几条重要的命令 display，这些命令在针对 OSPF 网络进行排错时相当常用。在本书的 8.3.2 小节（多区域 OSPF 的排错）中，我们会通过一个案例，来演示如何灵活使用这些命令 display，在一个相对复杂的区域 OSPF 网络中排查出妨碍网络正常工作的问题。

## 7.4 练习题

一、选择题

1. 关于 OSPF 网络类型 NBMA，下列说法中正确的是（    ）。

   A．以太网接口的默认 OSPF 网络类型

   B．串行链路接口的默认 OSPF 网络类型

   C．封装为 FR 的接口的默认 OSPF 网络类型

   D．必须由管理员手动设定

2. （多选）管理员在一台路由器的 OSPF 区域配置视图中使用命令 authentication-mode md5 1 plain huawei 配置认证后，下列说法中正确的是（    ）。

   A．根据该区域中的 Hello 消息无法解析出认证密钥 huawei

   B．根据该区域中的 Hello 消息可以解析出认证密钥 huawei

   C．在该路由器上查看配置命令时，管理员看不到认证密钥 huawei

   D．在该路由器上查看配置命令时，管理员可以看到认证密钥 huawei

3. 下列关于配置 DR 优先级的说法，错误的是（    ）。

   A．在默认情况下，DR 优先级为 1

   B．DR 全称为指定路由器，因此 DR 优先级需要在路由器的系统视图下进行配置

   C．DR 优先级被配置为 0 的设备不会参与 DR 选举

   D．成为 DR 的设备总是比与之对应的 BDR 或 DROther 设备具有更高的路由器优先级

4. 在选举 DR/BDR 时，如果 DR 优先级相等，那么设备之间就会相互比较它们的（    ）来决定 DR 选举的结果。

   A．路由器 ID          B．接口 IP 地址

   C．接口 MAC 地址     D．OSPF 进程号

5．下列关于 OSPF 开销值的说法，错误的是（　　）。

A．OSPF 开销值越小，OSPF 协议即认为该路径越优

B．如果管理员没有指定接口的 OSPF 开销值，设备就会使用接口带宽自行计算出该接口的开销值

C．OSPF 开销值的最大值为 65535

D．在参考带宽值相等的前提下，接口的带宽不同，开销值就一定不同

6．下列关于 OSPF 计时器的说法，错误的是（　　）。

A．管理员可以在参与 OSPF 协议接口的接口视图下设置 OSPF 计时器

B．对于不同的网络类型，OSPF 计时器的默认值也有所不同

C．管理员配置 Dead 计时器时，Hello 计时器的设置也会随之更改

D．管理员配置 Hello 计时器时，Dead 计时器的设置也会随之更改

二、判断题（说明：若内容正确，则在后面的括号中画"√"；若内容不正确，则在后面的括号中画"×"。）

1．管理员使用接口配置视图的命令 **ospf timer hello 40** 手动设置了 OSPF Hello 计时器后，路由器会自动将 Dead 计时器值变更为 120。（　　）

2．管理员无法通过配置一个接口的优先级值来确保其成为 DR。（　　）

3．如果管理员将一个接口配置为 OSPF 静默接口，那么其他路由器就不会学习到去往该静默接口所在子网的路由。（　　）

4．管理员无法通过修改接口的封装协议，来将该接口的 OSPF 网络类型修改为 P2MP。（　　）

# 第 8 章
# 多区域 OSPF

8.1 多区域 OSPF 概述

8.2 多区域 OSPF 的工作原理

8.3 配置多区域 OSPF

8.4 本章总结

8.5 练习题

在第 6、7 章中，我们在介绍 OSPF 时，都是以整个 OSPF 网络中只包含了区域 0 为前提的。然而，无论一种路由协议将路由器之间相互通告的信息简化到什么程度，使用它的路由器还是会随着网络的扩展而不得不处理越来越多的信息，这种路由协议还是会随着网络的扩展而面临效率逐渐降低的问题。为了解决基于链路状态信息进行网络拓扑计算及路由计算的复杂度会随网络规模增大而急剧增大的问题，OSPF 定义了区域的概念，实现了路由网络的层级化。关于这一点，我们在 6.1.3 小节（OSPF 消息的封装格式）中就提到过。

从另一个角度上看，这种区域设计方案虽然提升了 OSPF 网络的扩展性，但也增加了 OSPF 操作的复杂程度。在本章的 8.1 节和 8.2 节中，我们会对 OSPF 区域的概念进行进一步解释说明。

本章的 8.3.2 小节是实践环节，我们会通过大量实验介绍 8.1 节和 8.2 节中的大部分原理如何服务于工程技术人员的实际工作，演示如何在华为路由器上配置与验证多区域 OSPF 网络。

- 理解 OSPF 的区域概念和分层结构；
- 掌握多区域环境中，OSPF 路由器的不同类型；
- 了解 OSPF 虚链路的用途；
- 理解几种重要的 LSA 类型；
- 了解 OSPF 的 3 种特殊区域；
- 理解多区域 OSPF 的配置；
- 理解对多区域 OSPF 进行排错的方法。

## 8.1　多区域 OSPF 概述

为了在介绍 OSPF 时不再引入更多变量，我们把 OSPF 区域的概念保留到本章才介绍。

OSPF 多区域结构的引入，降低了各区域内部网络拓扑计算及路由计算的复杂度，让 OSPF 网络获得了更好的扩展性，可以适用于规模更大的网络环境，但同时也在客观上增加了 OSPF 的学习和实施难度。

在本节中，我们首先会浅谈 OSPF 区域概念对于扩展 OSPF 网络的意义，然后探讨路由器可以在多区域 OSPF 网络中扮演的不同角色。为了满足 OSPF 设计需求，OSPF 定义了一种特殊的网络类型——虚链路，这个概念是本节 8.1.3 小节介绍的重点。

### 8.1.1　OSPF 分层结构概述

与 RIP 相比，OSPF 的可靠性要高得多。说 OSPF 可靠，不仅因为 OSPF 会在同步数据库后再独立计算路由，规避了环路等由于路由器对网络环境缺乏了解而导致的问题，而且因为 OSPF 计算出来的最短路径往往会比仅凭衡量跳数计算出来的 RIP 最短路径更优。这也正是华为路由器默认 OSPF 路由的路由优先级优于 RIP 路由的原因。

OSPF 采用了分层结构，管理员可以根据需要将 OSPF 网络划分为不同的区域。通过图 6-4 展示的 OSPF 头部封装格式我们可以看出，区域的编号是一个 32 位的二进制数。这个数既可以用点分十进制表示，也可以直接表示为一个十进制数。在华为设备上，管理员在配置时可以自行选用比较方便的方式，但无论管理员配置时采用的是哪种表示方式，在使用命令 **display** 查看输出信息时，华为设备基本都会以点分十进制的方式展示区域编号。

**提示：**

在区域的数值比较小时，使用普通的十进制进行配置比较方便，比如输入 0 就远比输入 0.0.0.0 效率更高。而在区域的取值比较大时，则点分十进制会更有优势：10.1.1.1 相比于 167837953 的优势也相当明显。关于十进制与二进制之间的转换，我们已经在《网络基础》教材的第 5 章中进行了介绍，这里不再赘述。

### 8.1.2　OSPF 路由器的类型

图 8-1 所示为一个典型的 OSPF 分层区域设计方案，下面我们就用这个区域设计方案来介绍这种分层结构中的各类路由器。这里需要提前说明一点，了解 OSPF 路由器的分类是学习 8.2.1 小节（LSA 的类型）的基础，因此读者应当对这些技术术语给予足够的重视。

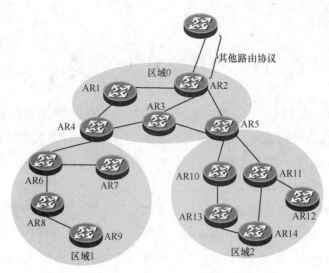

图 8-1 OSPF 分层区域设计方案

在多区域 OSPF 网络中，OSPF 路由器可以分为下面几种类型。

- **内部路由器（Internal Router）**：所有接口被划分到了同一个 OSPF 区域中的 **OSPF 路由器**。在图 8-1 中，除 AR4 和 AR5 外，所有其他路由器都属于内部路由器。
- **骨干路由器（Backbone Router）**：有接口被划分到区域 **0** 中的 OSPF 路由器。在图 8-1 中，AR1～AR5 都属于骨干路由器。
- **区域边界路由器（Area Border Router，ABR）**：有接口被划分到区域 0，也有接口被划分到其他 OSPF 区域的路由器。区域边界路由器的作用是连接区域 0 与其他 OSPF 区域，并充当这些区域间通信的关口。区域边界路由器在 OSPF 区域设计理念中发挥着核心作用，正是 ABR 将自己连接的某一个区域中的路由发送到自己连接的另一个区域，从而达到从整体上减轻 OSPF 路由器进行网络拓扑计算及路由计算的负担，并在一定程度上避免网络故障的设计效果。在图 8-1 中，AR4 和 AR5 即为区域边界路由器（ABR）。
- **自治系统边界路由器（Autonomous System Boundary Router，ASBR）**：将通过其他方式获得（包括动态学习和静态配置）的外部路由条目注入 OSPF 网络中，让启用 OSPF 的路由器获取 OSPF 网络外的路由信息的路由器。在图 8-1 中，AR2 为自治系统边界路由器。

针对上面的路由器类型划分方式，我们有必要补充一些重要的信息。

- 在所有 OSPF 区域中，区域 0（或区域 0.0.0.0）是一个特殊区域。**区域 0 称为骨干区域（Backbone Area）**。因此，骨干路由器是指有接口被划分到区域 0 中的路由器。
- 在上面的几种类型中，除内部路由器和区域边界路由器是两种互斥的类型外，其他类型并不互斥。比如在图 8-1 中，AR2 既为内部路由器，也是骨干路由器，还是 ASBR 路由器。
- **OSPF 区域是以接口为单位进行划分的，而不是以路由器为单位进行划分的。**换句话说，OSPF 区域的边界在路由器（ABR）上而不是在链路上。
- **根据 OSPF 区域设计要求，所有区域都必须与区域 0 直接相连。非骨干区域之间必须通过骨干区域交换 OSPF 消息，而不能直接交换链路状态信息。非骨干区域之间的任何通信也必须通过骨干区域的中转才能实现。**

然而，在有些情况下，非骨干区域和骨干区域（即区域 0）并没有直接连接在一起。更有甚者，OSPF 网络的骨干区域（即区域 0）本身就不是连续的。比如，两家使用 OSPF 网络的公司合并时，原本两个 OSPF 网络的区域 0 在合并后就有可能不连续。因此，为了满足 OSPF 的设计要求，必须通过某种逻辑方式将物理上没有与区域 0 直接相连的区域在逻辑上直接连接到区域 0，将物理上不连续的区域 0 在逻辑上连接起来，这是我们 8.1.3 小节中将要介绍的内容。

## *8.1.3 OSPF 虚链路

在 8.1.2 小节的最后，我们提到了两种违背 OSPF 设计要求，但是客观上又无法避免的设计方案。
- 非骨干区域没有与骨干区域在物理上直接相连。
- 骨干区域本身在物理上不连续。

对于上述这两种情形，管理员必须通过逻辑的方式，按照 OSPF 区域设计要求，通过在 ABR 之间建立 OSPF 虚链路来实现。

如图 8-2 所示，读者会发现区域 2 并没有与骨干区域——区域 0 直接相连。为了在逻辑上将区域 2 与区域 0 直接相连，管理员此时必须在两台 ABR 之间建立一条虚链路。

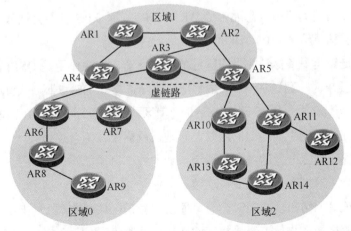

图 8-2 因非骨干区域没有与骨干区域直接相连而采用 OSPF 虚链路设计

如图 8-2 所示，AR4 与 AR5 之间的虚链路从逻辑上将区域 2 和区域 0 直接连接在一起。当然，在这种情况下，区域 0 与区域 2 之间传输的路由信息在物理上还是会经过区域 1，但 AR5 和 AR4 确实会通过虚链路形成 OSPF 邻居关系并建立完全邻接关系。如果不配置这条虚链路，那么区域 2 的内部路由器就无法学习到区域 0 和区域 1 的路由信息。

同理，如图 8-3 所示，我们可以在左下和右下看到两个区域 0。这样的区域设计方案同样违背 OSPF 区域设计需求，因此管理员通过一条虚链路将这两个区域 0 中连接同一个区域（区域 1）的 ABR 连接起来。

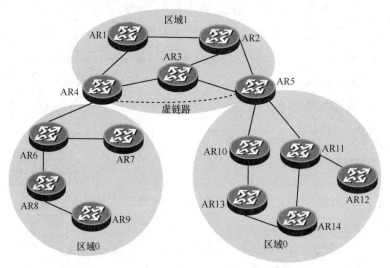

图 8-3　因骨干区域不连续而采用 OSPF 虚链路设计

在图 8-3 中，通过 AR4 和 AR5 之间的虚链路，两个区域 0 在逻辑上被建立成了一个连续的骨干区域。为了防止区域之间在相互通告路由时出现环路，**OSPF 提出了一个与 RIP 水平分割特性思维方式相同的设计规定**，即从骨干区域学习到的路由信息不能再次被通告到骨干区域中。因此，如果不配置上面这条虚链路，那么 AR4 就不会把从 AR10～AR14 学习到的路由信息通告给 AR6～AR9，而 AR5 也不会把从 AR6～AR9 学习到的路由通告信息给 AR10～AR14。

总之，虚链路是一条穿越非骨干区域的逻辑通道，它的作用是 OSPF 区域设计不满足 **OSPF** 设计要求时，通过在 **ABR** 之间建立逻辑连接让 OSPF 网络能够正常完成路由信息的交互。具体来说，OSPF 网络出现非骨干区域没有与骨干区域在物理上直接相连，或者骨干区域在物理上不连续的问题时，管理员就需要在两台连接某一个相同非骨干区域的区域边界路由器上配置这条逻辑通道，让非骨干区域能够在逻辑上与骨干区域直接相连，或者让骨干区域在逻辑上变得连续。

企业兼并或者网络出现故障时，有可能出现骨干区域在物理上不连续，或者非骨干区域没有与骨干区域在物理上直接相连的情况，此时管理员就可以用虚链路作为让网络正常运转的权宜之策。说得再明白一点，**虚链路是网络的补丁类技术，网络中采用虚链路是这个网络中存在故障或设计缺陷的体现**，这种技术会增加网络中的管理流量和设备的处理负担，加大管理员对网络问题进行排错的难度。因此，除非将虚链路作为某些链路失效时的备份策略，否则在设计全新的 OSPF 网络时，这种并不光鲜的技术不应该以其他理由而被考虑在内。

## 8.2 多区域 OSPF 的工作原理

在 8.1 节中，我们介绍了 OSPF 定义的路由器类型。为了落实不同类型的路由器在网络中发挥的作用，OSPF 协议定义了不同类型的 LSA，继而通过限定不同类型 LSA 的泛洪范围，来减少 OSPF 网络中各个区域内所泛洪的 LSA。此外，OSPF 还定义了一些特殊类型的区域，这些区域中的路由器比其他 OSPF 区域中的路由器需要的路由信息更加简单。

综上所述，OSPF 对于 LSA 分类和特殊区域的定义，提升了 OSPF 协议的扩展性，是 OSPF 可以在更大范围网络中进行部署的关键。这些内容正是我们要在本节中介绍的重点。

### 8.2.1 LSA 的类型

LSA 的不同类型是通过 LSA 头部中的一个字段来标识的。数据库描述消息（见图 6-6）、链路状态更新消息（见图 6-8）和链路状态确认消息（见图 6-9）中均包含了 LSA 头部，而链路状态请求消息（见图 6-7）中也包含 LSA 类型字段，因此 OSPF 路由器在描述数据库中的 LSA、请求 LSA、发送 LSA 和确认 LSA 时，都会指明相关 LSA 的类型。

LSA 的头部格式如图 8-4 所示。

| 0 | 15 | 31 |
|---|---|---|
| 老化时间 | 可选项 | 类型 |
| 链路状态ID | | |
| 通告路由器ID | | |
| 序列号 | | |
| 校验和 | 长度 | |

图 8-4 LSA 头部格式

在上面的 LSA 头部字段中，类型字段、链路状态 ID 字段和通告路由器 ID 字段在图 6-7 展示 OSPF 链路状态请求消息时出现过。但当时我们尚未正式提出 OSPF 区域的概念，无法对 LSA 类型进行说明，因此并没有对这些字段的作用进行说明。鉴于本节的重点是 LSA 的类型，因此我们正好可以对这 3 个字段的作用进行简单补充。

— 305 —

- **通告路由器 ID**：顾名思义，标识的是通告这条 LSA 路由器的路由器 ID。
- **类型**：本节的核心。类型字段标识了这个头部中封装的 LSA 属于哪种类型。关于 LSA 的类型我们将在后文中进行介绍。
- **链路状态 ID**：对于不同类型的 LSA，这个字段的用途不同。因此这个字段的作用取决于类型字段的取值。

通过 LSA 头部格式，我们可以看出类型字段的长度为 8 位，因此类型字段的取值范围是 0~255。OSPF 当然并没有定义这么多类型的 LSA。即使在 OSPF 定义的 LSA 类型中，也并不是所有类型的 LSA 都十分常用。但准备投身网络技术行业的人员，掌握下面几类 LSA 还是很有必要的。

- **类型 1 LSA**（类型值取 1 的 LSA）：称为路由器 LSA（Router LSA），网络中的每一台路由器都会创建路由器 LSA。路由器 LSA 通告的是这台路由器所连接的链路和接口状态，这类 LSA 只会在创建它的区域内泛洪。
- **类型 2 LSA**（类型值取 2 的 LSA）：称为网络 LSA（Network LSA），只有多路访问网络中的 DR 路由器才会创建网络 LSA。网络 LSA 通告的是这个多路访问网络中与这台 DR 相连的路由器（的路由器 ID），这类 LSA 同样只会在创建它的区域内泛洪。
- **类型 3 LSA**（类型值取 3 的 LSA）：称为网络汇总 LSA（Network Summary LSA），只有 ABR 路由器会创建网络汇总 LSA。网络汇总 LSA 的作用是将一个 OSPF 区域的路由通告给另一个区域，让另一个区域中的 OSPF 路由器学习到通过这台 ABR 向第一个区域发送数据包的路由。因此，网络汇总 LSA 描述的是哪个区域的路由，它就会在这台 ABR 连接的另一个区域中泛洪。
- **类型 4 LSA**（类型值取 4 的 LSA）：称为 ASBR 汇总 LSA（ASBR-Summary LSA），这种 LSA 和类型 3 LSA 一样都是由 ABR 路由器创建的。不仅如此，这种 LSA 连格式都和类型 3 LSA 相同。ASBR 汇总 LSA 的作用是将去往 ASBR 路由器的主机路由通告给另一个区域，让另一个区域中的 OSPF 路由器学习到一条可以通过这台 ABR 向这个区域中的 ASBR 转发数据包的路由。ASBR 汇总 LSA 会在整个 OSPF 网络中泛洪。
- **类型 5 LSA**（类型值取 5 的 LSA）：称为自治系统外部 LSA（AS-ExternalLSA），只有 OSPF 自治系统中的 ASBR 会创建这种 LSA。自治系统外部 LSA 的作用是将去往 OSPF 网络外其他自治系统网络的路由，通告给这个 OSPF 自治系统中的所有路由器，从而让这些 OSPF 路由器学习到可以通过这台 ASBR 向其他自治系统中的网络发送数据包的路由。因此，自治系统外部 LSA 会在整个 OSPF 网络中泛洪。
- **类型 7 LSA**（类型值取 7 的 LSA）：称为 NSSA LSA，只有 NSSA 区域中的

ASBR 会创建这种 LSA。NSSA LSA 的作用是将去往 OSPF 网络外其他自治系统网络的路由，通告给这个 NSSA 区域中的所有路由器，让这些 OSPF 路由器学习到可以通过自己区域中的这台 ASBR 向其他自治系统中的网络发送数据包的路由。这也就是说，类型 5 的 LSA 和类型 7 的 LSA 相比，主要的区别是它们的泛洪区域不同。关于 NSSA 的概念，我们会在 8.2.2 小节中进行介绍。打算跳过 8.2.2 小节内容的读者，可以暂时忽略这种类型的 LSA。

当然，LSA 的类型不止上述 6 种，但其他类型的 LSA 难免会涉及一些本书没有介绍的知识点。如介绍类型 6 LSA 则需要介绍 MOSPF 等。因此，其他类型的 LSA 只能留待读者在进一步学习相关技术或者从事 OSPF 相关工作时，再进行学习和总结。在这里我们提醒读者：在学习 LSA 类型时，读者应该围绕各类 LSA 的要点进行总结。这里所说的要点主要包括 3 项重要信息：哪类路由器会创建这类 LSA，这类 LSA 描述的是什么信息,，这类 LSA 会在什么范围内泛洪。

## *8.2.2 OSPF 的特殊区域

在本节开篇我们提到，为了进一步减少 OSPF 路由器需要处理和保存的信息，OSPF 定义了一些特殊类型的区域。网络工程师可以根据网络的实际情况，将一些区域设置为特殊类型的区域，来减少这些区域中泛洪的 LSA，提高网络的收敛速度，并减少甚至消除（其他）网络信息变更对这类区域造成的影响。在本小节中，我们会对 3 种 OSPF 特殊区域进行介绍。

### 1. 末节区域

末节区域（Stub Area）不允许类型 4 和类型 5 的 LSA 进入。如图 8-5 所示，管理员将区域 1 配置为末节区域，因此 AR4 不再向 AR7 通告类型 4 的 LSA，也不再将 AR2 生成的类型 5 LSA 通告给区域 1。这样做的结果是，如果不考虑 AR4 与 AR7 之间通过多路访问链路相连，且 AR4 连接 AR7 的 OSPF 接口被选举为 DR 的情形，那么在我们在 8.2.1 小节介绍的 6 种 LSA 中，AR4 只会向 AR7 通告类型 1 和类型 3 的 LSA。相比之下，同为 ABR 的 AR5 则至少会向区域 2 中的 AR10 和 AR11 通告 4 种类型的 LSA。

如果不将区域 1 配置为末节区域，那么区域 1 中的每台路由器都会通过 AR4 始发的类型 4 LSA，计算出一条通往 ASBR 路由器 AR2 的主机路由，同时它们也应该通过 AR2 始发的类型 5 LSA，计算出一条或多条去往外部自治系统的路由。为了避免配置为末节区域的网络不知道如何通过 ASBR 向外部自治系统发送数据包，我们将一个区域配置为末节区域后，连接末节区域与骨干区域的 ABR 会向这个区域中通告一条默认路由（0.0.0.0/0），让这个区域中的设备将去往未知位置网络的数据包，都发送给自己。这里所说的未知网络，当然包括 ASBR 和它所连接的外部网络。这条默认路由，是通过一个额外的类型 3 LSA 通告给末节区域的。

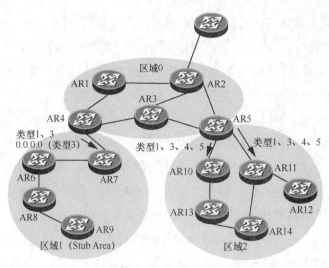

图 8-5 OSPF 末节区域

概括地说,若将一个区域配置为末节区域,那么这个区域中的路由器就不会获得关于 ASBR 和外部自治系统的明细路由,但 ABR 会通过类型 3 LSA 向这个区域通告一条默认路由,让这个区域中的路由器将去往 ASBR 和外部自治系统的数据都发送给自己。

末节区域不允许类型 5 的 LSA 进入,因此末节区域中不能包含 ASBR。另外,其他 OSPF 区域之间传输 LSA 的区域也不能被配置为末节区域。换句话说,骨干区域 0 和有虚链路穿过的区域是不能配置为末节区域的。

**2. 完全末节区域**

除了不允许类型 4 和类型 5 的 LSA 进入外,完全末节区域(Totally Stub Area)的 ABR 也不向这个区域中通告除默认路由外的其他所有类型 3 LSA。如图 8-6 所示,管理员将区域 1 配置为完全末节区域,因此 AR4 不再向 AR7 通告类型 4 LSA,也不再将 AR2 生成的类型 5 LSA 通告给区域 1。而且,它唯一会向 AR7 通告的类型 3 LSA,表示的是指向自己的默认路由。这样做的结果是,如果不考虑 AR4 与 AR7 之间通过多路访问链路相连,且 AR4 连接 AR7 的 OSPF 接口被选举为 DR 的情形,那么在我们在 8.2.1 小节介绍的 6 种 LSA 中,AR4 只会向 AR7 通告类型 1 LSA 和表示默认路由的类型 3 LSA。

概括地说,若将一个区域配置为完全末节区域,那么这个区域中的路由器就不会获得任何关于自己所在区域外的目的网络的明细路由。为了避免完全末节区域中的路由器无法向本区域外的目的网络转发数据包,ABR 会通过类型 3 LSA 向这个区域通告一条默认路由,让这个区域的路由器将去往该区域外的数据都发送给自己。

完全末节区域当然同样既不能包含 ASBR,也不能用来给其他 OSPF 区域传输 LSA。

# 第 8 章 多区域 OSPF

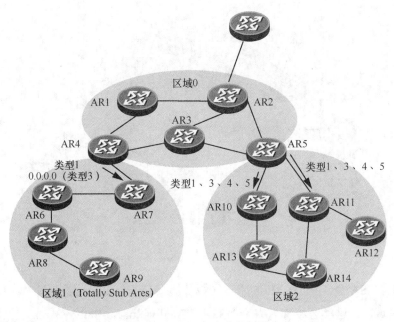

图 8-6　OSPF 完全末节区域

### 3．非纯末节区域

我们在前面介绍过，如果一个区域中包含了 ASBR，那么它就不能被设置为末节区域或完全末节区域。此时，如果我们希望一个区域既具有末节区域的特点，又能够拥有 ASBR，则可以将这个区域配置为非纯末节区域（Not-So-Stubby-Area，NSSA）。

与末节区域一样，NSSA 中也不允许出现类型 4 和类型 5 LSA。但是，在 NSSA 中允许存在 ASBR，这个 ASBR 可以引入 OSPF 网络外部的路由信息，并将其表示为类型 7 LSA。类型 7 LSA 会在 NSSA 内泛洪；进一步讲，NSSA 的 ABR 路由器会把它收到的类型 7 LSA 转换成类型 5 LSA，并向所有的其他区域泛洪。

如图 8-7 所示，管理员将包含 AR9 这台 ASBR 的区域 1 配置为了 NSSA。此时，AR4 不再向 AR7 通告类型 4 的 LSA，也不再将 AR2 生成的类型 5 LSA 通告给区域 1。于是，如果不考虑 AR4 与 AR7 之间通过多路访问链路相连，且 AR4 连接 AR7 的 OSPF 接口被选举为 DR 的情形，那么在我们在 8.2.1 小节介绍的 6 种 LSA 中，AR4 只会向 AR7 通告类型 1 和类型 3 的 LSA。同时，身为 ASBR 的 AR9 也不会向这个区域中通告类型 5 的 LSA，会以类型 7 LSA 的形式将自己所连外部自治系统的路由信息通告给这个区域。而类型 7 LSA 只会在 NSSA 区域内泛洪。

当然，AR9 所连外部自治系统的信息只在 NSSA 内泛洪，而其他区域中的设备可能也需要向那些网络转发数据包，因此 NSSA 的 ABR 可以将这些类型 7LSA 转换为类型 5LSA，让它们可以继续在骨干区域，以及骨干区域所连接的其他区域中泛洪。在图 8-7 中，AR4 会负责 LSA 从类型 7 到类型 5 的转换。

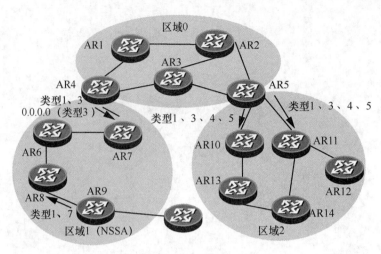

图 8-7 NSSA

如果说 NSSA 是连接 ASBR 的末节区域，那么 OSPF 还定义了一种"连接 ASBR 的完全末节区域"，这类区域称为完全 NSSA（Totally Not-So-Stubby-Area）。我们相信读者完全可以参考前面的内容推测出设置完全 NSSA 的效果，因此在这里不再赘述。有一点需要强调：同一个区域的类型必须是一致的，但并不意味着管理员需要在特殊区域中的每一台路由器上都输入命令来设置它所在区域的（特殊）区域类型，有些特殊区域只需要在这个区域的 ABR 上进行配置。

关于 OSPF 的原理，我们介绍到这里暂时告一段落。OSPF 的原理实际上相当复杂，我们推荐读者在华为 ICT 学院学习之余，通过实验和抓包来不断强化自己的理论基础和操作能力。如果读者希望在未来工作中熟练应对各类路由环境，那么仅仅掌握 OSPF 的理论和操作仍然不够。对于这类读者，我们建议在课余时间多向任课教师请教，选择其他路由技术的相关图书进行阅读，或者选择知名培训机构通过培训进一步了解 ICT 学院大纲外的重要路由技术。

接下来，我们会对多区域 OSPF 的配置和排错方法进行演示。

## 8.3　配置多区域 OSPF

在本节中，我们会演示多区域 OSPF 的配置和验证方法，同时介绍如何在复杂的多区域环境中，对 OSPF 故障进行排查。

### 8.3.1　多区域 OSPF 的配置

本节会将 OSPF 的配置从单区域环境扩展到多区域环境当中。我们参照图 8-8 所示的拓扑来进行配置。

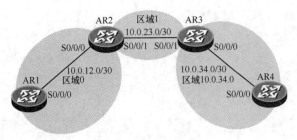

图 8-8　多区域 OSPF

从图 8-8 中可以看出，这个 OSPF 网络并没有按照 OSPF 的设计原则进行规划。OSPF 要求所有区域必须与骨干区域（区域 0）直接相连，而本例中，区域 10.0.34.0 与区域 0 之间并没有直接连接，因此按照在前文中介绍的理论，管理员需要在 AR2 和 AR3 之间建立 OSPF 虚链路，使区域 10.0.34.0 能够在逻辑上连接到区域 0。接下来，我们通过例 8-1 和例 8-2 配置除虚链路外的其他基本配置。在这个案例中，我们会按需显示接口的 IP 地址配置，省略没有使用的接口。

### 例 8-1　路由器接口配置

```
[AR1]display ip interface brief
Interface                    IP Address/Mask      Physical    Protocol
LoopBack0                    1.1.1.1/32           up          up(s)
Serial0/0/0                  10.0.12.1/30         up          up

[AR2]display ip interface brief
Interface                    IP Address/Mask      Physical    Protocol
LoopBack0                    2.2.2.2/32           up          up(s)
Serial0/0/0                  10.0.12.2/30         up          up
Serial0/0/1                  10.0.23.2/30         up          up

[AR3]display ip interface brief
Interface                    IP Address/Mask      Physical    Protocol
LoopBack0                    3.3.3.3/32           up          up(s)
Serial0/0/0                  10.0.34.1/30         up          up
Serial0/0/1                  10.0.23.1/30         up          up

[AR4]display ip interface brief
Interface                    IP Address/Mask      Physical    Protocol
LoopBack0                    4.4.4.4/32           up          up(s)
Serial0/0/0                  10.0.34.2/30         up          up
```

### 例 8-2　路由器的 OSPF 配置

```
[AR1]display current-configuration configuration ospf
#
ospf 10 router-id 1.1.1.1
 area 0.0.0.0
```

```
 network 10.0.12.1 0.0.0.0
 network 1.1.1.1 0.0.0.0
#
return
[AR1]
```

```
[AR2]display current-configuration configuration ospf
#
ospf 20 router-id 2.2.2.2
 area 0.0.0.0
  network 10.0.12.2 0.0.0.0
  network 2.2.2.2 0.0.0.0
 area 0.0.0.1
  network 10.0.23.2 0.0.0.0
#
return
[AR2]
```

```
[AR3]display current-configuration configuration ospf
#
ospf 30 router-id 3.3.3.3
 area 0.0.0.1
  network 10.0.23.1 0.0.0.0
  network 3.3.3.3 0.0.0.0
 area 10.0.34.0
  network 10.0.34.1 0.0.0.0
#
return
[AR3]
```

```
[AR4]display current-configuration configuration ospf
#
ospf 40 router-id 4.4.4.4
 area 10.0.34.0
  network 4.4.4.4 0.0.0.0
  network 10.0.34.2 0.0.0.0
#
return
[AR4]
```

从例 8-2 中我们可以看出每台路由器上配置了不同的 PID，以此展示 PID 不同 OSPF 路由器也可以形成邻居关系。例 8-3 以 AR3 为例，展示了 AR3 的 OSPF 邻居。

### 例 8-3　AR3 的 OSPF 邻居和 OSPF 路由

```
[AR3]display ospf peer

     OSPF Process 30 with Router ID 3.3.3.3
        Neighbors

 Area 0.0.0.1 interface 10.0.23.1(Serial0/0/1)'s neighbors
 Router ID: 2.2.2.2        Address: 10.0.23.2
   State: Full  Mode:Nbr is Slave  Priority: 1
   DR: None  BDR: None  MTU: 0
   Dead timer due in 34  sec
   Retrans timer interval: 5
   Neighbor is up for 01:19:29
   Authentication Sequence: [ 0 ]


        Neighbors

 Area 10.0.34.0 interface 10.0.34.1(Serial0/0/0)'s neighbors
 Router ID: 4.4.4.4        Address: 10.0.34.2
   State: Full  Mode:Nbr is Master  Priority: 1
   DR: None  BDR: None  MTU: 0
   Dead timer due in 37  sec
   Retrans timer interval: 5
   Neighbor is up for 00:00:53
   Authentication Sequence: [ 0 ]
```

从例 8-3 命令 **display ospf peer** 的输出内容中我们可以看出，AR3 上有两个 OSPF 邻居，分别是通过接口 S0/0/1 在区域 1 中形成的邻居，通过接口 S0/0/0 在区域 10.0.34.0 中形成的邻居。接下来，我们通过例 8-4 查看了 AR3 上学习到的 OSPF 路由。

### 例 8-4　查看 AR3 上学习到的 OSPF 路由

```
[AR3]display ospf routing

     OSPF Process 30 with Router ID 3.3.3.3
        Routing Tables

 Routing for Network
 Destination      Cost   Type     NextHop        AdvRouter      Area
 3.3.3.3/32       0      Stub     3.3.3.3        3.3.3.3        0.0.0.1
 10.0.23.0/30     1562   Stub     10.0.23.1      3.3.3.3        0.0.0.1
 10.0.34.0/30     1562   Stub     10.0.34.1      3.3.3.3        10.0.34.0
```

```
1.1.1.1/32        3124    Inter-area    10.0.23.2    2.2.2.2    0.0.0.1
2.2.2.2/32        1562    Inter-area    10.0.23.2    2.2.2.2    0.0.0.1
4.4.4.4/32        1562    Stub          10.0.34.2    4.4.4.4    10.0.34.0
10.0.12.0/30      3124    Inter-area    10.0.23.2    2.2.2.2    0.0.0.1


Total Nets: 7
Intra Area: 4  Inter Area: 3  ASE: 0  NSSA: 0
```

从 AR3 的 OSPF 路由表中,我们可以看到 AR3 已经学习到网络中的所有 OSPF 路由。每条路由显示为一行,每一行都明确标注了这条路由的类型(Type)和区域(Area)。我们到现在都还没有配置 OSPF 虚链路,因此 AR4 目前应该学习不到任何 OSPF 路由,区域 0 中的路由器也学习不到区域 10.0.34.0 中的路由,下面我们来验证这两点。

管理员通过例 8-5 来查看 AR4 上的 OSPF 路由。

**例 8-5  在 AR4 上查看 OSPF 路由**

```
[AR4]display ospf routing

        OSPF Process 40 with Router ID 4.4.4.4
            Routing Tables

Routing for Network
Destination       Cost    Type          NextHop      AdvRouter  Area
4.4.4.4/32        0       Stub          4.4.4.4      4.4.4.4    10.0.34.0
10.0.34.0/30      1562    Stub          10.0.34.2    4.4.4.4    10.0.34.0


Total Nets: 2
Intra Area: 2  Inter Area: 0  ASE: 0  NSSA: 0
```

从例 8-5 中我们可以看出,AR4 上目前有 2 条 OSPF 路由,这两条路由都是它自己通告的,即 AR4 没有学习到网络中的其他 OSPF 路由。例 8-6 展示了查看 AR1 上的 OSPF 路由。

**例 8-6  在 AR1 上查看 OSPF 路由**

```
[AR1]display ospf routing

        OSPF Process 10 with Router ID 1.1.1.1
            Routing Tables

Routing for Network
Destination       Cost    Type          NextHop      AdvRouter  Area
1.1.1.1/32        0       Stub          1.1.1.1      1.1.1.1    0.0.0.0
10.0.12.0/30      1562    Stub          10.0.12.1    1.1.1.1    0.0.0.0
2.2.2.2/32        1562    Stub          10.0.12.2    2.2.2.2    0.0.0.0
3.3.3.3/32        3124    Inter-area    10.0.12.2    2.2.2.2    0.0.0.0
```

```
10.0.23.0/30      3124      Inter-area      10.0.12.2      2.2.2.2      0.0.0.0

Total Nets: 5
Intra Area: 3  Inter Area: 2  ASE: 0  NSSA: 0
```

从例 8-6 所示命令的输出内容中我们可以看出，AR1 上除了本区域（区域 0）中的路由（2.2.2.2/32）外，还学习到了两条区域间路由（3.3.3.3/32 和 10.0.23.0/30），这两条路由的类型（Type）被标注为 Inter-area。但 AR1 没有学习到区域 10.0.34.0 中的任何路由。

接下来，我们在 AR2 和 AR3 上补全 OSPF 虚链路的配置，具体的配置方法如例 8-7 所示。

**例 8-7　配置 OSPF 虚链路**

```
[AR2]ospf 20
[AR2-ospf-20]area 1
[AR2-ospf-20-area-0.0.0.1]vlink-peer 3.3.3.3
```

```
[AR3]ospf 30
[AR3-ospf-30]area 1
[AR3-ospf-30-area-0.0.0.1]vlink-peer 2.2.2.2
```

从例 8-7 中我们可以看出，管理员需要在 OSPF 区域配置视图中，使用命令 **vlink-peer** *router-id* 来配置 OSPF 虚链路。在配置这条命令时，我们需要指明对端 OSPF 路由器的 RID。例 8-8 展示了在 AR3 上查看了虚链路的状态。

**例 8-8　在 AR3 上查看虚链路的状态**

```
[AR3]display ospf vlink

    OSPF Process 30 with Router ID 3.3.3.3
        Virtual Links

Virtual-link Neighbor-id -> 2.2.2.2, Neighbor-State: Full

Interface: 10.0.23.1 (Serial0/0/1)
Cost: 1562  State: P-2-P  Type: Virtual
Transit Area: 0.0.0.1
Timers: Hello 10 , Dead 40 , Retransmit 5 , Transmit Delay 1
```

如上例所示，管理员可以使用命令 **display ospf vlink** 来查看 OSPF 虚链路的状态。从这个示例的阴影行中，我们可以看出 AR3 已经与 2.2.2.2 形成了虚链路邻居，邻居状态为 Full（完全邻接关系）。虚链路建立起来后，我们可以再次在 AR4 上查看 OSPF 路由，如例 8-9 所示。

**例 8-9　AR4 上的 OSPF 路由**

```
[AR4]display ospf routing

    OSPF Process 40 with Router ID 4.4.4.4
```

```
         Routing Tables

Routing for Network
Destination     Cost    Type         NextHop       AdvRouter     Area
4.4.4.4/32      0       Stub         4.4.4.4       4.4.4.4       0.0.34.0
10.0.34.0/30    1562    Stub         10.0.34.2     4.4.4.4       10.0.34.0
1.1.1.1/32      4686    Inter-area   10.0.34.1     3.3.3.3       10.0.34.0
2.2.2.2/32      3124    Inter-area   10.0.34.1     3.3.3.3       10.0.34.0
3.3.3.3/32      1562    Inter-area   10.0.34.1     3.3.3.3       10.0.34.0
10.0.12.0/30    4686    Inter-area   10.0.34.1     3.3.3.3       10.0.34.0
10.0.23.0/30    3124    Inter-area   10.0.34.1     3.3.3.3       10.0.34.0


Total Nets: 7
Intra Area: 2   Inter Area: 5   ASE: 0   NSSA: 0
```

从例 8-9 的命令输出中我们可以看出，AR4 学习到了网络中的其他 OSPF 路由。例 8-10 展示了在 AR3 上查看了 OSPF LSDB。

**例 8-10　在 AR3 上查看 OSPF LSDB**

```
[AR3]display ospf lsdb

         OSPF Process 30 with Router ID 3.3.3.3
              Link State Database

                   Area: 0.0.0.0
Type        LinkState ID    AdvRouter       Age     Len    Sequence     Metric
Router      2.2.2.2         2.2.2.2         285     72     80000010     0
Router      1.1.1.1         1.1.1.1         321     60     8000001B     0
Router      3.3.3.3         3.3.3.3         284     36     80000004     1562
Sum-Net     10.0.34.0       3.3.3.3         284     28     80000005     1562
Sum-Net     3.3.3.3         3.3.3.3         284     28     80000004     0
Sum-Net     3.3.3.3         2.2.2.2         1067    28     80000004     1562
Sum-Net     4.4.4.4         3.3.3.3         294     28     80000001     1562
Sum-Net     10.0.23.0       3.3.3.3         284     28     80000004     1562
Sum-Net     10.0.23.0       2.2.2.2         442     28     80000005     1562

                   Area: 0.0.0.1
Type        LinkState ID    AdvRouter       Age     Len    Sequence     Metric
Router      2.2.2.2         2.2.2.2         285     48     80000009     1562
Router      3.3.3.3         3.3.3.3         284     60     8000000A     1562
Sum-Net     10.0.34.0       3.3.3.3         294     28     80000001     1562
Sum-Net     10.0.12.0       2.2.2.2         1581    28     80000005     1562
```

| Sum-Net | 4.4.4.4 | 3.3.3.3 | 294 | 28 | 80000001 | 1562 |
| Sum-Net | 2.2.2.2 | 2.2.2.2 | 425 | 28 | 80000005 | 0 |
| Sum-Net | 1.1.1.1 | 2.2.2.2 | 1569 | 28 | 80000003 | 1562 |

```
              Area: 10.0.34.0
```

| Type | LinkState ID | AdvRouter | Age | Len | Sequence | Metric |
|---|---|---|---|---|---|---|
| Router | 4.4.4.4 | 4.4.4.4 | 1751 | 60 | 8000000D | 0 |
| Router | 3.3.3.3 | 3.3.3.3 | 294 | 48 | 80000008 | 1562 |
| Sum-Net | 10.0.12.0 | 3.3.3.3 | 294 | 28 | 80000001 | 3124 |
| Sum-Net | 3.3.3.3 | 3.3.3.3 | 294 | 28 | 80000001 | 0 |
| Sum-Net | 2.2.2.2 | 3.3.3.3 | 294 | 28 | 80000001 | 1562 |
| Sum-Net | 1.1.1.1 | 3.3.3.3 | 294 | 28 | 80000001 | 3124 |
| Sum-Net | 10.0.23.0 | 3.3.3.3 | 294 | 28 | 80000001 | 1562 |

管理员可以使用命令 **display ospf lsdb** 来查看 OSPF 的 LSDB。对于 AR3 来说，它的两个接口分别连接区域 1 和区域 10.0.34.0，并且通过与 AR2 建立的 OSPF 虚链路获得了区域 0 的链路状态信息。

本小节，我们演示了如何通过配置华为路由器来搭建一个简单的多区域 OSPF 网络。在 8.3.2 小节中，我们会演示一个相对比较复杂的多区域 OSPF 排错案例，并借此介绍 OSPF 网络的排错方法。

## *8.3.2 多区域 OSPF 的排错

8.3.1 小节展示了多区域 OSPF 的配置，尤其是虚链路的配置。本小节会通过一个较复杂的案例，展示 OSPF 的排错思路，并且结合向 OSPF 路由域中引入外部路由的配置，展示 8.2.1 小节中介绍的各种 LSA 类型。这个拓扑可能并不具备太多的实用意义，旨在展示各种类型的 LSA。本小节使用的拓扑，如图 8-9 所示。

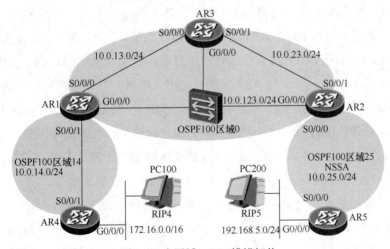

图 8-9 多区域 OSPF 排错拓扑

图 8-9 所示的拓扑中共有 5 台路由器，并由 3 个路由域构成：1 个 OSPF 路由域，以及 2 个 RIP 路由域。为了更清晰地汇总拓扑中的信息，我们以路由器为单位，总结了每个接口的 IP 地址和运行的协议，以及 PC 的 IP 地址和网关地址，详见表 8-1。

表 8-1　　　　　　　　　　接口信息汇总表

| 路由器 AR1 | IP 地址 | 子网掩码 | 路由协议 | 路由协议区域 |
| --- | --- | --- | --- | --- |
| G0/0/0 | 10.0.123.1 | 255.255.255.0 | OSPF 100 | 0 |
| S0/0/0 | 10.0.13.1 | 255.255.255.0 | OSPF 100 | 0 |
| S0/0/1 | 10.0.14.1 | 255.255.255.0 | OSPF 100 | 14 |
| 路由器 AR2 | IP 地址 | 子网掩码 | 路由协议 | 路由协议区域 |
| G0/0/0 | 10.0.123.2 | 255.255.255.0 | OSPF 100 | 0 |
| S0/0/0 | 10.0.25.2 | 255.255.255.0 | OSPF 100 | 25 |
| S0/0/1 | 10.0.23.2 | 255.255.255.0 | OSPF 100 | 0 |
| 路由器 AR3 | IP 地址 | 子网掩码 | 路由协议 | 路由协议区域 |
| G0/0/0 | 10.0.123.3 | 255.255.255.0 | OSPF 100 | 0 |
| S0/0/0 | 10.0.13.3 | 255.255.255.0 | OSPF 100 | 0 |
| S0/0/1 | 10.0.23.3 | 255.255.255.0 | OSPF 100 | 0 |
| 路由器 AR4 | IP 地址 | 子网掩码 | 路由协议 | 路由协议区域 |
| G0/0/0 | 172.16.0.4 | 255.255.0.0 | RIP | — |
| S0/0/1 | 10.0.14.4 | 255.255.255.0 | OSPF 100 | 14 |
| 路由器 AR5 | IP 地址 | 子网掩码 | 路由协议 | 路由协议区域 |
| G0/0/0 | 192.168.5.5 | 255.255.255.0 | RIP | — |
| S0/0/0 | 10.0.25.5 | 255.255.255.0 | OSPF 100 | 25 |
| PC100 | IP 地址 | 子网掩码 | 网关地址 | |
| E0/0/1 | 172.16.0.100 | 255.255.0.0 | 172.16.0.4 | — |
| PC200 | IP 地址 | 子网掩码 | 网关地址 | |
| E0/0/1 | 192.168.5.200 | 255.255.255.0 | 192.168.5.5 | — |

在开始进行排错前，我们需要先来了解一下这个网络的正常运行情况。OSPF 100 路由域中的骨干部分（区域 0）由 AR1、AR2 和 AR3 组成，其中 AR3 不仅与 AR1 和 AR2 之间通过以太网络形成 OSPF 邻居，还通过串行链路分别与 AR1 和 AR2 形成 OSPF 邻居，以此提供备份链路。AR1 与 AR4 之间通过串行链路，在 OSPF 100 区域 14 中形成 OSPF 邻居，这是一个普通区域，并且引入外部（RIP 4）路由。AR2 与 AR5 之间也通过串行链路，在 OSPF 100 区域 25 中形成 OSPF 邻居，这是一个 NSSA 区域，并且引入了外部（RIP 5）路由。AR4 和 AR5 在连接 PC 的区域中运行的是 RIP；PC100 和 PC200 分别以 AR4 和 AR5 作为自己的网关，并且能够实现相互之间的通信。

为了使读者能够在自己的实验中复现这个网络环境，接下来我们通过命令 **display current-configuration configuration ospf** 展示每台路由器的 OSPF 进程的配置，大多数命令都在第 6 章单区域 OSPF 的基本配置小节中介绍过，本节只针对未使用过的命令进行解释。先从例 8-11 AR1 上的命令 OSPF 开始展示。

**例 8-11　AR1 上的 OSPF 配置**

```
[AR1]display current-configuration configuration ospf
#
ospf 100 router-id 1.1.1.1
 area 0.0.0.0
  network 10.0.123.1 0.0.0.0
  network 10.0.13.1 0.0.0.0
 area 0.0.0.14
  network 10.0.14.1 0.0.0.0
#
Return
```

路由器 AR1 参与了 OSPF 100 的路由，使用的 RID（路由器 ID）是 1.1.1.1，这是管理员为了好识别而手动进行设置的，AR1 上并没有一个接口的 IP 地址是 1.1.1.1。其他路由器（ARX）的 RID 也会采用×.×.×.×的形式，并且都由管理员手动设置。

从配置中可以看出，AR1 是 ABR，同时连接在区域 0 和区域 14 中。例 8-12 中展示了 AR2 上的 OSPF 配置。

**例 8-12　AR2 上的 OSPF 配置**

```
[AR2]display current-configuration configuration ospf
#
ospf 100 router-id 2.2.2.2
 area 0.0.0.0
  network 10.0.123.2 0.0.0.0
  network 10.0.23.2 0.0.0.0
 area 0.0.0.25
  network 10.0.25.2 0.0.0.0
  nssa
#
Return
```

在路由器 AR2 上我们需要注意一条以前没有介绍过的命令 **nssa**。这条命令需要在 OSPF 区域配置模式中进行设置，目的是把这个区域设置为 NSSA。在配置了这条命令后，ABR 路由器（在这里也就是 AR2）会自动为 NSSA 生成一条默认路由，在之后的命令展示中我们会继续关注这个区域的特殊性。例 8-13 展示了 AR3 上的 OSPF 配置。

**例 8-13　AR3 上的 OSPF 配置**

```
[AR3]display current-configuration configuration ospf
#
ospf 100 router-id 3.3.3.3
```

```
  area 0.0.0.0
   network 10.0.123.3 0.0.0.0
 network 10.0.13.3 0.0.0.0
   network 10.0.23.3 0.0.0.0
 #
 Return
```

路由器 AR3 的 OSPF 配置相对简单，它只参与了 OSPF 100 区域 0 的路由，是一台区域内路由器。例 8-14 展示了 AR4 上的 OSPF 和 RIP 配置。

**例 8-14　AR4 上的 OSPF 和 RIP 配置**

```
[AR4]display current-configuration configuration ospf
#
ospf 100 router-id 4.4.4.4
 import-route rip 4
area 0.0.0.14
   network 10.0.14.4 0.0.0.0
#
return
[AR4]
[AR4]display current-configuration configuration rip
#
rip 4
 network 172.16.0.0
#
Return
```

在路由器 AR4 上，管理员使用 OSPF 配置模式下的命令 **import-route rip 4** 向 OSPF 路由域中注入了 RIP 路由。这个行为也使 AR4 成为 ASBR 路由器，在接下来的命令展示中，我们也会重点观察 AR4 引入的外部路由。例 8-15 展示了 AR5 上的 OSPF 和 RIP 配置。

**例 8-15　AR5 上的 OSPF 和 RIP 配置**

```
[AR5]display current-configuration configuration ospf
#
ospf 100 router-id 5.5.5.5
 import-route rip 5
 area 0.0.0.25
   network 10.0.25.5 0.0.0.0
   nssa
#
return
```

```
[AR5]
[AR5]display current-configuration configuration rip
#
rip 5
 network 192.168.5.0
#
Return
```

路由器 AR5 是 NSSA 中的 ASBR 路由器，这一点从例 8-15 中的命令 **import-route rip 5** 和 **nssa** 可以看出，前一条命令把 RIP 5 的路由注入 OSPF 中，后一条命令把区域 25 设置为 NSSA。需要注意的是，NSSA 中的所有路由器上都要在相应的区域中配置这条命令。

在 NSSA 中，ABR 路由器（AR2）会生成一条默认路由，ASBR 路由器（AR5）会注入外部路由，这两条路由都是通过类型 7 的 LSA 进行通告的。例 8-16 展示了相关信息。

**例 8-16** 在 AR5 上查看有关 NSSA 的特殊路由

```
[AR5]display ospf lsdb brief

        OSPF Process 100 with Router ID 5.5.5.5
             LS Database Statistics

 Area ID    Stub    Router    Network    S-Net    S-ASBR    Type-7  | Subtotal
 0.0.0.25    0       2          0          4        0         2    |    8
 Total       0       2          0          4        0         2    |
 ---------------------------------------------------------------------+---------

 Area ID    Opq-9   Opq-10                                           | Subtotal
 0.0.0.25    0       0                                               |    0
 Total       0       0                                               |
 ---------------------------------------------------------------------+---------

             ASE     Opq-11                                          | Subtotal
 Total        0       0                                              |    0
 ---------------------------------------------------------------------+---------
                                                                     | Total
                                                                     |    8

[AR5]
[AR5]display ospf lsdb
```

```
            OSPF Process 100 with Router ID 5.5.5.5
                 Link State Database

                   Area: 0.0.0.25
     Type        LinkState ID      AdvRouter        Age     Len     Sequence      Metric
     Router      2.2.2.2           2.2.2.2          897     48      80000008      1562
     Router      5.5.5.5           5.5.5.5          554     48      8000000F      1562
     Sum-Net     10.0.14.0         2.2.2.2          1171    28      80000002      1563
     Sum-Net     10.0.13.0         2.2.2.2          1566    28      80000002      1563
     Sum-Net     10.0.23.0         2.2.2.2          896     28      80000009      1562
     Sum-Net     10.0.123.0        2.2.2.2          902     28      80000007      1
     NSSA        192.168.5.0       5.5.5.5          554     36      80000007      1
     NSSA        0.0.0.0           2.2.2.2          902     36      80000007      1

[AR5]
[AR5]display ospf routing

            OSPF Process 100 with Router ID 5.5.5.5
                    Routing Tables

Routing for Network
Destination        Cost      Type         NextHop        AdvRouter      Area
10.0.25.0/24       1562      Stub         10.0.25.5      5.5.5.5        0.0.0.25
10.0.13.0/24       3125      Inter-area   10.0.25.2      2.2.2.2        0.0.0.25
10.0.14.0/24       3125      Inter-area   10.0.25.2      2.2.2.2        0.0.0.25
10.0.23.0/24       3124      Inter-area   10.0.25.2      2.2.2.2        0.0.0.25
10.0.123.0/24      1563      Inter-area   10.0.25.2      2.2.2.2        0.0.0.25

Routing for NSSAs
Destination        Cost      Type         Tag            NextHop        AdvRouter
0.0.0.0/0          1         Type2        1              10.0.25.2      2.2.2.2

Total Nets: 6
Intra Area: 1  Inter Area: 4  ASE: 0  NSSA: 1
```

从例 8-16 中第一条命令（**display ospf lsdb brief**）的输出信息中我们可以看出，在 AR5 的 OSPF 100 区域 25 中，有两个类型 7 的 LSA。从第二条命令（**display ospf lsdb**）的输出信息中我们可以看出这两个 LSA 分别是由 AR5 通告的外部路由（192.168.5.0），以及由 AR2 通告的默认路由（0.0.0.0）。第三条命令（**display ospf routing**）展示了 AR5 上的 OSPF 路由，从中我们会发现阴影部分突出显示了 NSSA 路由，即 AR2 自动通告的默认路由。但这里并没有显示 192.168.5.0，因为这条路由是 AR5 从其他路由源（RIP）注入 OSPF 中的，对于 AR5 来说，这条路由并不是 OSPF 路由。

现在我们关注这条由 AR5 注入 OSPF 路由域中的 RIP 路由（192.168.5.0），看看在不同区域的路由器上，这条路由的显示状态。例 8-17 展示了 AR2 上这条路由的状态。

**例 8-17　在 AR2 上查看有关 NSSA 的特殊路由**

```
[AR2]display ospf routing

         OSPF Process 100 with Router ID 2.2.2.2
            Routing Tables

Routing for Network
Destination        Cost     Type         NextHop         AdvRouter       Area
10.0.23.0/24       1562     Stub         10.0.23.2       2.2.2.2         0.0.0.0
10.0.25.0/24       1562     Stub         10.0.25.2       2.2.2.2         0.0.0.25
10.0.123.0/24      1        Transit      10.0.123.2      2.2.2.2         0.0.0.0
10.0.13.0/24       1563     Stub         10.0.123.3      3.3.3.3         0.0.0.0
10.0.14.0/24       1563     Inter-area   10.0.123.1      1.1.1.1         0.0.0.0

Routing for ASEs
Destination        Cost     Type         Tag             NextHop         AdvRouter
172.16.0.0/16      1        Type2        1               10.0.123.1      4.4.4.4

Routing for NSSAs
Destination        Cost     Type         Tag             NextHop         AdvRouter
192.168.5.0/24     1        Type2        1               10.0.25.5       5.5.5.5


 Total Nets: 7
 Intra Area: 4  Inter Area: 1  ASE: 1  NSSA: 1

[AR2]
[AR2]display ip routing-table protocol ospf
Route Flags: R - relay, D - download to fib
------------------------------------------------------------------------
Public routing table : OSPF
         Destinations : 4        Routes : 5

OSPF routing table status : <Active>
         Destinations : 4        Routes : 5
```

```
Destination/Mask    Proto    Pre   Cost   Flags   NextHop        Interface

10.0.13.0/24        OSPF     10    1563   D       10.0.123.1     GigabitEthernet0/0/0
                    OSPF     10    1563   D       10.0.123.3     GigabitEthernet0/0/0
10.0.14.0/24        OSPF     10    1563   D       10.0.123.1     GigabitEthernet0/0/0
172.16.0.0/16       O_ASE    150   1      D       10.0.123.1     GigabitEthernet0/0/0
192.168.5.0/24      O_NSSA   150   1      D       10.0.25.5      Serial0/0/0


OSPF routing table status : <Inactive>
Destinations : 0       Routes : 0
```

我们在 8.2.2 小节中介绍 NSSA 时提到过，NSSA 的 ABR 会把 NSSA 中的类型 7 LSA 转换为类型 5 LSA，并通告到其他区域中。在我们这个案例中，也就是 AR2 会把 OSPF 100 区域 25 中，AR5 使用类型 7 LSA 注入的外部路由（192.168.5.0），转换为类型 5 LSA 并通告到区域 0 中。

从例 8-17 的第一条命令（**display ospf routing**）输出内容中，我们可以看到阴影部分的这条 NSSA 路由。但同样作为外部路由，由 AR4 注入的路由（172.16.0.0）则显示为外部路由，即由类型 5 LSA 通告过来的路由。从第二条命令（**display ip routing-table protocol ospf**）中也可以看出这两条路由的区别：**Proto**（协议）部分 **O_ASE** 表示"OSPF 外部路由"；**O_NSSA** 表示"NSSA 路由"，即通过类型 7 LSA 计算出的路由。

接下来，例 8-18 展示了在 AR3 上查看这两条外部路由的情况。

**例 8-18  在 AR3 上查看两条外部路由**

```
[AR3]display ospf routing

          OSPF Process 100 with Router ID 3.3.3.3
                  Routing Tables

Routing for Network
Destination       Cost     Type          NextHop         AdvRouter       Area
10.0.13.0/24      1562     Stub          10.0.13.3       3.3.3.3         0.0.0.0
10.0.23.0/24      1562     Stub          10.0.23.3       3.3.3.3         0.0.0.0
10.0.123.0/24     1        Transit       10.0.123.3      3.3.3.3         0.0.0.0
10.0.14.0/24      1563     Inter-area    10.0.123.1      1.1.1.1         0.0.0.0
10.0.25.0/24      1563     Inter-area    10.0.123.2      2.2.2.2         0.0.0.0

Routing for ASEs
Destination       Cost     Type          Tag      NextHop         AdvRouter
172.16.0.0/16     1        Type2         1        10.0.123.1      4.4.4.4
192.168.5.0/24    1        Type2         1        10.0.123.2      2.2.2.2
```

```
   Total Nets: 7
    Intra Area: 3  Inter Area: 2  ASE: 2  NSSA: 0

[AR3]
[AR3]display ip routing-table protocol ospf
Route Flags: R - relay, D - download to fib
------------------------------------------------------------------------------
Public routing table : OSPF
        Destinations : 4        Routes : 4

OSPF routing table status : <Active>
Destinations : 4        Routes : 4

Destination/Mask    Proto   Pre   Cost    Flags  NextHop        Interface

    10.0.14.0/24    OSPF    10    1563      D    10.0.123.1     GigabitEthernet0/0/0
    10.0.25.0/24    OSPF    10    1563      D    10.0.123.2     GigabitEthernet0/0/0
   172.16.0.0/16    O_ASE   150   1         D    10.0.123.1     GigabitEthernet0/0/0
  192.168.5.0/24    O_ASE   150   1         D    10.0.123.2     GigabitEthernet0/0/0

OSPF routing table status : <Inactive>
Destinations : 0        Routes : 0
```

从 8-18 所示的第一条命令（**display ospf routing**）中我们可以发现，这两条从 RIP 注入 OSPF 路由域的路由现在都显示为外部路由。并且注意路由 192.168.5.0 的通告路由器是 2.2.2.2，从这里也可以证明，ABR 路由器（AR2）在把从类型 7 的 LSA 获得的路由转换为类型 5 LSA 时，会把这条路由当作由自己通告的路由发送出去。第二条命令（**display ip routing-table protocol ospf**）展示了外部路由出现在 IP 路由表中的状态，这两条路由的 Proto（协议）部分都是 O_ASE，表示"OSPF 外部路由"。

在例 8-16 中查看 AR5 上的 OSPF 路由时，读者可能会发现一个问题，AR5 已经从 AR2 收到了一条默认路由，并且 AR5 只有一条链路能够去往 OSPF 100 区域 0，因此实际上 AR5 并不需要 OSPF 100 路由域中的其他明细路由。并且 NSSA 的作用是通过缩小 NSSA 设备上的路由表大小，来节省 CPU 和内存资源，因此在命令 **nssa** 的后面，管理员可以添加可选关键字 **no-summary**，来限制 ABR 路由器向 NSSA 区域中通告类型 3 LSA。例 8-19 展示了管理员使用关键字 **no-summary** 后，AR5 上的 OSPF LSDB。

**例 8-19**  使用关键字 **nssa no-summary** 后的 AR5 OSPF LSDB

```
[AR5]display ospf lsdb
```

```
            OSPF Process 100 with Router ID 5.5.5.5
                Link State Database

                 Area: 0.0.0.25
 Type        LinkState ID     AdvRouter      Age     Len    Sequence     Metric
 Router      2.2.2.2          2.2.2.2        341     48     80000013     1562
 Router      5.5.5.5          5.5.5.5        338     48     80000012     1562
 Sum-Net     0.0.0.0          2.2.2.2        658     28     80000001     1
 NSSA        192.168.5.0      5.5.5.5        340     36     80000001     1
 NSSA        0.0.0.0          2.2.2.2        658     36     80000001     1


[AR5]
[AR5]display ip routing-table protocol ospf
Route Flags: R - relay, D - download to fib
------------------------------------------------------------------------
Public routing table : OSPF
        Destinations : 1        Routes : 1

OSPF routing table status : <Active>
        Destinations : 1        Routes : 1

Destination/Mask     Proto   Pre    Cost     Flags   NextHop       Interface

      0.0.0.0/0      OSPF    10     1563     D       10.0.25.2     Serial0/0/0

OSPF routing table status : <Inactive>
Destinations : 0        Routes : 0
```

从例 8-19 中的第二条命令中我们可以看出，AR5 的路由表中现在只有一条从 OSPF 学到的默认路由，缩小了路由表大小。并且 OSPF 路由域中出现路由变更时，AR5 也感知不到网络变化，因此也就无须重新计算路径。

到目前为止，读者应该已经对这个网络有所了解，接下来我们来看看如果这个网络中出现问题，该如何进行排错。我们根据在第 4 章 VLAN 间路由的排错部分提出的排错思路，首先要收集故障信息。

**故障**

PC100 的用户报告与 PC200 之间的数据传输比以前慢了一些。根据这个线索，我们能提出一个疑问：从 PC100 到 PC200，数据包走的是哪条路径？例 8-20 给出了答案。

## 例 8-20  在 AR4 上判断路径

```
<AR4>tracert -a 172.16.0.4 192.168.5.200

traceroute to  192.168.5.200(192.168.5.200), max hops: 30 ,packet length:
 40,press CTRL_C to break

 1 10.0.14.1  60 ms   30 ms    30 ms

 2 10.0.13.3  50 ms   80 ms    60 ms

 3 10.0.23.2  60 ms   80 ms    80 ms

 4 10.0.25.5  80 ms   80 ms    70 ms

 5 192.168.5.200 140 ms   130 ms   160 ms
<AR4>
```

AR4 是 PC100 的网关，因此我们可以在 AR4 上进行路径测试。在这里我们使用了一条非常有用的命令 **tracert**，要注意这条命令的应用视图是用户视图。在这条命令中，除了追踪的目的地 192.168.5.200 外，我们还可以设置一些其他参数，比如例 8-20 中设置了源 IP 地址参数，使用可选关键字 **-a** 加上想要使用的源。

从这条命令的输出内容中，我们可以判断出网络设备路由数据包所使用的路径。

1. 10.0.14.1（AR1）
2. 10.0.13.3（AR3）
3. 10.0.23.2（AR2）
4. 10.0.25.5（AR5）
5. 192.168.5.200（PC200）

从这个路径中我们已经可以看出问题所在：AR1 和 AR2 之间本应该直接通过以太网链路进行通信，但却绕行了 AR3。这时我们可以判断 AR1 的 G0/0/0 接口所连链路出现了问题，有可能是这个接口出了问题，有可能是网线出了问题，也有可能是 AR1 所连接的交换机上出了问题。

进一步通过命令缩小范围前，我们再仔细观察上面的路径，从中可以发现从 AR3 去往 AR2 也使用了低速的串行链路，而没有使用高速的以太网链路。把这个现象和上面 AR1 与 AR3 之间选择走串行链路的现象结合考虑，几乎可以断定问题出现在 AR1、AR2 和 AR3 所连接的交换机上。

接下来管理员可以尝试登录这台交换机并进一步排查问题根源。本例出现故障的原因是管理员手动关闭了这台交换机的电源，现实环境中有可能是交换机或交换机接口卡出现了问题。

### 故障二

PC100 用户报告今天上班后就无法与 PC200 进行通信。根据这个现象，我们还是先使用命令 **tracert**，这次应该能够从这条命令中看出路径断掉的地方，详见例 8-21 所示。

**例 8-21　在 AR4 上使用命令 tracert**

```
<AR4>tracert -a 172.16.0.4 192.168.5.200

traceroute to  192.168.5.200(192.168.5.200), max hops: 30 ,packet length:
40,press CTRL_C to break

 1 10.0.14.1 70 ms  10 ms  30 ms

 2 10.0.123.2 100 ms  90 ms  120 ms

 3 10.0.25.5 130 ms  110 ms  120 ms

 4 * * *

 5 *
<AR4>
```

从例 8-21 所示命令的测试结果我们可以看出，数据包最远可以到达 AR5，即 PC200 的网关。由此可以判断问题很可能出现在 AR5 与 PC200 之间的网络环境中。

**提示：**

使用命令 **tracert** 进行路径追踪时，如遇例 8-21 所示数据包无法继续路由的情形（路由器返回 "*"），可以按下 **Ctrl+C** 快捷键来退出测试。

接下来管理员可以先在 AR5 上对 PC200 发起 ping 测试，再次确认问题确实出现在这段链路上。然后登录到 PC200 连接的交换机上，查看 PC200 所连交换机接口的配置，着重查看 VLAN 的配置是否正确。本例中出现问题的原因是管理员变更了 PC200 所连交换机接口的 VLAN 信息，实际工作中有可能是 PC200 的用户把网线插在了错误的交换机接口上，导致交换机接口的 VLAN 配置与 PC200 应用的配置不符。

根据网络的规模和设计需求，多区域 OSPF 的配置可以非常复杂，管理员在进行配置前，要首先做好设计文档和实施文档，然后按部就班地实施。我们之所以会在一些配置章节的后面提供排错章节，是因为让读者了解排错思路（发现问题、找到问题、解决问题），从而在遇到问题时能够做到临危不乱。读者在搭建实验环境的过程中，就有可能因为手误而犯下各种各样的错误。排错的过程能够强化自己对每一部分知识的理解，以及各个部分知识的串联。因此在发现问题时，读者一定要按照排错思路进行排查，不要轻易放弃这个现成的排错机会，而直接清空网络设备的配置重新实施。

## 8.4　本章总结

在本章中，我们介绍的重点是多区域 OSPF 环境中 OSPF 的工作方式与配置方法。为了说清楚多区域 OSPF 的操作原理，首先介绍了 OSPF 协议引入多区域的原因，并且陈述了 OSPF 分层结构的设计要点，即所有区域都必须与区域 0（即骨干区域）相连。基于这些知识背景，我们进而介绍了只有在多区域 OSPF 环境下才会涉及的概念，这些概念包括 OSPF 路由器的类型、虚链路、OSPF 特殊区域和 LSA 的类型。对于初学者来说，这些概念、术语和原理读起来拗口、记起来凌乱，需要不断通过逻辑演绎和实验操作才能被真正理解并准确掌握。

本章的 8.3 小节首先通过一个十分简单的环境演示了多区域环境中 OSPF 的基本配置方法。8.3.2 小节通过一个相对复杂的环境，演示了如何在多区域 OSPF 环境中，通过逻辑判断和测试命令，逐步找出网络中存在的问题。

## 8.5　练习题

**一、选择题**

1．（多选）下列对于 OSPF 区域设计的说法正确的是（　　）。

A．无论单区域 OSPF 还是多区域 OSPF 设计，必须包含骨干区域（区域 0）

B．无论单区域 OSPF 还是多区域 OSPF 设计，必须包含骨干区域，但区域编号可以由管理员自行指定

C．在多区域 OSPF 设计中，非骨干区域必须与骨干区域在物理上或逻辑上直接相连

D．在多区域 OSPF 设计中，非骨干区域不能连接外部路由域（比如 RIP）

2．在 OSPF 虚链路配置命令 vlink-peer 后面需要指明的参数是（　　）。

A．对端路由器参与 OSPF 进程的物理接口 IP 地址

B．对端路由器参与 OPSF 进程的环回接口 IP 地址

C．对端路由器的路由器 ID

D．以上都不对

3. 在同一个 OSPF 自治系统中，一台内部路由器一定不会是（　　）。
   A. 一台 ABR          B. 一台 ASBR
   C. 一台骨干路由器    D. 一台三层交换机

4. 下列（　　）会在整个自治系统内泛洪。
   A. 类型 3 LSA        B. 类型 4 LSA
   C. 类型 5 LSA        D. 类型 7 LSA

5. 在完全末节区域中，有可能出现（　　）。
   A. 类型 2 LSA        B. 类型 4 LSA
   C. 类型 5 LSA        D. 类型 7 LSA

6. 在完全 NSSA 区域中，不可能出现（　　）。
   A. 类型 1 LSA        B. 类型 2 LSA
   C. 类型 4 LSA        D. 类型 7 LSA

7. （多选）对于一个包含 ASBR 的区域，管理员可以将其设置为下列（　　）。
   A. 末节区域          B. 完全末节区域
   C. NSSA              D. 完全 NSSA

二、判断题（说明：若内容正确，则在后面的括号中画"√"；若内容不正确，则在后面的括号中画"×"。）

1. 在配置 OSPF 区域时，管理员既可以使用点分十进制表示该区域，也可以使用一个十进制数表示该区域。（　　）

2. 因为有了虚链路技术，所以管理员在设计 OSPF 网络时不必预先考虑非骨干区域是否与骨干区域在物理上直接相连的问题。（　　）

3. 顾名思义，ASBR 汇总 LSA（类型 4 LSA）是由 ASBR 创建的一类 LSA。（　　）

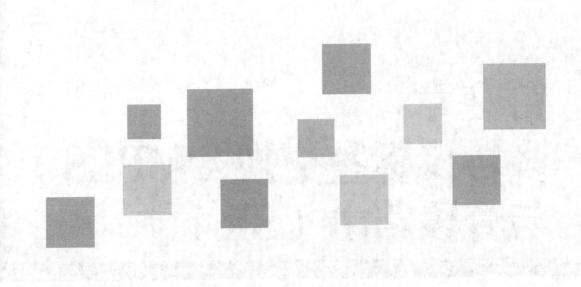

# 第 9 章
# 多协议标签交换（MPLS）与分段路由（SR）

9.1 MPLS 简介
9.2 SR 简介
9.3 本章总结
9.4 练习题

本书第 5 章到第 8 章介绍了几种不同的动态 IP 路由协议。不过，无论人们在网络中选择哪一种 IP 路由协议来交换路由信息，最终路由设备在转发 IP 数据包时都同样需要使用数据包的目的 IP 地址来匹配路由表中的路由条目。在路由设备性能普遍低下的时代，设备在查找路由表上消耗的时间显著增加网络时延。随着网络的普及，路由表的规模不断扩大，一种旨在提高路由设备转发数据包效率的机制被定义了出来，这种机制被命名为多协议标签交换（Multi-Protocol Label Switching，MPLS）。

在本章中，我们会对 MPLS 的前世今生进行介绍，解释这项技术的由来以及如今它在网络中的主流应用。除了 MPLS 外，本章还会对分段路由（Segment Routing，SR）进行概述。这项软件定义网络（Software-Defined Network，SDN）时代出现的技术，旨在通过多个方面解决 MPLS 存在的复杂性问题，并优化流量的转发。

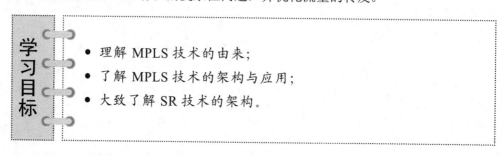

学习目标
- 理解 MPLS 技术的由来；
- 了解 MPLS 技术的架构与应用；
- 大致了解 SR 技术的架构。

## 9.1　MPLS 简介

本节的目标是对 MPLS 进行简要介绍，以帮助读者了解定义这项技术的初衷，并把握这个技术的一些基本原理。鉴于 MPLS 当前在网络中的部署目的已经与定义该技术时发生了显著变化，本节最后也会对当前 MPLS 的主要应用进行说明。

### 9.1.1 MPLS 的由来

传统路由设备接收到 IP 数据包时，它们会按照路由表中的条目来对数据包的目的地址执行最长匹配。IP 数据包头部的长度本身是不固定的，而最长匹配原则又意味着路由设备常常需要遍历路由表中的所有路由条目，这些都增加了设备处理 IP 数据包转发的难度。同时，早期的路由设备只能通过 CPU 来执行这样的处理操作。**在技术上，通过 CPU 来执行数据处理的过程称为软件处理（Software Processing）。软件处理的特点是效率低，并且严重消耗系统资源**。于是，复杂的数据转发方式和低效的软件处理操作，严重影响了早期 IP 网络的效率。不仅如此，IP 转发还是无连接的，也就是说 IP 数据包转发并不采用某条固定的路径。这虽然是设计包交换网络的一大初衷（详见本系列教材《网络基础》第 1 章），但无法确定转发路径也导致技术人员难以端到端地（End-to-End）针对服务质量部署优化策略。

**注释：**

CPU 是一种内部架构相当复杂的大规模集成电路，人们可以使用编程软件来编写软件，从而让 CPU 执行各类不同的操作。因此，CPU 也被称为**通用集成电路**，而通过运行软件让通用集成电路来执行各类不同操作的设计概念称为冯·诺依曼架构（Von Neumann Architecture）。在冯·诺依曼架构中，CPU 与存储程序指令的芯片是分开的，CPU 不能同时提取指令和操作数据。所以，这种架构虽然可以通过编写程序来让处理器执行各种各样的操作，但是处理器只能逐条执行指令，因此处理速度相当有限。这就解释了 CPU 处理数据被称为软件处理，以及软件处理数据效率很低的原因。

上述缺陷意味着，要想改善早期网络的用户体验，必须让转发设备采用一种不依赖传统 IP 数据包转发机制的全新模式。这就是 MPLS 被提出的背景。

当然，MPLS 不可能回归电路交换，但它确实采用了一种虚电路路由的标签交换方式。具体来说，一个 IP 数据包进入 MPLS 域时，MPLS 域边界转发设备会查看这个 IP 数据包的目的 IP 地址或者其他某些字段，并且根据查询结果判断出这个数据包应该如何进行转发。然后，路由设备就会在这个数据包的二层（数据链路层）头部和三层（网络层、多为 IP）头部之间打上一个标签，再根据查询的结果把这个数据包沿着对应的路径转发出去。MPLS 域中的其他设备转发这个数据包时，它们只需要按照固定长度的标签来查找这个数据包应该从哪个接口转发出去，以及应该为这个数据包贴上标签值为多少的新标签，即可继续按照查找的结果进行处理。上述转发操作会一直持续，直到邻接 MPLS 域边界转发设备的路由设备接收到这个标签消息。此时，这台设备在查表后不再为其封装标签头部，直接将其以 IP 数据包的形式转发给 MPLS 域的边界转发设备。此后，该数据包的转发方式恢复到传统的 IP 转发。

在上文描述的过程中，参与标签消息转发的设备均被称为标签转发路由器（Label Switching Router，LSR），而位于 MPLS 域边缘的标签转发路由器被称为标签边缘路由器(Label Edge Router，LER)；LSR 向 IP 数据包中封装新标签的操作被称为压入（Push）标签，将接收到的标签替换为新的标签封装的操作被称为交换（Swap）标签，把标签消息中的标签摘除后不再封装标签的操作则被称为弹出（Pop）标签；标签消息穿越 MPLS 域时所遵循的转发路径被称为标签交换路径（Label Switching Path，LSP）。因为为打标数据执行转发的设备都是 LSR，所以 LSP 也可以视为是一系列 LSR 的有序集合。针对每个数据包，进入 MPLS 域时为其压入标签的 LER 被称为入（Ingress）LSR；离开 MPLS 域时的 LER 被称为出（Egress）LSR；非 LER 的 LSR 则被称为转发（Transit）LSR。上文描述的过程如图 9-1 所示。

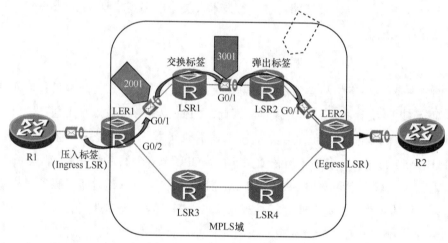

图 9-1　MPLS 的标签转发机制

在图 9-1 中，LER1（Ingress LSR）在接收到 R1 发来的数据包后，通过查表为数据包压入了标签值为 2001 的标签，并通过 G0/1 接口将其转发给了 LSR1。LSR1 通过查表发现标签 2001 应该被交换为标签 3001，并且携带 2001 标签的消息应该通过自己的 G0/1 接口转发出去，因此 LSR1 为消息执行了标签交换，并且将它发给了 LSR2。LSR2 查表弹出标签，将其通过自己的 G0/1 转发给了 LER2（Egress LSR）。传统意义上，LSR1 和 LSR2 处理消息的过程中，转发设备由低效的传统 IP 转发改为了高效的标签转发，转发效率得到了提升。

**注释：**

前文描述的处理机制包含了一种 MPLS 网络中经常使用的机制，称为倒数第二跳弹出（Penultimate Hop Poppping，PHP）。这种机制的合理之处在于，Egress LSR 的转发对象并不是 LSR，所以它不能继续执行标签交换；同时 Egress LSR 也是 LER，所以它需要执行路由查找。这样一来，倒数第二跳 LSR 与其给 Egress LSR 发送携带一个打标的报文，让其先查询标签进行弹出，再执行路由查询进行转发，不如由倒数第二跳 LSR 直接弹出标签。因此，PHP 可以减轻 Egress LSR 的处理负担。一部分初学者在学习过程中会意识到 Egress LSR 实际上不需要打标报文，为避免这部分读者对 MPLS 转发机制的合理性感到疑惑，本书选择直接使用执行 PHP 机制的环境进行介绍。

前文提到，IP 数据包进入 MPLS 域时，Ingress LSR 会根据这个 IP 数据包的某些信息来执行查询，并且根据查询结果判断这个数据包应该如何进行转发，以及如何为这个数据包封装标签。在这里，LER 赖以作出转发决策的信息不仅仅包括数据包的目的 IP 地址，也包括源 IP 地址、协议、源端口、目的端口，甚至还包括差分服务代码点（Differentiated Service Code Point，DSCP）等。具体使用何种信息来作出转发决策，由 MPLS 网络的技术人员根据策略需要进行部署。

一经 Ingress LSR（根据数据包的指定信息）找到了需要为该数据包封装的标签，以及用来转发该数据包的出站接口，这个数据包的 LSP 就已经确定了——因为后面的 LSR 只会查看该标签、执行一对一的标签交换，然后继续完成转发。在技术上，Ingress LSR（因携带相同的头部信息）为之封装相同的标签（因此也会遵循相同的 LSP）的数据包，被称为同一个转发等价类（Forwarding Equivalent Class，FEC）。因此，**FEC 是一组携带某些相同信息的数据消息集合，它们在穿越 MPLS 域时会被 LSR 按照相同的方式进行处理**。按照这样的转发逻辑，在 Ingress LSR 完成对一个数据包的处理时，这个数据包在 MPLS 域中的 LSP 就已经确定下来了。这种在域的源点决定报文转发路径的方式让人们能够比较轻松地部署端到端的 QoS（服务质量）策略，如图 9-2 所示。

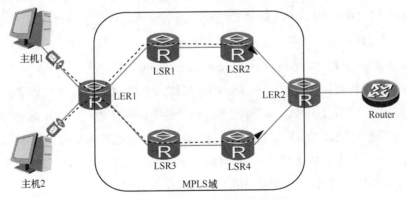

图 9-2　通过 MPLS 实现负载分担

在图 9-2 所示的环境中，工程师把主机 1 发往 Router 的流量分配为了一个 FEC，并且让属于该 FEC 的消息按照 LER1—LSR1—LSR2—LER2—Router 的 LSP 执行转发，同时把主机 2 发往 Router 的流量分配为了另一个 FEC，并且让属于这个 FEC 的消息按照

LER1-LSR3-LSR4-LER2-Router 的 LSP 执行转发。这就是 MPLS 的转发机制，实现了流量的负载分担。

### 9.1.2 MPLS 的基本概念与应用

MPLS 标签会被添加到三层数据包头部和二层数据帧头部之间，标签值被包含在 MPLS 协议为数据封装的头部中，是 MPLS 头部中最长的一个字段。

如 9.1.1 小节所述，人们定义 MPLS 之初的一大动机，在于提高路由设备转发 IP 数据包的效率，因此 MPLS 协议的头部被定义为了固定长度。

MPLS 头部字段及其在数据帧中的封装位置如图 9-3 所示。

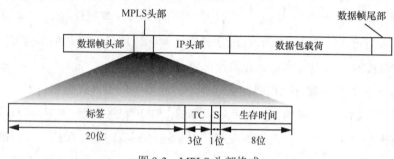

图 9-3 MPLS 头部格式

如图 9-3 所示，MPLS 头部格式包含了 4 个字段，共计 32 位，即 4 字节。MPLS 头部中包含的 4 个字段如下。

（1）标签（Label）：这个字段是 MPLS 的核心，其目的是标识这个数据的 MPLS 标签值。后续的转发设备会依据这个字段的参数来判断如何继续处理携带这个标签的设备。标签的长度为 20 位，因此 MPLS 的标签值取值范围是 $0 \sim 2^{20}-1$，即 $0 \sim 1048575$。

（2）TC：在 2009 年（RFC 5462）之前，这个字段被称为 EXP 位（即实验位），但最初没有得到有效利用。目前，TC 位的作用是标识流量类型（Traffic Class），标识 QoS 优先级和显式拥塞通知（Explicit Congestion Notification，ECN）。

（3）S：名为栈底位（Bottom of Stack），也称为 BoS 位。通过 S 位读者应该能够猜到，一个由 MPLS 标记的报文可以携带不止一个标签。事实上，MPLS 标记的报文携带的是一个标签栈（Label Stack）。**标签栈是指 MPLS 头部的有序集合**。在 MPLS 标签栈中，最内层（即最贴近三层数据包头部）的标签被称为栈底标签，封装栈底标签的 MPLS 头部会将 S 位置位，非栈底标签的 MPLS 头部 S 位则会取 0。

（4）生存时间（Time-to-Live，TTL）：生存时间字段的作用与 IP 数据包头部中同名字段的目的相同，即在 MPLS 网络出现环路的情况下，防止携带 MPLS 标记的报文在 MPLS 域中被无限循环转发。TTL 值会在转发过程中不断降低，TTL 值为 0 时，接收到标记报文的 LSR 便会直接将这个报文丢弃。

针对携带 MPLS 头部的报文，LSR 会根据标签转发信息表（Label Forwarding Information Base，LFIB）中的数据来处理报文。LFIB 包含了针对携带不同标签值的报文应该如何进行处理的信息。这里所说的处理包括应该给携带特定入标签的报文打上标签值为多少的出标签，并将其从哪个接口发送出去，下一跳设备的地址是多少等。

根据 9.1.1 小节所述，LSR 在处理 MPLS 打标报文时会对报文的标签执行交换，这种处理方式和传统 IP 转发方式不同。读者现在已经知道，路由转发设备在只对 IP 数据包实施路由转发处理时，它们并不会替换 IP 数据包头部的信息。于是，IP 数据包途经的每一跳路由转发设备都会依据相同的信息——IP 数据包的目的地址来对数据包实施转发。为了能够保证在这样的转发逻辑下，每一跳设备都可以对 IP 数据包正确地实施转发，网络中所有 IP 路由设备必须能够掌握目的 IP 地址所在网络，并且对这个网络的位置建立统一的认识。

因为 MPLS 转发机制规定 LSR 在处理报文的过程中需要执行标签交换，所以每一台设备并不需要对标签值建立统一的认识。换言之，**MPLS 标签值只有本地意义**。它的目的仅限于让 MPLS 域中的下一个 LSR 了解该把这个标签数据从它的哪个接口转发出去，以及它该为这个数据打上标签值为多少的标签。因此，相同的 MPLS 标签值在不同 LSR 上既可能代表同一个 FEC，也可能代表不同的 FEC。

因为 MPLS 标签只有本地意义，所以在 MPLS 的转发机制中，LSR 不需要在 MPLS 域中进行全局同步。每台 LSR 都为各个 FEC 定义自己的标签值，然后把这个标签值发送给上游设备。上游设备则会无条件将这个标签交换为自己定义的标签，同时每台 LSR 也会接受下游定义的标签并且将其交换为自己定义的标签，这种机制如图 9-4 所示。

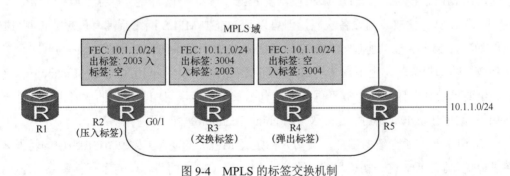

图 9-4　MPLS 的标签交换机制

在图 9-4 所示的环境中，R2（Ingress LSR）会为去往 10.1.1.0/24 网络的 IP 数据包压入标签值为 2003 的 MPLS 头部，然后通过出站接口 G0/1 将其转发给上游设备 R3。R3 看到入标签值为 2003 的打标报文后，会通过查表为其执行标签交换，打上标签值为 3004 的标签，再通过表中查询出来的出站接口将其转发给上游设备 R4。R4 针对标签值为 3004 的标签查表后，弹出标签，再通过表中查询出来的出站接口将 IP 数据包转发给上游设备 R5，R5 查询路由表后将数据包转发给自己的直连网络 10.1.1.0/24。

**注释：**

上下游在 MPLS 语境中是一个相对概念，而非绝对概念。对于一条 LSP 来说，靠近源设备的 LSR 相对于靠近目的设备的 LSR，前者就是后者的下游。报文在从源设备到目的设备传输的过程中，是沿着 LSP 不断向上游传输的。因此在图 9-4 中，对于 R1 向网络 10.1.1.0/24 发送消息的 LSP 而言，R3 就是 R2 的上游。若网络 10.1.1.0/24 中的目标设备向 R1 作出了响应，那么对于响应报文的 LSP 而言，R2 就是 R3 的上游。

本小节关于 MPLS 机制还有一些问题，图 9-4 中的设备如何知道应该怎么转发打标报文？它们怎么知道应该把从下游接收到的、携带某个标签的报文交换为另一个标签值，并且从正确的端口转发给上游？

与为 IP 数据包建立路由转发的方式一样，为 MPLS 打标报文建立 LSP 也包含了静态 LSP 和动态 LSP 两种方式。

（1）静态 LSP：指由管理员手动建立的 LSP，即由管理员指导每台 LSR 如何为各个 FEC 执行标签转发。例如，在图 9-4 所示的环境中，管理员需要在 R2、R3 和 R4 配置该 FEC 的出标签、入标签、出站接口、下一跳地址等。静态 LSP 的优缺点和静态路由的优缺点相同，优点是这种机制 LSP 的资源消耗少，但缺点是静态 LSP 无法随着拓扑变化作出动态调整，而且扩展性非常差，规模稍大的网络即会让管理员承担难以负荷的配置管理工作。

（2）动态 LSP：指通过标签发布协议在 MPLS 域中的设备之间动态维护 MPLS 网络。常用的标签发布协议是标签分发协议（Label Distribution Protocol，LDP）。MPLS 网络可以通过让 MPLS 设备运行 LDP 来相互转发 FEC 分类、分配标签，建立和维护 LSP。显然，动态 LSP 会比较占用设备资源，但可以动态维护 MPLS 网络且拥有理想的扩展性。LDP 和其他 MPLS 控制协议的内容超出了华为 ICT 学院系列教材，也就是华为 ICT 学院系列教材的知识范畴，也不在华为 HCIA-Datacom 认证和华为 HCIP-Core Technology 考试大纲要求的知识体系中，故不再详述。有志于进一步学习相关技术的读者，可以选择参加华为 HCIP-Advanced Routing & Switching Technology 课程进行学习。

如 9.1.1 小节所介绍的那样，最初人们定义 MPLS 的初衷是对传统 IP 路由的转发效率进行优化。然而，这个初衷早已与今天人们部署 MPLS 的目标没有了任何联系。当前，IP 路由设备上大多数已经依赖专用集成电路（Application Specific Integrated Circuit，ASIC）来为 IP 数据包执行转发。

专用集成电路的功能在设计硬件时就已经固化，无法通过软硬件编程修改或者扩展，因此并没有灵活性可言。不过，因为针对专门功能进行设计，所以专用集成电路在实现其设计功能方面是高度优化的，处理效率极高，不占用设备其他资源。**在技术上，通过专用集成电路来执行数据处理的过程被称为硬件处理（Hardware Processing）**。鉴于 IP

路由器如今大多数对 IP 数据包执行硬件处理，MPLS 相对传统 IP 路由转发的方式已经无法达到提升处理效率的目的。

不过，相对于每台设备都按照最佳路径来转发流量的传统 IP 路由操作，MPLS 由 Ingress LSR 确定报文 LSP 的做法更加适合执行流量工程（Traffic Engineering，TE）策略。工程师只需要在 LER 上对策略进行调整，就可以按照自己的意图让不同的流量通过不同的路径进行转发，从而起到有效利用网络带宽资源的作用。不仅如此，使用 MPLS 流量工程还可以在网络中实现快速重路由（Fast Rerouting，FRR）。某条路径已经无法用于转发报文时，FRR 可以迅速重新进行路由决策，并且迅速对携带标签的流量恢复转发。

此外，在传统 IP 路由环境中，骨干网的运营商希望为客户网络建立对等体到对等体（Peer-to-Peer）的虚拟专用网络（Virtual Private Network，VPN）时，往往不仅需要在运营商边缘（Provider Edge，PE）路由器和客户边缘（Customer Edge，CE）路由器之间建立 IP 路由对等体关系，还必须通过访问控制列表（Access Control List，ACL）来过滤往返于各个客户边缘路由器的数据。有大量需要建立对等体 VPN 的站点连接到服务提供商时，这种配置就会烦琐到难以承受的地步。更重要的是，每当用户增加连接到服务提供商的站点时，技术人员还必须进行复杂的配置修改。MPLS 架构在这种场景中也拥有强大的优势：使用 MPLS 架构可以在大规模部署对等体到对等体 VPN 时，大幅简化所需的配置和维护工作。

总之，虽然 MPLS 目前的应用方式和设计初衷相比，出现了明显的变化，但是鉴于 MPLS 在 TE 和 VPN 等方面展现出了明显的优势，所以这项已经失去了数据转发效率优势的技术目前仍然在服务提供商网络中得到了广泛的使用。

在下一节中，我们会首先说明 MPLS 技术的缺陷，然后对分段路由（Segment Routing，SR）进行简要说明，解释 SR 是如何针对 MPLS 的缺陷作出改进的。

## 9.2　SR 简介

目前，MPLS 虽然无法按照设计初衷达到提升转发效率的目的，但是服务提供商仍然出于流量工程或者 VPN 的目的部署这项技术。即使如此，按照当今的眼光来看，MPLS 仍然存在一系列的问题。

在本节中，我们会首先介绍 MPLS 技术存在的问题，然后针对这些问题，对 SR 进行简要介绍。

### 9.2.1　MPLS 的缺陷

为了解释 MPLS 存在的缺陷，我们需要先介绍 MPLS 的完整架构。

9.1 节曾经介绍过，手动配置 LSP 不适用于规模稍大的网络，因此人们往往都会在 MPLS 网络中使用动态 LSP，而实现动态 LSP 最常用的标签分发协议就是 LDP。在分发标签时，LDP 会为 IP 路由表中的每个 IGP 前缀捆绑一个标签，然后将捆绑的结果发送给自己的 MPLS 邻居设备。接收到的 MPLS 邻居设备会把这些标签作为远程标签，并且把它们和本地产生的标签一起保存在一个数据库中，这个数据库被称为标签信息库（Label Information Base，LIB）。

与此同时，LSR 会先查询路由表来获取去往远程标签对应 IP 前缀的下一跳地址，再用从下游 LSR 接收到的远程标签中选择到达下一跳地址的标签。接下来，LSR 会把这个下一跳地址的标签作为出标签，把本地标签作为入标签，将它们保存到上一节介绍的标签转发信息表（LFIB）中。

图 9-5 展示了 MPLS 相关数据表及数据来源。

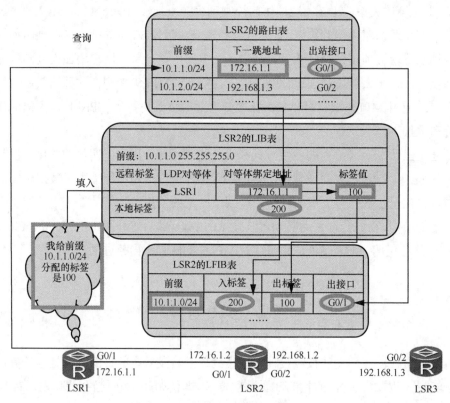

图 9-5　MPLS 相关数据表及数据来源

从图 9-5 中可以看出，MPLS 协议建立了一个与传统 IP 路由转发不同的、旨在实现高效转发的机制。在围绕着 MPLS 建立的体系结构中，设备的组件可以在功能上被划分为两部分，即为数据流量提供高速转发的转发平面（也称为数据平面），以及与其他设备进行交互，以便为转发平面提供表项信息，从而维护转发平面正常工作的控制平面。在图 9-5 中，IP 路由协议、IP 路由表、LDP 和 LIB 表都属于控制平面，而 LFIB 表属于转发平面，因为 LSR2 在转发打标报文时只会通过标签来查询 LFIB。

现在读者根据图 9-5 和上面的描述，应该有能力看出 MPLS 存在的缺陷。MPLS 虽然对转发平面进行了大幅简化，但这种简化是以大幅增加控制平面复杂度为代价的。作为标签分发协议，LDP 本身并不计算最佳路径，于是 MPLS 环境还需要通过 IGP 路由协议来交换路由信息和计算路径。这样一来，整个 MPLS 网络就需要在控制平面通过复杂的 IGP 和 LDP 交互来保障转发平面的正常运作。尽管 LDP 并不是唯一的标签分发协议，但是无论使用哪种标签分发协议，复杂的控制平面都是 MPLS 的通病，因为这种复杂度产生的大量控制消息会占用网络的带宽、消耗设备的处理资源。

SR 在设计之初就以解决 MPLS 控制平面复杂度为核心目标之一。

### 9.2.2 SR 概述

分段路由（SR）在逻辑上和 MPLS 存在不少相似之处，同时对 MPLS 的缺陷作出了改进。下面，我们首先来介绍 SR 与 MPLS 比较相似的设计。

首先，**SR 采用了源路由的模型**。按照这种模型，**数据包会由 SR 路由域的第一台设备来决定这个数据包穿越整个 SR 路由域过程中应该如何处理**。这种设计和 MPLS 由 Ingress LSR 决定打标报文转发路径的理念一致。

其次，**SR 会把网络路径分成一个一个的分段（Segment）**，并且为不同的分段分配**分段 ID（Segment ID，SID）**。分段分为前缀分段（**Prefix Segment**）和邻接分段（**Adjacency Segment**）两类，前缀分段标识网络中某个目的地址的前缀，而邻接分段则表示网络中的某条邻接链路。SR1 的源节点会把数据包应该在网络中转发的路径，通过两类分段的 **SID** 按照顺序排列为一个分段列表（**Segment List**），并且把这个分段列表编码到数据包的头部，由此形成一个指令集。上游的路由设备接收到数据包时，会按照数据包头部编码的指令集（即分段列表）来转发数据包。这种思想同样类似于 MPLS 中标签和标签栈的概念。

图 9-6 所示为 SR 转发机制的简化示意图。

具体来说，SR 域中的每个节点在接收到数据包时，会按照数据包头部编码的分段列表来判断自己是否为执行顶部分段的节点。如果是，节点就会弹出顶部的分段，同时执行顶部分段的指令来处理数据包；如果不是，节点就会使用等价多路径（Equal Cost Multiple Path，ECMP）的方式把数据包转发到下一个节点。

SR 的转发机制类似于一家快递公司在收货点查询自己的计算机，找出最合理的路径（如没有爆仓的最短路径），然后把全程每一个站点的标签做成一沓贴纸，按照转发站点距离收货点由远及近的顺序把这些贴纸由内而外贴在快递盒上。每个中转站在收到快递盒时，只要把写着本站点的贴纸撕掉，就知道收货点希望自己接下来把快递发给哪个中转站了。接下来，这个中转站只需要按照贴纸的指示把包裹发送至下一个站点。

虽然 MPLS 和 SR 都是由入站的设备决定报文在域内的转发路径，也都通过某种形式的标签来为上游设备的转发提供依据，但 SR 还是对 MPLS 进行了大量的改进，这些改进主要针对 MPLS 复杂的控制平面。其中，最重要的改进是，**SR 支持通过扩展后的 IGP（OSPF 和 IS-IS）和 BGP 来分发标签，因此 SR 就可以不需要使用其他专用的标签分发协议**。这样一来，MPLS 复杂的控制平面就得到了充分的简化。

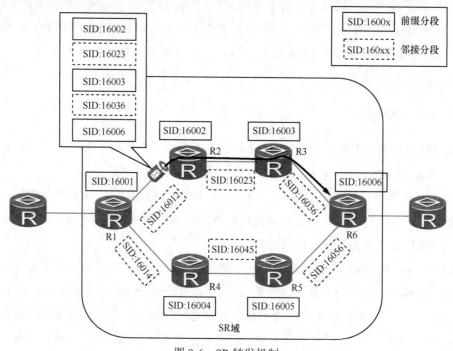

图 9-6  SR 转发机制

除了这一项重要的区别外，读者通过图 9-6 也可以看出 SR 机制和 MPLS 机制的另一个区别，就是 SR 的标签显然不仅限于本地意义，因此不需要进行交换。

标签只有本地意义的一大优势在于全域设备无须设法针对相同的 FEC 来快速统一标签值。正如 9.2.1 小节曾经提到的，MPLS 的控制平面已经成为这个协议的一大负担，因此在设计和使用 MPLS 的年代，设计人员与其进一步增加控制平面的复杂度，让全域设备再针对各个 FEC 来快速统一标签值，还不如让标签值只具有本地意义，然后在每台 LSR 上执行标签交换。

SR 标签的意义不仅限于本地，它分为全局分段和本地分段，其中全局分段是指 SR 域中所有 SR 节点都支持的指令，而本地分段是指 SR 域内生成该分段的节点支持的指令。此外，SR 标签是有索引的，因此不能算是完全意义上的全局标签。不过，这方面的内容超出了华为 ICT 学院课程的范畴，感兴趣的读者可以参阅与 SR 相关的技术图书，也可以参加 HCIP-Datacom-WAN Planning and Deployment 的课程进一步学习与 SR 有关的技术。

除上述 MPLS 和 SR 的异同外，SR 还具有一个重要的特点，即 SR 不仅可以采用传统的部署方式，也可以采用控制器部署，如华为的 iMaster NCE。控制器部署方式是 SDN（软件定义网络）时代的产物。在控制器部署环境中，控制器负责收集网络中的信息（包括网络拓扑、带宽利用率、时延等），针对不同业务的特点分别预留路径资源并计算路径，再将计算的结果发送给对应的节点，要求该节点按照计算结果来编码数据包头部。这个特点是 SR 的设计目标之一，即由业务驱动网络。

关于华为 iMaster NCE 和 SDN，本系列教材的第 3 册《高级网络技术》会在最后一章中进行简要介绍。

## 9.3 本章总结

本章的两节分别对 MPLS、SR 的基本原理和结构进行了介绍。9.1 节首先介绍了人们定义 MPLS 的初衷、MPLS 的一系列术语，以及 LSR 处理报文的基本方式；然后介绍了 MPLS 的封装格式及其中的字段，并且介绍了 MPLS 建立 LSP 的两种方式；最后解释了 MPLS 当今已经不能满足其设计初衷的理由，以及当前人们仍然使用 MPLS 的几种应用方式。9.2 节首先对 MPLS 的缺陷进行了介绍，强调了 MPLS 控制平面的复杂性，并由此引出了 SR 的概念。在本章的最后，我们比照 MPLS 对 SR 进行介绍，说明了 SR 的基本工作原理和优势。

## 9.4 练习题

**一、选择题**

1．（多选）MPLS 的设计初衷，不包括传统 IP 转发的下列（　　）缺陷。

A．IP 缺乏安全性保护

B．IP 转发效率低

C．IP 实施建立端到端的服务质量策略

D．IP 移动性差

2．下列（　　）动作是指 Ingress LSR 向传统 IP 数据包头部封装 MPLS 头部的操作。

A．插入　　　　　　　　　　　B．压入

C．交换　　　　　　　　　　　D．弹出

3．下列（　　）动作是指 Egress LSR 或倒数第二跳 LSR 移除标记的报文中的 MPLS 头部，将报文还原为（不含 MPLS 头部的）IP 数据包。

A．插入　　　　　　　　　　　B．压入

C．交换　　　　　　　　　　　D．弹出

4．IngressLSR 会根据（　　）来为 IP 数据包选择标签。

A．IP 数据包的源地址

B．IP 数据包的目的地址

C．IP 数据包所属的 FEC

D．IP 数据包的 DSCP

5．（多选）下列（　　）因素不是如今人们部署 MPLS 的理由。

A．MPLS 在部署流量工程方面更有优势

B．MPLS 更适合实现业务驱动网络

C．MPLS 部署对等体到对等体 VPN 更具优势

D．MPLS 拥有更高的转发效率

6．下列（　　）组件属于转发平面。

A．LFIB　　　　　　　　　　B．LIB

C．路由表　　　　　　　　　D．路由协议

7．下列关于 SR 的说法错误的是（　　）。

A．SR 中的分段，是一系列编码在数据包头部的指令

B．SR 可以采用传统部署方式和控制器部署方式

C．SR 依赖标签分发协议和路由协议的互动来维持控制平面的运作

D．SR 采用了源路由的设计模型

二、判断题（说明：若内容正确，则在后面的括号中画"√"；若内容不正确，则在后面的括号中画"×"。）

1．（在标签栈中只有一个标签时）MPLS 标签只能在进入 MPLS 域时由 Ingress LSR 压入，并在离开 MPLS 域时由 Egress LSR 弹出。（　　）

2．MPLS 头部封装只包含标签字段。（　　）

3．MPLS 的一大弊端在于其过度复杂的转发平面。（　　）

# 附录 A
# 术语表

# 第 1 章　交换网络

**局域网**：在一个有限区域内实现终端设备互联的网络。

**冲突**：因多台设备在一个共享媒介中同时发送数据而导致的干扰。冲突的结果是各方发送的数据均无法被接收方正常识别。

**冲突域**：通过共享媒介连接在一起的设备所共同构成的网络区域。在这个区域内，同时只能有一台设备发送数据包。

**集线器**：拥有多个端口，可以将大量设备连接成一个共享型以太网，是一种只能把从一个接口接收到的数据通过（除该接口外的）所有接口发送出去的物理层设备。

**共享型以太网**：所有联网设备处于一个冲突域中，需要竞争发送资源的以太网环境。

**网桥**：两个端口的数据链路层设备，它可以记录入站数据帧的源 MAC 地址与其入站端口之间的映射关系，并借此有针对性地转发数据帧，从而将两个端口隔离为不同的冲突域。

**交换机**：多端口网桥，鉴于其每个端口都为一个独立的冲突域，因此通过交换机连接大量设备形成的以太网为交换型以太网。

**交换型以太网**：连网设备相互之间不需要相互竞争发送资源，而是分别与中心设备两两组成点到点连接的以太网环境。

**交换容量**：交换机的最大数据交换能力，单位为 bit/s。

**包转发率**：交换机每秒可以转发的数据包数，单位为 pit/s。

**交换机接口速率**：接口每秒能够转发的比特数，单位为 bit/s。

**双工模式**：描述接口是否可以（同时）双向传输数据的工作模式。

**半双工模式**：在这种模式下，接口可以双向传输数据，但数据的接收和发送不能同时进行。

**全双工模式**：在这种模式下，接口可以同时双向传输数据。

**MAC 地址表**：交换机上用来记录 MAC 地址与端口之间映射关系的数据库。交换机依照该数据库中的条目来执行数据帧交换。

# 第 2 章　VLAN 技术

**VLAN**：虚拟局域网，能够在逻辑层面把一个局域网划分为多个"虚拟"局域网，以此限制局域网的规模，从而既能够解决随网络用户数量增长而来的数据帧冲突和广播流量激增问题，也能够提高网络的安全度。

**VLAN 标签（VLAN Tag）**：用来区分数据帧所属 VLAN 的 4 字节长度字段，插在以太网数据帧头。

**标记帧（Tagged frame）**：携带 VLAN 标签的数据帧。通常交换机之间会传输标记帧。

**无标记帧（Untagged）**：不携带 VLAN 标签的数据帧。通常终端设备发出的就是无标记帧。

**PVID（接口 VLAN ID）**：交换机接口上的配置参数，它表示交换机接口默认使用的 VLAN ID，也称为默认 VLAN。

**Access（接入）**：Access 接口通常用于连接交换机与终端设备，它们之间的链路也称为 Access 链路。

**Trunk（干道）**：Trunk 接口通常用于连接交换机与交换机，它们之间的链路也称为 Trunk 链路。

**Hybrid（混合）**：Hybrid 接口既可以连接交换机与终端设备，又可以连接交换机与交换机。

**GARP**：全称是通用属性注册协议，它的工作原理是把一个 GARP 成员（交换机等设备）上配置的属性信息，快速且准确地传播到整个交换网络中。

**GVRP**：利用 GARP 定义的属性事件来实现 VLAN 信息的自动传播。

**静态 VLAN**：管理员手动配置的 VLAN。

**动态 VLAN**：交换机通过 GVRP 特性学习到的 VLAN。

# 第 3 章　STP

**根桥**：也称为根交换机或根网桥。这是交换网络中的一台交换机，也是交换网络中所有路径的起点。

**根端口**：是交换网络中的一些端口，负责转发数据。

**指定端口**：是交换网络中的一些端口，负责转发数据。

**预备端口**：是交换网络中的一些端口，处于阻塞状态，不能转发数据。

**BPDU**：全称为桥协议数据单元，一个 STP 域中的交换机需要各自决定根桥以及自身端口的角色（根端口、指定端口或阻塞端口），为了确保这些交换机能够做出正确的决定，就需要它们之间能够以某种方式交互相关信息。出于这种目的交换的特殊数据帧就称为 BPDU，其中携带着桥 ID、跟桥 ID、根路径开销等信息。

**配置 BPDU**：由根网桥创建，每隔 Hello 时间发送。其他非根交换机只能从根端口接收配置 BPDU，并从指定端口转发。

**拓扑变化通知 BPDU（TCN BPDU）**：由检测到拓扑变化的非根交换机创建，通过自己的根端口向根网桥方向发送。收到 TCN BPDU 的非根交换机会通过自己的根端口向根网桥方向转发，同时向接收到 TCN BPDU 的指定端口返回确认消息。根网桥收到 TCN BPDU 后，会在下一个 CBPDU 中更新拓扑的变化。

**桥 ID**：由 STP 优先级和 MAC 地址构成，用在 STP 选举中。

**根路径开销**：PRC，去往根网桥每条路径上每个出端口开销的总和。

**端口 ID**：由端口优先级和 ID 构成，用在 STP 选举中。

**预备端口**：可以在根端口及其链路出现故障时，接任根端口的角色。

**备份端口**：可以在连接到冲突域的指定端口出现故障时，接任指定端口的角色。

**边缘端口功能**：不是 RSTP 中定义的端口角色，而是能够使端口立即切换到转发状态的快速收敛特性。

**P/A 机制**：能够实现点到点指定端口的快速状态切换，即跳过转换时延直接进入转发状态。

**点到点端口**：全双工状态的端口。

**共享型端口**：半双工状态的端口（比如连接 Hub 的端口）。

**MSTP（多生成树协议）**：按照管理员指定的实例运行 STP 计算。

# 第 4 章 VLAN 间路由

**三层拓扑**：描述的是各个网络的地址和路由器根据网络地址转发数据包的逻辑通道。

**物理拓扑**：展示网络基础设施之间物理连接方式的拓扑。

**VLAN 间路由**：通过路由器为不同 VLAN 中的设备路由数据包设计方案。

**三层交换机**：拥有三层路由功能的交换机。

**VLANIF 接口**：三层交换机上具有三层路由功能的虚拟接口，常作为相应 VLAN 中主机的默认网关。

# 第 5 章　动态路由协议

**路由协议**：定义路由设备之间如何交换路径信息、交换何种信息，以及路由设备如何根据这些信息计算出去往各个网络最佳路径等操作相关事项的协议。

**距离矢量路由协议**：让路由器之间交换与距离和方向有关的信息，而后使各台路由器在邻居所提供的信息基础上，计算出自己去往各个网络最优路径的路由协议。

**链路状态路由协议**：让路由器之间交换与网络拓扑有关的信息，而后使每台设备依照接收到的信息独立计算出去往各个网络最佳路径的路由协议。

**有类路由协议**：路由通告信息中不包含 IP 地址掩码信息的路由协议。对于非直连子网路由，使用有类路由协议的路由器只能依靠主网络的掩码对其进行标识。

**无类路由协议**：路由通告信息中包含 IP 地址掩码信息的路由协议。

**链路状态通告（LSA）**：链路状态型路由协议用来通告路由信息的方式。

**路由信息协议（Routing Information Protocol，RIP）**：是一种距离矢量型路由协议。

**更新计时器（Update Timer）**：RIP 路由器以更新计时器设置的参数作为周期，每周期向外通告一次路由更新信息，默认为 30s。

**老化计时器（Age Timer）**：如果路由器连续一段时间没有通过启用了 RIP 的接口接收到某条路由的更新消息，而这条路由的更新消息就应该通过这个接口接收到时，路由器就会将这条路由标注为不可达，但不会将这条路由从 RIP 数据库中删除。这段时间是由 RIP 老化计时器定义的，默认的时间为 180s。

**垃圾收集计时器（Garbage Collect Timer）**：定义的是从一条路由被标记为不可达，到路由器将其彻底删除之间的时间。垃圾收集计时器默认的设置是 120s。

**水平分割（Split Horizon）**：禁止路由器将从一个接口学习到的路由，再从同一个接口通告出去。

**毒性反转**：路由器从一个接口学习到一条去往某个网络路由时，就会通过这个接口通告一条该网络不可达的路由。

**路由毒化（Route Poisoning）**：是指路由器会将自己路由表中已经失效的路由作为一条不可达路由主动通告出去。

**触发更新（Triggered Update）**：是指路由器在网络发生变化时，不等待更新计时器到时间，就主动发送更新。

# 第 6 章　单区域 OSPF

**OSPF 邻居表**：用来记录自己各个接口所连接的 OSPF 邻居设备，以及自己与该邻居设备之间的邻居状态等信息。

**OSPF 拓扑表**：链路状态数据库，包含了同一区域中所有其他路由器通告的链路状态信息。

**网络类型**：接口的 OSPF 概念，包括广播类型、P2P 类型、NBMA 类型和 P2MP 类型。

**路由器 ID**：OSPF 域中路由器用来标识自己的值。

**DR 和 BDR**：指定路由器和备份指定路由器。在多路访问网络中，为了减少网络中传输的 OSPF 管理流量而设置的 OSPF 接口角色。

**链路状态通告**：LSA。OSPF 路由器之间会通过交互链路状态消息统一链路状态数据库。

# 第 7 章　单区域 OSPF 的特性设置

无。

# 第 8 章　多区域 OSPF

**OSPF 骨干区域**：OSPF 区域 0，所有区域都需要通过物理或逻辑的方式与区域 0 相连。

**内部路由器**：所有接口都属于同一个 OSPF 区域中的 OSPF 路由器。

**骨干路由器**：有接口处于骨干区域，即区域 0 的 OSPF 路由器。

**区域边界路由器（ABR）**：并非所有 OSPF 接口都属于一个 OSPF 区域的 OSPF 路由器。

**自治系统边界路由器（ASBR）**：通过其他方式获得（包括动态学习和静态配置）的外部路由条目注入 OSPF 网络中，让启用 OSPF 的路由器获取 OSPF 之外网络路由信息的路由器。

**OSPF 虚链路**：OSPF 设计要求所有非骨干区域都要与骨干区域直接相连，若没有直接相连，则需要通过 OSPF 虚链路将其间接连接到骨干区域。

**路由器 LSA**：类型 1 LSA。每台路由器都会通告的 LSA，仅在创建的区域内泛洪。

**网络 LSA**：类型 2 LSA。仅 DR 路由器通告的 LSA，只在创建的区域内泛洪。

**网络汇总 LSA**：类型 3 LSA。仅 ABR 路由器会通告的 LSA，只在创建的区域内泛洪。

**ASBR 汇总 LSA**：类型 4 LSA。仅 ABR 路由器会通告的 LSA，通告关于其他区域中 ASBR 的链路状态信息，只在创建的区域内泛洪。

**自治系统外部 LSA**：类型 5 LSA。仅 ASBR 路由器会通告的 LSA，通告关于这个自治系统外部的链路状态信息，会在整个 OSPF 自治系统中泛洪。

**NSSA LSA**：类型 7 LSA。仅 ASBR 路由器会通告的 LSA，通告关于这个自治系统外部的链路状态信息，只会在创建的 NSSA 区域内泛洪。

# 第 9 章 多协议标签交换（MPLS）与分段路由（SR）

**软件处理**：用 CPU 对数据执行处理，是一种效率低、消耗设备资源的处理方式。

**硬件处理**：用专用集成电路（ASIC）对数据执行处理，是一种高效的处理方式。

**LSR**：参与处理、转发 MPLS 打标消息的设备。

**LER**：MPLS 域边缘的 LSR。

**Ingress LSR**：报文进入 MPLS 域时对其进行处理的 LSR。

**Egress LSR**：报文离开 MPLS 域时对其进行处理的 LSR。

**倒数第二跳弹出**：由与 Egress LSR 邻接的下游 LSR 提前将 MPLS 打标报文中的标签弹出，再将其转发给 Egress LSR 的机制。这种机制可以减轻 Egress LSR 的处理负担。

**FEC**：一组带有某些相同信息的消息集合。在穿越 MPLS 域时，LSR 会对一个 FEC 的消息采用相同的处理方式。

**LSP**：打标消息在穿越 MPLS 域的过程中所采用的转发路径。LSP 是由一系列 LSR 按照顺序组成的。

**LIB**：标签信息库，保存远程标签和本地标签的数据库，属于控制平面。

**LFIB**：标签转发信息表，其中包含入标签、出标签、出接口等转发信息。LFIB 是 LSR 赖以转发打标报文的数据表，属于数据平面（或称转发平面）。

**LDP**：标签分发协议，是一种用来在 MPLS 域中分发标签的协议。LDP 不计算路由。

**控制平面**：网络基础设施中负责控制和维护设备操作的组件集合。

**数据平面**：也称为转发平面，是网络基础设施中负责为数据提供高速转发的组件集合。

**分段**：在 SR 环境中，SR 是编码在数据包头部的指令，后续转发设备会根据分段来对数据包执行处理。

**分段列表**：由一系列分段有序组成的指令集。

**iMaster NCE**：华为推出的 SDN 控制器，可以用以实现 SR 的控制器部署。

# 附录 B
# 延伸阅读与参数文献

# 延伸阅读

[1] 华为技术有限公司. HCNA 网络技术学习指南[M]. 北京：人民邮电出版社，2015.

[2] 三轮贤一. 图解网络硬件[M]. 盛荣，译. 北京：人民邮电出版社，2014.

[3] 拉里·L. 彼得森，布鲁斯·S. 戴维. 计算机网络系统方法[M]. 5 版. 王勇，译. 北京：机械工业出版社，2015.

[4] 谢希仁. 计算机网络[M]. 7 版. 北京：电子工业出版社，2017.

[5] 王树禾. 图论[M]. 2 版. 北京：科学出版社，2009.

# 参考文献

[1] TANENBAUM A S, WETHERALL D J. 计算机网络[M]. 5 版. 严伟，潘爱民，译. 北京：清华大学出版社，2012.

[2] STEVENS W R. TCP/IP 详解——卷 1：协议[M]. 范建华，胥光辉，张涛，等译. 北京：机械工业出版社，2000.

[3] STALLINGS W, CASE T. 数据通信：基础设施、联网和安全[M]. 7 版. 陈秀真，等译. 北京：机械工业出版社，2015.

[4] 詹姆斯·F.库罗斯，基思·W.罗斯. 计算机网络：自顶向下方法[M]. 6 版. 陈鸣，译. 北京：

机械工业出版社，2015.

[5] COMER D E. 计算机网络与因特网[M]. 6版. 范冰冰，张奇支，龚征，等译. 北京：电子工业出版社，2015.

[6] 竹下隆史，村山公保，荒井透，等. 图解TCP/IP[M]. 5版. 乌尼日其其格，译. 北京：人民邮电出版社，2013.

[7] FOROUZAN B A. TCP/IP协议族[M]. 4版. 王海，张娟，朱晓阳，等译. 北京：清华大学出版社，2011.

[8] CHARTRAND G，ZHANG P. 图论导引[M]. 范益政，汪毅，龚世才，等译. 北京：人民邮电出版社，2007.

# 附录 C
# 练习题答案及解释

# 第1章 交换网络

**一、选择题**

1. C。24×2×100Mbit/s+4×2×1000Mbit/s=17600Mbit/s=12.8Gbit/s。

2. B。148809×24+1488090×4=9523776pps。

3. A。在默认情况下，交换机的 MAC 地址表中并不包含任何条目。

4. BC。首先，MAC 地址表中的条目，反映的是交换机所连接设备的 MAC 地址与交换机连接该设备的端口之间的对应关系。至于二层交换机自己的各个端口是否配备固定的 MAC 地址，交换机厂商可以自行决定。最后，dynamic 表示这是一条交换机动态学习到 MAC 的地址条目。

5. D。管理员手动添加到 MAC 地址表中的条目，其优先级高于交换机通过入站数据帧自动学习到 MAC 地址表中的条目。

6. D。首先，管理员静态配置到 MAC 地址表中的条目本身就不会老化；其次，命令 **mac-address aging-time 0** 的作用是让 MAC 地址表中的动态条目不会老化。

7. B。过去，人们曾经用交换机的端口连接集线器。因此，当交换机接收到的数据帧其目的 MAC 地址对应的端口正好是交换机接收到这个数据帧的端口，则交换机会认为自己的这个端口所在的冲突域中有多台设备，而这个数据帧的源和目的设备都在这个端口所连接的冲突域中，无须转发，因此它会丢弃这个数据帧。

**二、判断题**

1. 错误。链路两端的接口双工模式和速率都要相互匹配。

2. 错误。如果交换机在自己的 MAC 地址表中找不到某个数据帧的目的 MAC 地址，那么它会因为不知道该将这个数据帧从自己的哪个端口转发出去，而将这个数据帧从除接收到这个数据帧的那个端口之外的其他所有端口转发出去。

3. 错误。理由同上。

# 第 2 章　VLAN 技术

一、选择题

1. BD。VLAN 在逻辑上实现了 LAN 物理隔离的效果，一个 VLAN 是一个广播域；此外，VLAN 也可以通过减小广播域的规模，达到提高网络安全性的效果。

2. ADE。目的 MAC 地址字段与类型字段都是以太网帧头部封装的字段，并不是 VLAN 标签中封装的字段。除 ADE 选项之外，VLAN 标签中还会封装 CFI 字段。

3. D。GVRP 协议在传输 VLAN 创建或删除信息时，是单向操作的。也就是会把收到消息的接口加入 VLAN 或从 VLAN 中删除。

4. C。交换机之间通常需要传输多个 VLAN 的数据，因此配置为 Trunk 链路。交换机与终端设备之间通常只需传输一个 VLAN 的数据，因此配置为 Access 链路。

5. ABD。VLAN 号在整个局域网中必须统一。

6. D。华为交换机设备的接口模式默认是 Hybrid，因此无须配置。

7. D。华为交换机上 VLAN 统计信息功能默认是关闭的，需要管理员在 VLAN 配置模式下将其启用。

二、判断题

1. 错误。VLAN 和 IP 地址段不必一一对应，从本章 Hybrid 接口的应用案例中就可证实这一点。

2. 正确。管理员可以配置 Hybrid 链路以携带或不携带 VLAN 标签的方式转发数据帧，因此既可以用于连接两台交换机，也可以用来连接交换机与终端设备。

3. 错误。命令 display vlan 会显示 VLAN 的描述信息，并且描述信息只具有交换机本地意义。

# 第 3 章　STP

一、选择题

1. ACDF。STP 的工作流程分为 4 个步骤，步骤 1 选举根网桥，步骤 2 选举根端口，步骤 3 选举指定端口，步骤 4 阻塞其余预备端口。

2．C。STP 根据网桥 ID 选举根网桥，网桥 ID 由优先级和 MAC 地址构成，数值最小的当选根网桥。

3．AD。指定端口是在同一个网段中选举出来的，这里说的网段是指一个冲突域。指定端口并不是每台交换机上距离根网桥最近的端口。

4．ABCD。RSTP 中定义了四种端口角色：根端口、指定端口、预备端口和备份端口。丢弃端口是端口状态，而不是端口角色。

5．D。RSTP 在一定条件下仍使用转换延迟的概念：当端口无法收到 BPDU 或端口连接的为共享链路。

6．CD。在 RSTP 中定义了两种候选端口，它们都处于丢弃状态。其中预备端口是指定端口的候选端口，备份端口是根端口的候选端口。

7．B。当一个端口上配置了 RSTP 边缘端口特性，那么这个端口的 STP 角色是指定端口。

8．ACD。RSTP 中定义了四种端口角色：根端口、指定端口、预备端口和备份端口。预备端口会监听 BPDU，但不会发送 BPDU。

二、判断题

1．错误。只有非根交换机才会在自身的所有端口之间选举出一个距离根网桥最近的端口作为根端口。

2．正确。根端口和指定端口在进入转发状态前，都需要经过侦听状态和学习状态。

3．正确。RSTP 中的 P/A 机制相当于端口之间的握手行为，该机制可以忽略转换延迟计时器，直接使指定端口和/或根端口进入转发状态。

4．错误。跟端口与对端端口之间完成了 P/A 过程后，可以直接进入转发状态。

5．错误。为了防止链路震荡，管理员需要使用 MST 域视图命令 **active region-configuration** 激活配置。

# 第 4 章　VLAN 间路由

一、选择题

1．DE。VLAN 间路由需要具有三层路由功能的设备来实现，因此路由器和三层交换机都能够用来提供 VLAN 间路由。

2．A。在经典 VLAN 间路由中，一个 VLAN 占用一个路由器物理接口，将这个路由器物理接口的 IP 地址作为 VLAN 中主机的默认网关。

3．BC。单臂路由技术通过将路由器的一个物理接口虚拟化为多个子接口，一个

VLAN 占用一个子接口，VLAN 中的主机将子接口的 IP 地址作为默认网关来实现 VLAN 间路由。

4．ABC。路由器只会把点到点直连链路对端设备的 IP 地址放入 IP 路由表中，共享型以太网链路则不会。

5．D。VLANIF 接口是具有三层路由功能的虚拟接口。

二、判断题

1．错误。三层拓扑和物理拓扑往往差别很大，三层拓扑是逻辑拓扑，无法反映出真实的物理连接方式。

2．错误。三层交换机可以通过虚拟的 VLANIF 接口来实现 VLAN 间路由，VLAN 中的主机将 VLANIF 接口的 IP 地址作为默认网关。

3．正确。在单臂路由环境中，管理员使用 **display ip routing-table** 会看到作为出接口出现的子接口。

# 第 5 章 动态路由协议

一、选择题

1．D。OSPF 属于链路状态型路由协议。

2．ACD。周期更新和触发更新、3 种计时器以及使用 UDP 协议，都是 RIPv1 和 RIPv2 共同的特点。

3．AB。路由毒化和触发更新能够在网络出现问题时，让路由器快速反应，传播路由的变化，加速网络收敛，防止路由环路。

4．D。要想禁用 RIPv2 的自动汇总特性，管理员需要进入 RIP 配置视图，并使用命令 **undo summary**。

二、判断题

1．正确。根据算法分类，路由协议分为距离矢量型和链路状态型。

2．正确。无类路由协议无须受限于 IP 地址分类的概念，可以由管理员根据企业网络需求，自行选择使用的掩码。

3．错误。RIPv1 和 RIPv2 都以 16 跳为不可达。

4．错误。如果在 RIP 路由器上同时启用了水平分割和毒性反转，生效的是毒性反转特性。

5．正确。RIPv2 支持明文认证和加密认证。

# 第 6 章　单区域 OSPF

**一、选择题**

1. AC。OSPF 通过 SPF 算法计算路径开销。OSPF 只有在多路访问网络中才会选举 DR 和 BDR。

2. B。OSPF 数据是直接封装在 IP 数据包中的，为了指明这个 IP 数据包中携带的是 OSPF 消息，IP 头部的协议字段会标示为 89。

3. ABCDE。OSPF 有 5 种消息类型分别是：Hello 消息、数据库描述（DBD）、链路状态请求（LSQ）、链路状态更新（LSA）、链路状态确认（LSAck）。

4. C。在选择路由器 ID 时，OSPF 会首选管理员手动配置的路由器 ID，其次选择最大的还回接口地址，再次选择最大的活跃物理接口地址。

5. CE。在多路访问环境中，两台 DROther 路由器之间的邻居关系会稳定在 2-Way 状态，其他 OSPF 路由器之间会建立 Full 状态的完全邻接关系。

6. D。在向 OSPF 区域中添加接口时，管理员先要进入 OSPF 区域视图，然后使用 network 命令。在 network 命令中，（要加入到 OSPF 区域中的接口的）IP 地址后面要配置通配符掩码，通配符掩码的规则是 0 表示必须匹配，1 表示不予考虑。

7. C。在 NBMA 网络中，路由器之间会以邻居单播 IP 地址作为目的地址来封装 OSPF 消息。

**二、判断题**

1. 正确。OSPF 只有在多路访问网络中才需要选举 DR 和 BDR，来减少网络中传输的 OSPF 管理流量。

2. 错误。DR/BDR 的身份不会抢占，所以管理员无法在网络中已经有 DR 的情况下，通过修改接口的路由器优先级值来更改 DR。

3. 错误。串行链路上 OSPF 的网络类型默认为点到点，而点到点网络中不会选举 DR/BDR。

# 第 7 章　单区域 OSPF 的特性设置

**一、选择题**

1. C。华为路由器的串行链路接口默认封装为 PPP，这时 OSPF 网络类型默认是 P2P。封装为 FR 的串行链路默认 OSPF 网络类型是 NBMA。

2. AD。命令中的关键字 **md5** 表示管理员使用的是加密认证，而关键字 **plain** 则表示这条命令的密钥会以明文的形式保存在配置文件中。

3．B。DR 虽然名为指定路由器，但实际上是接口的概念，因此需要在接口视图下进行配置。关于选项 D，DR 优先级最高也不能保证该设备接口成为 DR，因为 DR 选举的结果与该接口启动的时间密切相关。

4．A。一个 OSPF 网络中的路由器在选举 DR/BDR 时，它们会首先比较参与选举的接口 DR 优先级，如果优先级相等，它们则会继续比较路由器 RID。

5．D。在默认情况下，OSPF 对高速接口使用带宽值计算出来的开销并不能精确地反映出该链路的优劣。比如，OSPF 使用相同的参考带宽值，针对快速以太网接口、千兆以太网接口、吉比特以太网接口计算出来的带宽就是相等的（皆为1）。

6．C。在配置 Hello 和 Dead 计时器时：若管理员先配置 Hello 计时器，路由器会按照管理员指定的 4 倍 Hello 时间，自动更新 Dead 计时器的设置；反之若管理员先配置 Dead 计时器，Hello 计时器则不受影响。

二、判断题

1．错误。管理员手动设置 Hello 计时器后，路由器会自动将 Dead 计时器更新为 4 倍 Hello 计时器值，在本例中就是变更为 160。

2．正确。管理员无论将一个接口的优先级值配置为多少都无法确保它成为 DR。因为高优先级接口也有可能因为启动较晚而无法成为 DR。不过，管理员可以通过配置一个接口的优先级，确保其无法成为 DR。

3．错误。OSPF 会阻止配置为静默接口的接口向外发送任何 OSPF 消息，但静默接口的配置并不会影响路由器将该接口所连子网通告到 OSPF 路由域中。

4．正确。当 NBMA（如封装帧中继的）环境中，所有路由器之间没有形成全互联，那么管理员需要在 OSPF 的配置中，手动把默认的网络类型由 NBMA 修改为 P2MP。

# 第 8 章　多区域 OSPF

一、选择题

1．AC。OSPF 的设计中必须包含骨干区域（区域 0）。多区域 OSPF 设计中，非骨干区域必须与区域 0 相连，若不能直接相连，需要使用虚链路。非骨干区域的 OSPF 路由器上也可以运行其他路由协议，这种路由器称为 ASBR。

2．C。管理员需要在 OSPF 虚链路配置命令 **vlink-peer** 后面指明对端路由器的路由器 ID。

3．A。所有接口都处于同一个 OSPF 区域中的 OSPF 路由器称为内部路由器。它不可能满足既有接口属于区域 0，也有接口属于其他 OSPF 区域这样的要求。因此在同一个 OSPF 自治系统中，内部路由器不可能同时也是 ABR。

4. C。类型 5 LSA，也即自治系统外部 LSA 会在整个 OSPF 自治系统中泛洪。其余 3 类 LSA 都只会在特定 OSPF 区域内泛洪。

5. A。完全末节区域不允许类型 4、类型 5 LSA 进入。管理员也不能将包含 ASBR 的区域配置为完全末节区域，因此完全末节区域中也不可能出现类型 7 的 LSA。

6. C。完全 NSSA 不允许类型 4、类型 5 LSA 进入，因此不可能出现类型 4 LSA。

7. CD。末节区域和完全末节区域中不允许包含 ASBR。如果希望简化一个包含了 ASBR 的区域中泛洪的 LSA，可以将这个区域配置为 NSSA 区域或完全 NSSA 区域。

二、判断题

1. 正确。OSPF 区域的编号是一个 32 位的二进制数。这个数既可以用点分十进制表示，也可以直接表示为一个十进制数。

2. 错误。虚链路是一种补丁型技术，网络中采用了虚链路是这个网络存在故障或设计缺陷的体现。就像任何产品的设计师都不能因为存在修补技术，就刻意设计出有缺陷的产品一样，网络工程师也不应该人为设计出一个包含虚链路的 OSPF 网络。

3. 错误。ASBR 汇总 LSA（类型 4 LSA）不能顾名思义，它是由 ABR 而不是 ASBR 创建的。之所以称为 ASBR 汇总 LSA，是因为它的作用是向一个区域中的路由器通告另一个区域中关于 ASBR 的链路状态。

# 第 9 章　多协议标签交换（MPLS）与分段路由（SR）

一、选择题

1. AD。MPLS 在设计上旨在改善传统 IP 转发的低效，以及 IP 转发难以建立端到端的 QoS 策略。

2. B。传统 IP 数据包进入 MPLS 域时，由 IngressLSR 为其添加 MPLS 头部的操作成为压入（Push）标签。

3. D。LSR 移除 MPLS 打标报文中的 MPLS 头部，将其恢复为传统 IP 数据包的操作称为弹出（Pop）标签。

4. C。IngressLSR 会针对数据包所属的转发等价类（FEC）来为数据包选择标签。FEC 指携带某些相同信息的一组数据消息集合。

5. BD。提供业务驱动网络的技术是 SR 而不是 MPLS。随着硬件转发在传统 IP 路由设备上的普及，人们如今也不会因为 MPLS 转发效率更高而部署 MPLS。

6. A。LFIB 属于转发平面。LIB、路由表和路由协议则属于控制平面。

7. C。MPLS 依赖标签分发协议和路由协议的互操作来维持控制平面的正常工作。SR 对 IGP/BGP 进行了扩展，不需要专门使用标签分发协议来和路由协议进行互动。

## 二、判断题

1. 错误。在执行 PHP 时，MPLS 标签会由离开 MPLS 域的倒数第二跳 LSR 弹出，而不是由 Egress LSR 弹出。

2. 错误。MPLS 头部包含标签、TC、S 和生存时间（TTL）字段。

3. 错误。MPLS 的一大弊端在于其过度复杂的控制平面，MPLS 的优势在于其清爽的转发平面。